THEORETISCHE BIOLOGIE

VON

J. VON UEXKÜLL

ZWEITE
GÄNZLICH NEU BEARBEITETE AUFLAGE

MIT 7 ABBILDUNGEN

SPRINGER-VERLAG BERLIN HEIDELBERG GMBH
1928

URSPRÜNGLICH ERSCHIENEN BEI JULIUS SPRINGER IN BERLIN 1928
SOFTCOVER REPRINT OF THE HARDCOVER 2ND EDITION 1928

ISBN 978-3-662-35804-7 ISBN 978-3-662-36634-9 (eBook)
DOI 10.1007/978-3-662-36634-9

Seiner Exzellenz
dem Präsidenten der Kaiser Wilhelm-Gesellschaft
zur Förderung der Wissenschaften

Adolf von Harnack

in Verehrung und Dankbarkeit
für das auch in schweren Zeiten bewährte
freundliche Interesse an der Umweltforschung

Vorwort zur ersten Auflage.

Die Naturwissenschaft teilt sich in Lehre und Forschung. Die Lehre besteht aus Lehrsätzen, die eine eindeutige Aussage über die Natur enthalten. Die Form dieser Lehrsätze erweckt oft den Anschein, als stützten sie sich auf die Autorität der Natur selbst.

Dies ist ein Irrtum, denn die Natur erteilt keine Lehren, sondern weist nur Veränderungen in ihren Erscheinungen auf. Diese Veränderungen können wir dazu benutzen, um sie als Antworten auf unsere Fragen zu deuten. Um das richtige Verständnis für die Stellung der Wissenschaft zur Natur zu gewinnen, müssen wir einen jeden Lehrsatz in eine Frage verwandeln und uns über die Veränderungen der Naturerscheinungen Rechenschaft geben, die die Forscher als Beweismaterial für ihre Antwort benutzt haben.

Die Forschung kann gar nicht anders vorgehen, als daß sie in ihrer Frage eine Voraussetzung (Hypothese) macht, in der die Antwort (These) bereits enthalten ist. Die endgültige Anerkennung der Antwort und die Aufstellung eines Lehrsatzes erfolgt, sobald der Forscher eine ihm genügend dünkende Zahl von Erscheinungen in der Natur aufgefunden hat, die er im Sinne seiner Hypothese positiv oder negativ deuten kann.

Die einzige Autorität, auf die sich ein Lehrsatz stützt, ist nicht die Natur, sondern der Forscher, der seine eigene Frage selbst beantwortet hat.

Wer nur die fertigen Resultate der Naturwissenschaft in Form von Lehrsätzen in sich aufgenommen hat und mit ihnen nach allen Regeln der Logik zu spekulieren versteht, weiß von der Natur noch gar nichts — — — jedenfalls unendlich weniger als jeder Bauer oder Gärtner, der in täglichem unmittelbaren Verkehr mit der Natur steht.

Aber Bauern und Gärtner sind selbst keine Naturforscher, solange sie nicht die Kunst der Fragestellung erworben haben.

Die Kunst der Fragestellung bildet die Pforte zu aller naturwissenschaftlichen Erkenntnis. Sie ist in der Biologie mit ganz besonderen Schwierigkeiten verbunden, deswegen sollte sie in den Mittelpunkt der ganzen Lehre gestellt werden.

Ich habe mich bemüht, in vorliegendem Buche die theoretischen Betrachtungen über die Biologie so zu gestalten, daß kein Zweifel über das Wesen der biologischen Lehrsätze als nie abgeschlossene Probleme bestehen bleibt.

In der Natur ist alles gewiß, in der Wissenschaft ist alles problematisch. Die Wissenschaft kann ihren Zweck nur erfüllen, wenn sie wie ein Gerüst an einer Hauswand an der Natur aufgebaut wird. Ihr Zweck ist es, dem Arbeiter überall einen festen Halt zu gewähren, damit er an jede Stelle herankommt, ohne den Überblick über das Ganze zu verlieren. Deshalb soll vor allem der Bau des Gerüstes möglichst übersichtlich gestaltet werden, auch darf niemals ein Zweifel darüber aufkommen, daß das Gerüst nicht selbst zur Natur gehört, sondern immer etwas Fremdes bleibt.

Es wird sich immer von Zeit zu Zeit die Notwendigkeit herausstellen, das Gerüst zu erneuern. Auch in vorliegendem Buche ist eine solche Erneuerung des Gerüstes versucht worden.

Der Grund hierzu liegt in folgendem: Bisher hat man sich bei allen Problemen, die die Planmäßigkeit in der lebenden Natur behandelten, damit beholfen, die Planmäßigkeit einfach zu leugnen. Damit kommt man auf die Dauer nicht weiter. Anfangs nahm man an, daß die große Mehrzahl der Tiere sich aus einer geeigneten Stoffmischung durch Urzeugung entwickelten. Dann führte die Erforschung dieser Frage zur Erkenntnis, daß sich alle Tiere aus dem Ei entwickeln und jede Zelle aus einer Zelle entsteht.

„Omnis cellula e cellula" wurde zum Lehrsatz. Trotzdem blieb man bei der Annahme, daß die allerersten lebenden Zellen aus einem Urbrei entstanden sein müßten. Auf diese Weise suchte man das Planmäßige als Naturfaktor zu beseitigen.

Der Urbrei, der vor Urzeiten existiert haben soll, blieb nur eine Vorstellung und war daher durch das Experiment weder zu beweisen noch zu widerlegen. Darum muß man der Frage, ob es in der lebenden Natur selbständige planmäßige Faktoren gibt, auf andere Weise zu Leibe gehen, indem man die Natur in ihrer planmäßigen Wirksamkeit belauscht und der negativen Behauptung ein positives Beweismaterial entgegensetzt.

Dies Beweismaterial hat sich in den letzten Jahren derart angehäuft, daß man die Frage wohl als entschieden ansehen darf. An den Satz: „Omnis cellula e cellula" darf man den Satz hinzufügen: „Alles Planmäßige aus Planmäßigem."

Damit wurde ein neues Gerüst für die Biologie notwendig, das bisherige Gerüst, das man der Chemie und der Physik entliehen hatte, genügte nicht mehr. Denn Chemie und Physik kennen das Planmäßige als Naturfaktor nicht. Die Biologie besteht aber in der Aufstellung eines Gerüstes von Lehrsätzen, die das Planmäßige als Grundlage des Lebens anerkennen.

Die Schwierigkeit bei diesem Gerüstbau liegt nun darin, daß die Begriffe, aus denen es besteht, nicht fertig zur Hand sind, sondern durch erneute Fragestellung erst gewonnen werden müssen.

Während man sonst die Lehrbücher, die nach einem bestimmten Schema die Tatsachen bringen, in beliebiger Reihenfolge lesen kann, ist das mit dem vorliegenden Buche untunlich. Der Leser muß, um das Verständnis für den ganzen Gerüstbau zu gewinnen, das Buch in der gegebenen Reihenfolge durchlesen. Dann wird er zum Schluß sein Urteil darüber abgeben, ob das Gerüst an bestimmten Stellen Fehler aufweist und der Verbesserung bedarf, oder ob er den ganzen Gerüstbau ablehnen will.

Vorwort zur zweiten Auflage.

Eine neue Wissenschaft, deren theoretische Grundlage erst gesucht werden muß, verlangt, auch wenn die leitenden Gesichtspunkte die gleichen geblieben sind, eine dauernde Überprüfung der neuen Ergebnisse, um sie für die Theorie zu verwerten.

So habe ich die Theoretische Biologie für die zweite Auflage einer völligen Neubearbeitung unterziehen müssen, um die schwierigen Probleme besser herauszuarbeiten. Sie sind dadurch zwar ebenso schwierig geblieben, aber, wie ich hoffe, deutlicher geworden.

Hamburg, im Mai 1928.

J. v. Uexküll.

Inhaltsverzeichnis.

Siebentes Kapitel.

Achtes Kapitel.

Druckfehlerberichtigung.

Es ist zu lesen:

Seite 26 — Mitte, statt: Impulsfrage — „Impulsfolge".
„ 70 — 2. Zeile von oben, statt: sich — „wir"
„ 70 — 19. und 22. Zeile von oben, statt: quantitativ — „qualitativ"
„ 112 — 3. Zeile von unten, statt: Ontologie — „Ontogenie".
„ 127 — Mitte, statt: Fritsch — „Frisch".
„ 128 — 13. Zeile von oben fehlt nach: niederen — „Tiere".
„ 162 — Mitte, statt: Ontologie — „Ontogenie".
„ 204 — 2. Zeile von unten, statt: auch — „sich".

Einleitung.

Die heutige Biologie erhebt den Anspruch, nicht bloß ein bestimmtes Wissensgebiet zu umfassen, sondern auch eine ihr eigentümliche theoretische Grundlage zu besitzen, die keineswegs aus den physikalischen oder chemischen Grundbegriffen abgeleitet werden kann.

Das Bedürfnis, die Theorie der Biologie herauszuarbeiten, hat sich erst verhältnismäßig, spät fühlbar gemacht. Solange die biologischen Fächer wie Zoologie und Botanik sich auf die Beschreibung beschränkten, bedurften sie wohl besonderer Methoden, um eine übersichtliche Anordnung des großen Materials an Tatsachen zu gewinnen, einer besonderen theoretischen Grundlage bedurften sie nicht.

Auf die Beschreibung der Formen folgte die Erforschung der Prozesse in den Lebewesen, und dafür reichten die Grundlagen der Chemie, Physik und Mechanik vollständig aus. So kam es, daß man die Lebewesen als physikalisch-chemische Maschinen zu betrachten lernte.

Die Berechtigung dieser Auffassung ist freilich von jenen Forschern, die den Zusammenhang der objektiven Prozesse mit den subjektiven Phänomenen untersuchten, mehr als einmal in Abrede gestellt worden. War man doch dabei auf Lebensfaktoren gestoßen, die sich keineswegs den physikalisch-chemischen Gesetzen unterordnen ließen. Aber der Name, den man, dem Zug der Zeit folgend, dieser Wissenschaft gab, drückte die Hoffnung aus, daß in der Zukunft dieses Ideal erreichbar sei. Physiologische Psychologie will besagen, daß die Psychologie nach physiologischen Prinzipien zu behandeln sei.

Ausschlaggebend war, daß ein genialer Physiker der physiologischen Psychologie die entscheidende Richtung gab. HELMHOLTZ zerlegte in durchaus folgerichtiger Weise die uns umgebenden Gegenstände in lauter Sinnesqualitäten. Die Sinnesqualitäten sind die letzten Elemente unserer Anschauung und als solche lauter selbständige Einheiten, unteilbar und unveränderlich, nur in ihrer Intensität wechselnd. Übergänge, wie sie sich z. B. als Orange zwischen Rot und Gelb vorfinden, beruhen nur auf dem gemeinsamen Ansprechen zweier Qualitäten.

HELMHOLTZ erklärte nun die Qualitäten für Zeichen eines äußeren Geschehens, das mit dem Wechsel der Qualitäten parallel abliefe. Dies äußere Geschehen bliebe uns ewig unbekannt. Mit seinem berühmten „Vertraue und handle!" als der Weisheit letzter Schluß erklärte er recht eigentlich den Bankerott der physiologischen Psychologie.

Denn wenn die ewigen Naturgesetze sich für immerdar unserer Kenntnis entziehen, so ist der Beweis, daß unsere Psyche ihnen unterliegt, niemals zu führen.

Was HELMHOLTZ von uns verlangt, ist der Glaube an die Existenz ewiger, von uns unabhängiger Naturgesetze. Dieser Aufforderung wurde bereitwillig nachgekommen. Es hört ja für den Durchschnittsdenker alles auf, wenn man nicht mehr an Kraft und Stoff glauben wollte!

Bisher waren die physikalischen Gesetze nichts anderes als Hypothesen gewesen — jetzt gewannen sie die Autorität von Glaubenssätzen, welche mit allem Eifer von den dii minores weiter verbreitet wurden.

Immerhin blieb es für die Forschung recht unbefriedigend, wenn sie ihr ganzes Gebäude auf einen Glaubenssatz gründen sollte, der um nichts besser war als die Dogmen der Kirche. Und das alles bloß, weil HELMHOLTZ in den Sinnesqualitäten subjektive Zeichen des wirklichen Geschehens erblickte.

Dies war zwar eine verführerische, aber keineswegs notwendige Annahme. Aus den Sinnesqualitäten bauen sich, wie HELMHOLTZ selbst lehrt, die uns umgebenden Gegenstände auf, und zwar benutzt der eine diese, der andere jene Qualitäten zum Aufbau der Gegenstände. Sie sind daher nichts anderes als Kennzeichen oder Merkmale für ihn zu seinem subjektiven Gebrauch und sagen gar nichts über ein von ihm unabhängiges Geschehen aus.

HELMHOLTZ gestand wohl zu, daß alle Gegenstände jedem Subjekt anders erscheinen müßten, er suchte aber die Wirklichkeit hinter den Erscheinungen. Das haben bereits viele vor ihm getan; er unterscheidet sich aber darin von seinen Vorgängen, daß er nicht den Weltgeist hinter der Erscheinung vermutet, sondern die physikalischen Weltgesetze. Das ist Geschmackssache.

HELMHOLTZ blieb eben bis zum äußersten immer Physiker, und seine überragende Genialität hat dem Materialismus, wenn auch wider seinen Willen, den Weg gebahnt, indem sie der Physik einen Nimbus verlieh, der ihr keineswegs zukommt.

Alle Versuche, die Wirklichkeit hinter der Erscheinungswelt, d. h. mit Vernachlässigung des Subjekts aufzufinden, sind immer gescheitert, weil das Subjekt beim Aufbau der Erscheinungswelt die entscheidende Rolle spielt und es keine Welt jenseits der Erscheinungswelt gibt.

Alle Wirklichkeit ist subjektive Erscheinung — dies muß die große grundlegende Erkenntnis auch der Biologie bilden. Ganz umsonst wird man die gesamte Welt durchstöbern nach Ursachen, die unabhängig vom Subjekt sind, immer wird man auf Gegenstände stoßen, die ihren Aufbau dem Subjekt verdanken.

Mit der Erkenntnis, daß die Gegenstände Erscheinungen sind, die ihren Aufbau einem Subjekt verdanken, betreten wir alten gesicherten

Boden, der durch KANT in einzigartiger Weise vorbereitet ist, um das Gebäude aller Naturwissenschaft zu tragen. KANT hat das Subjekt Mensch den Gegenständen gegenübergestellt und die Grundprinzipien aufgefunden, nach denen von unserem Gemüt die Gegenstände aufgebaut werden.

Die Aufgabe der Biologie besteht darin, die Ergebnisse der Forschungen KANTS nach zwei Richtungen zu erweitern: 1. die Rolle unseres Körpers, besonders unserer Sinnesorgane und unseres Zentralnervensystems mit zu berücksichtigen und 2. die Beziehungen anderer Subjekte (der Tiere) zu den Gegenständen zu erforschen.

Um verständlich zu sein, werde ich vorerst die Hauptergebnisse der Forschungen KANTS in der uns geläufigen biologischen Ausdrucksweise wiederzugeben suchen.

KANTS unsterbliches Verdienst ist es, daß er in unserem Gemüt (worunter die Zusammenfassung aller Seelen- und Geisteskräfte zu verstehen ist) eine Organisation entdeckte, deren Prinzipien er klarlegte. Unser Gemüt besitzt eine innere Planmäßigkeit, die sich aber erst dann offenbart, wenn es in Tätigkeit tritt. Daher muß man das Gemüt beobachten, während es, seiner Tätigkeit obliegend, Eindrücke empfängt und verarbeitet.

Die Eindrücke, die das Gemüt empfängt, bestehen immer aus Sinnesqualitäten, die das Gemüt ordnet und zu Einheiten verbindet, die wir Gegenstände nennen. Wir haben daher an jedem Gegenstand zweierlei zu unterscheiden: 1. die Sinnesqualitäten, die KANT die *Materie*, und 2. die durch das Gemüt gesetzte Ordnung, die er die *Form* der Erkenntnis nennt.

Sicher liegt, bevor eine Einzelerkenntnis gewonnen wird, die Form zu dieser Erkenntnis im Gemüt vorgebildet da. Aber diese Formen ändern sich im Lauf der Erfahrungen. Diese biologisch so ungemein wichtigen Formen der Erkenntnis vernachlässigte KANT und suchte sich auf jene Formen zu beschränken, die vor aller Erfahrung da sein müssen, um auf diese Weise jene Grundzüge des menschlichen Gemüts festzulegen, die jedem menschlichen Wesen zukommen, ganz unabhängig von seiner sonstigen Veranlagung, mit der es die Erfahrungen verwertet. KANT wollte auf diese Weise die von jeder Psychologie unbeeinflußten allgemein notwendigen Gesetze aufstellen, nach denen ein jedes Gemüt Erfahrungen sammelt. Dies führte ihn zur Aufstellung der beiden für jede Erfahrung notwendigen Formen der Anschauung von *Raum* und *Zeit*.

Wenn gerade diese scheinbar einfachsten Formen, in denen das Gemüt sich ausdrückt, einer weiteren Zerlegung zugänglich gewesen sind, so hat sich doch hierbei das Prinzip der Zerlegung, wie KANT es angewandt, um so glänzender bewährt.

Erstes Kapitel

Der Raum.

Kant schreibt: „Der Raum ist nichts anderes als nur die Form aller Erscheinungen äußerer Sinne, d. i. die subjektive Bedingung der Sinnlichkeit, unter der allein uns äußere Anschauung möglich ist". Diesen Satz wird der Biologe folgendermaßen ausdrücken: „Der Raum verdankt sein Dasein der inneren Organisation des Subjekts Mensch, welche die Sinnesqualitäten in räumliche Form kleidet."

Diese räumliche Form ist aber für die verschiedenen Sinnesgebiete nicht die gleiche und bedarf daher für jedes Sinnesgebiet einer gesonderten Betrachtung.

Werden beim Hören die begleitenden Tastempfindungen des Ohres ausgeschaltet, so entsteht die sogenannte Schallhörigkeit, bei der die Gehörsempfindung völlig normal bleibt, dagegen die Richtung, aus der der Schall kommt, nicht mehr wahrgenommen wird. Ebenso kann man die Geruchs- und Geschmacksempfindungen von den begleitenden Tastempfindungen trennen und sich dann die Frage vorlegen: „Was lehren uns diese drei reinen Empfindungen über den Raum?" Darauf wird man antworten müssen: „Äußerst wenig." Weder erfahren wir durch sie, daß der Raum drei Richtungen hat, noch, daß nur eine gerade Linie zwischen zwei Punkten gezogen werden kann. Denn die Qualitäten dieser drei Sinne werden nur hinausverlegt, aber nicht lokalisiert. In diesem primitiven „Außer-uns-Befindlichen" gibt es keine Orte, keine Richtungen und keine Formen. Will man dieses „Außer-uns-Befindliche" noch Raum nennen, so darf man nicht vergessen, daß es sich dabei um einen ganz anderen Raum handelt als um den, von dem wir gewöhnlich reden.

Dabei ist zu beachten, daß die Sinnesqualitäten, besonders des Gehörs, keineswegs ungeordnet bleiben, obgleich sie der räumlichen Sonderung entbehren. Die ganze Tonskala ist ein Muster planvoller Anordnung, obwohl ihr kein Vorbild unter den Gegenständen der Erfahrung zu Gebote steht. Die Ordnung der Töne ist völlig a priori vorhanden als Ausfluß unserer vor aller Erfahrung vorhandenen subjektiven Organisation.

Die Ordnung, in die wir jeden anklingenden Ton sofort aufnehmen, und die seine Verwandtschaft zu allen übrigen Tönen mit Sicherheit festlegt, ist eine in unserem Gemüt vorhandene „qualitative Planmäßigkeit". Sie ist, um mit KANT zu reden, eine „transzendentale Form" unserer Erkenntnis, der gegenüber die einzelnen Töne die „Materie" der Erkenntnis ausmachen.

Die Frage, die wirklich eine schicksalsschwere genannt zu werden verdient, ist folgende: „Wie lassen sich die qualitativen Planmäßigkeiten des Gemüts und die extensive Planmäßigkeit des Gehirns begrifflich zusammenfassen?" Wir werden dieser Frage noch öfter begegnen.

Wenden wir uns wieder dem Raume zu, so werden wir gewahr, daß die beiden Sinne, die exquisit räumlich genannt werden müssen, das Gesicht und der Tastsinn sind. Und doch sind es nicht ihre spezifischen Qualitäten, die raumbildend wirken. Die Farben z. B. besitzen unter sich eine höchst merkwürdige Verwandtschaftsordnung, wie wir sie bei den Komplementärfarben kennen, die nichts mit räumlichen Beziehungen zu tun hat. Es müssen andere Qualitäten hinzukommen, die raumbildend wirken.

Die *Lokalzeichen*. Die Existenz spezifisch räumlicher Qualitäten ist von LOTZE gefolgert und durch WEBER experimental bewiesen worden.

Führt man zwei Zirkelspitzen, die einen Zentimeter voneinander abstehen, vom Nacken beginnend zum Rücken hinab, so spürt die Versuchsperson anfangs ganz deutlich zwei Spitzen, die sich allmählich einander nähern, um schließlich in eine zu verschmelzen.

Wie kommt diese deutlich gespürte Annäherungsbewegung zustande? Die Druckempfindung ändert sich gar nicht; das einzige, was sich ändert, ist die Feinheit, mit der die Rückenhaut die Entfernung zweier Druckpunkte zu unterscheiden vermag. Daraus geht mit Sicherheit hervor, daß wir neben der Druckempfindung auch noch ein Lokalisierungsvermögen in der Haut besitzen.

Die hieraus entwickelte Theorie besagt, daß wir in der Haut nervöse Endausbreitungen besitzen, welche die ganze Körperoberfläche umziehen, die nicht auf spezifische Reize eingestellt sind, sondern bei jeder Reizart mit ansprechen. Diese Endausbreitungen sind in Bezirke eingeteilt, deren Größe ganz erhebliche Unterschiede aufweist. Jeder Bezirk läßt eine Qualität anklingen, die den Qualitäten der Tast- und Temperatursinne ein bestimmtes Lokalkolorit erteilt.

Die Messung der Bezirke geschieht, indem man den Abstand bestimmt, in welchem zwei Zirkelspitzen noch gerade als zwei deutliche Druckpunkte unterschieden werden. Dabei hat sich herausgestellt, daß die Fingerbeeren und die Zungenspitze bei weitem die zahlreichsten und kleinsten Bezirke besitzen.

Die von diesen Bezirken ausgelösten Qualitäten nennt man Lokalzeichen. Die Untersuchung der Lokalzeichen gestaltet sich deswegen so schwierig, weil man vom spezifischen Reiz, den sie begleiten, absehen muß, was eine große Konzentration der Aufmerksamkeit erfordert und nur an wenigen Hautstellen mit Sicherheit möglich ist. Ich finde, daß eine sanfte Berührung der Härchen auf dem Handrücken bei geschlossenen Augen die Änderung der lokalen Qualität am besten zum Bewußtsein führt. Aber erst ein zartes Abtasten der Haut des Oberschenkels gewährt den Einblick in die verwandtschaftlichen Beziehungen der Lokalzeichen untereinander.

Am besten lassen sie sich mit der Tonskala vergleichen. Ordnet man bei einem Klavier die Tasten in übereinanderstehenden Reihen so an, daß in jeder Reihe die gleichnamigen Tasten zu liegen kommen — in der obersten alle C vom tiefsten bis zum höchsten, in der zweiten Reihe alle D u. s. f. —, so erhält man in den Horizontalreihen die Töne nach Oktaven geordnet, während jede Vertikalreihe die Töne je einer Oktave enthält.

An einem solchen Klavier ließe sich die doppelte Verwandtschaft, die ein jedes Lokalzeichen zu seinen Nachbarn aufweist, am besten demonstrieren. Denn bei den Lokalzeichen lassen sich zwei Verwandschaftstypen nachweisen; werden die nervösen Bezirke nacheinander längs eines unserer Gliedmaßen erregt, so spielen sich die Lokalzeichen nach einer bestimmten Verwandtschaftsreihe ab, die sich bei jeder Längsreizung wiederholt, so daß Verwechselungen eintreten können. Ein anderer Typus der Verwandtschaftsreihe tritt bei der Querreizung auf. Die beiden Typen werden niemals miteinander verwechselt.

Nun spielen bei den normalen Reizungen, wie z. B. beim Andrücken einer Fingerbeere an die Tischkante, die einzelnen Lokalzeichen gegenüber den Tastqualitäten eine ganz untergeordnete Rolle; dafür kommen ihre festen Verwandtschaftsreihen um so mehr zur Geltung, als die Tastqualitäten einer derartigen Anordnung entbehren. Ja, man darf sagen, daß sich eigentlich stets die gleiche Tastqualität wiederholt und nur in ihrer Intensität wechselt. So übertragen wir die Ordnung der Lokalzeichen auf die Tastqualitäten und gewinnen dadurch die Fähigkeit, diese nicht bloß gradweise gesteigert miteinander, sondern auch reihenweise nebeneinander zu empfinden.

Jetzt erst verstehen wir die tiefe Wahrheit des Wortes Kants in seiner vollen Bedeutung, daß der Raum nur eine Form der sinnlichen Wahrnehmung ist. Denn das, was uns befähigt, die Tastempfindungen als ausgedehnt wahrzunehmen, ist nicht die neue Qualität der Lokalzeichen, sondern die Form ihrer Anordnung, welche die Ausdehnung selbst ist.

Die Existenz einer bloß mitklingenden und dennoch selbständigen Qualität, die den Ort der Reizung angibt, konnte für den Tastsinn nur geführt werden durch den Nachweis, daß an verschiedenen Hautstellen die Tastempfindung sich gleichblieb, der Lokalsinn aber wechselte.

Für die Netzhaut des Auges ist der Beweis leichter zu führen. Die einzelnen Natzhautstellen sind nicht auf die gleiche Farbenqualität festgelegt, wohl aber auf die gleiche Lokalqualität. Es ist keinem Menschen zweifelhaft, daß an jedem Ort, den er sieht, eine jede Farbe auftreten kann und daher Ort und Farbe zwei voneinander unabhängige Faktoren sind; während man für die Haut von vornherein hätte annehmen können, daß die Tastqualitäten überall verschiedene wären.

Unserem zum Himmel gerichteten, unbewegten Auge erscheint das Sichtbare als eine einheitliche blaue Fläche — unserem erdwärts gerichteten, unbewegten Auge bieten sich verschiedene aneinandergereihte Felder dar. Jedes Feld bildet eine Einheit für sich, trotzdem geht die Einheit der gesamten sichtbaren Welt dadurch nicht verloren. Sie bleibt sich immer gleich, mögen die farbigen Felder noch so sehr wechseln, weil sie auf dem gleichzeitigen Anklingen sämtlicher Lokalzeichen beruht, das uns von dem dauernden Vorhandensein des Ausgedehnten Kunde gibt.

Im Gegensatz zum Sichtbaren ist das Tastbare niemals in all seinen Teilen gleichzeitig in Anspruch genommen. Das Tastbare wird als Einheit empfunden, weil die gleiche Tastempfindung bei jeder Reizung wiederkehrt.

Wir haben die verwandtschaftlichen Beziehungen der Lokalzeichen untereinander mit der Tonskala verglichen, die gleichfalls eine in sich zusammenhängende Verwandtschaft bildet. Der Grad der Verwandtschaft zwischen den einzelnen Tönen wird nach ihrer Ähnlichkeit bestimmt, wobei man die zwischen ihnen noch eben wahrnehmbaren Qualitäten bestimmt. Erleichtert wird die Bestimmung durch die nach jeder Oktave neu einsetzende Ähnlichkeit.

Die Bestimmung der Verwandtschaft zwischen den Lokalzeichen ist viel leichter auszuführen, weil sich, was bisher nicht beachtet wurde, zwischen die Lokalzeichen eine neue Qualität einschiebt — nämlich die *Richtung*. Wenn man einzelne Punkte der Haut reizt, so kann man wohl, wie wir gesehen, zweierlei Verwandtschaftsarten feststellen, eine Qualität der Richtung tritt aber dabei nicht auf. Man braucht sich bloß an das Prickeln zu erinnern, das beim „Einschlafen“ der Gliedmaßen auftritt; wir lokalisieren dabei sehr genau die einzelnen Stiche in unsere Haut nach ihren verschiedenen Qualitäten, irgendeine Richtungsempfindung haben wir nicht dabei.

Die Richtungsempfindung zeigt sich erst, wenn ein Lokalzeichen anzuklingen beginnt, während seine nächstverwandten Lokalzeichen noch im Abklingen begriffen sind, was beim Prickeln nicht der Fall ist. Beim Prickeln empfinden wir den Wechsel der Qualitäten sehr genau; aber nur den Qualitätswechsel, der mit der Richtungsqualität verbunden ist, nennen wir „Bewegung“.

Allgemeine Eigenschaften des Tastraumes und Sehraumes.

Bevor wir auf diese neue Qualität eingehen, die ich „*Richtungszeichen*“ nennen will, und die ausschlaggebend für den Aufbau des Raumes ist, müssen wir uns noch mit einer merkwürdigen Eigenschaft befassen, die sowohl an der unbewegten Tastfläche unseres Körpers wie an der unbewegten Sehfläche unseres Auges erkennbar ist.

Wir können die gesamte Tastfläche, die unseren Körper umschließt, deutlich in eine rechte und linke Hälfte teilen, weil sie eine verschiedene „*Tönung*“ besitzen. Das Wort Tönung benutze ich in übertragener Bedeutung, wie man auch von verschieden getöntem Papier spricht. Eine ganz scharf gezogene Grenze trennt unsere linksgetönte Tastfläche von der rechtsgetönten. Sie läuft in der Medianebene unseres Körpers und ist nicht bloß im Gesicht, sondern auch an Brust, Bauch und Rücken durch Abtasten leicht festzustellen. Ebenso können wir unsere Tastfläche in eine „vorngetönte“ und eine „hintengetönte“ Hälfte trennen und schließlich in eine „obengetönte“ und eine „untengetönte“ Hälfte.

Die Grenze zwischen oberer und unterer Tönung wird von den Franzosen als „*Taille*“ bezeichnet, die den Oberkörper vom Unterkörper abschneidet. Die Grenzlinie zwischen vorderer und hintere Tönung verläuft an der Seitenlinie des Rumpfes. Für die beweglichen Glieder wird eine andere Tönung, die Raumtönung bevorzugt, auf die ich weiter unten zu sprechen komme.

Da stets zwei Tönungen nötig sind, um die ganze Tastfläche zu bedecken, die sich dementsprechend paarweise ergänzen, so kann man von drei Paar komplementärer Tönungen sprechen. Jede Stelle der Haut ist auf diese Weise von vornherein dreifach getönt. Die nähere Bestimmung geschieht dann mit Hilfe der Richtungszeichen. Wenn ein Gegenstand unseren Rücken berührt, können wir gleich aussagen, daß die Berührung hinten, oben oder unten und links oder rechts erfolgt. Die nähere Angabe das berührten Ortes erfolgt durch Schätzung der Strecke, die den Ort von den Grenzebenen trennt. In den meisten Fällen ist eine so umständliche Beschreibung nicht nötig, weil die Anatomie unseres Körpers, soweit sie äußerlich kenntlich ist, durch langjährige Erfahrung in unsere Tastfläche fest eingetragen ist. Es genügt daher zu sagen, der Gegenstand habe unser linkes Schulterblatt berührt. Unsere gesamte Tastfläche gleicht, wenn wir sie sehr vereinfachen, einem Globus, auf dem außer drei senkrecht zueinander stehenden größten Kreisen die Marken unserer äußerlich zutage tretenden Organe wie Kontinente verzeichnet sind.

Diese feste Eintragung führt zu mancherlei Sinnestäuschungen, wenn die beweglichen Teile unseres Körpers in ungewöhnlicher Weise übereinandergeschoben werden. Ich erinnere bloß an den bekannten

Versuch mit der Erbse, die sich verdoppelt, wenn man sie mit dem gekreuzten Zeige- und Mittelfinger berührt.

Man darf, wenn man die Tastfläche mit einem Globus vergleicht, nicht vergessen, daß sie aus einem Ortemosaik aufgebaut ist, und daß die Mosaiksteinchen, die den Globus bilden, außerordentlich in Größe und Dichtigkeit wechseln, entsprechend der Wichtigkeit, die seine einzelnen Teile für das Tasten besitzen.

Die Sehfläche dagegen ist ein Erzeugnis der Netzhaut unseres Auges. Die Netzhaut besteht aus zahlreichen Sehelementen (Stäbchen und Zapfen), die ein regelmäßiges Mosaik bilden. Ein jedes Sehelement erzeugt, sobald es gereizt wird, ein Lokalzeichen in uns, das wir als Ort hinausverlegen. Daher entspricht die Anzahl der Orte genau der Anzahl der Sehelemente.

Auch die Sehfläche zeigt eine verschiedene Tönung. Mit Sicherheit läßt sie sich durch eine Vertikale teilen, die sie in die linksgetönte von der rechtsgetönten Hälfte trennt. Ebenso sicher findet man die horizontale Grenzlinie für die obengetönte und untengetönte Hälfte. Mit Hilfe dieser Grenzlinien wird die Sehfläche nach Breite und Höhe geteilt.

Die Bestimmung eines Ortes auf der Sehfläche geschieht, abgesehen von der allgemeinen Tönung, sehr genau durch die Richtungszeichen — worauf ich später eingehe.

Das Merkwürdigste an der Sehfläche ist ihre Fähigkeit, vor- und zurückzuwandern. Das hängt mit dem Akkommodationsapparat unseres Auges zusammen. Dieser besteht aus einem Muskelring, durch dessen Verkürzung wir den Krümmungsradius unserer Linse beherrschen. Auf diese Weise gelingt es, die Ebene des deutlichen Sehens vor- und zurückzuschieben.

Wäre die von uns hinausverlegte Sehfläche ein für allemal festgestellt, dann besäßen wir keinen Sehraum. Die Lokalzeichen sind zu nichts anderem imstande als eine Fläche von Orten zu liefern, die nur zwei Dimensionen besitzt. Erst durch das Eingreifen der Linsenmuskeln kommt eine Verschiebung in die Tiefe und damit die dritte Dimension zustande. Ganz das gleiche gilt für die Tastfläche. Auch hier wird erst durch das Eingreifen der Muskeln — besonders des Armes, die die Tastfläche der Hand hin und her schiebender Tastraum geschaffen.

Die Muskeltätigkeit kommt uns durch Richtungszeichen zum Bewußtsein, durch sie wird die dritte Dimension des Raumes erzeugt.

Auf einen wichtigen Unterschied zwischen Sehraum und Tastraum muß gleich hingewiesen werden: Bestünde unsere Netzhaut aus Facetten wie im Auge der Gliedertiere, und wären diese in einer planparallelen Ebene angeordnet, wie es annähernd bei Limulus der Fall ist, so würde die hinausverlegte Sehfläche auch nicht sphärisch sein. Sie würde dann beim Einsetzen der Akkommodation ihre Gestalt ebensowenig wechseln wie die Tastfläche der Hand, wenn diese hin und her geschoben wird. In diesem Falle würden die Sehdinge mit zunehmender Entfernung ebensowenig kleiner werden wie die Tastdinge, die von der unveränderten Tastfläche unserer Hand in der Nähe wie in der Ferne gleich groß gefühlt werden.

Die sphärische Sehfläche aber dehnt sich beim Hinausschieben aus und verschmälert sich beim Heranschieben. Die Anzahl der in ihr enthaltenen Orte ändert sich dabei nicht. Die Orte werden zu Winkelgrößen und das Ortemosaik der Sehfläche besteht in der Nähe aus kleinen Mosaiksteinchen von großer Dichte, während es in der Ferne große Mosaiksteinchen in geringer Dichte beherbergt. Da die Größe der Sehdinge von der Anzahl der Orte abhängt, die sie decken, so werden die Sehdinge mit zunehmender Entfernung klein und mit abnehmender Entfernung groß.

Der Tastraum reicht gerade so weit wie unsere tastende Hand. Er besitzt keine feste Grenze, die ihn ringsum abschließt, ganz im Gegensatz zum Sehraum.

Die Sehfläche beherbergt alle sichtbaren Dinge, mögen sie nahe oder ferne sein. Der Sehraum ermöglicht es uns, die nahen Dinge nicht bloß flächig nebeneinander, sondern auch räumlich hintereinander zu sehen. Er selbst reicht bis zu der Ebene, vor der unsere letzte Richtungszeichen haltmachen. Diese Ebene heißt die „*Fernste Ebene*". In ihr bewegen sich alle fernen Dinge so, als besäßen sie keinen Tiefenabstand voneinander.

Die bei der Akkommodation auftretenden Richtungszeichen vermögen die fernste Ebene auf höchstens 6—8 m hinauszuschieben. Und es ist anzunehmen, daß der Sehraum der Säuglinge in der Tat nicht weiter reicht.

Erst im Laufe des Lebens lernen wir es, mit Hilfe von *Entfernungszeichen* verschiedener Art, die fernste Ebene immer weiter hinauszuschieben, bis sie die Weite des Himmelsgewölbes erreicht, das die Welt des Erwachsenen abschließt. Dank den Erfahrungen der Flieger können wir jetzt den Abstand der fernsten Ebene abschätzen. In einer Höhe von einigen Kilometern verwandelt sich die Erde in eine Hohlkugel, die sich direkt an das Himmelsgewölbe anschließt. Dann sind die Seen, Flüsse, Städte unter uns eben so weit von uns entfernt wie die Gestirne über uns.

Daß die Entfernungszeichen, die in Schatten, Überschneidungen und im Abschätzen der Größe uns bekannter Gegenstände bestehen, von Kindern noch nicht richtig gwertet werden, geht aus der Erzählung von HELMHOLTZ hervor, der berichtet, er sei als kleiner Junge mit seiner Mutter an einem Turm vorbeigegangen, an dem Arbeiter beschäftigt waren, und habe seine Mutter gebeten, einen der kleinen Männerchen herabzulangen.

Ich habe an mir selbst die Erfahrung gemacht, daß die Kenntnis der Entfernungszeichen eine erworbene ist. Als ich nach einem schweren Typhus zum ersten Male ausging, hing das Bild der Straße, durch die ich ging, wie ein buntbemalter Teller in ca. 20 m Entfernung vor mir. Ein Wagen, der an mir vorbeifuhr und in die bunte Fläche geriet, entfernte sich nicht weiter, sondern wurde bloß kleiner. Sehr bald hatte ich die richtige Einschätzung wieder erlangt. Aber ich habe doch den Eindruck mitgenommen, wie es in einer so kleinen Welt zugeht.

Die Richtungszeichen.

Wenn wir einen Bogen Millimeterpapier vor uns ausbreiten, so kann uns dieser als Bild eines Ortemosaiks dienen, in dem die Orte alle gleich groß sind und eben merklich voneinander verschieden sind. In den uns geläufigen Seh- und Tastflächen sind die Nachbarorte untermerklich voneinander verschieden. Es ist bei ihnen erst der dritte Ort merklich vom ersten unterschieden. Dadurch wird der mosaikartige Aufbau der Fläche verwischt, von dem wir auszugehen haben.

Als grundlegende Eigenschaft eines jeden Ortemosaiks finden wir folgendes: welchen Ort wir auch als Mittelpunkt wählen, stets wird es möglich sein, eine Vertikale durch ihn zu legen, die alle linksgetönten Orte von allen rechtsgetönten trennt, und ebenso eine Horizontale, die alle obengetönten von allen untengetönten sondert. Von dieser ganz allgemeinen Regel, die für jeden Ort Geltung hat, bilden die besprochenen Grenzlinien für die gesamte Tastfläche wie für die gesamte Sehfläche nur Spezialfälle.

Die Ursache für die allgemeine Regel entdecken wir sofort, wenn wir auf unserem Millimeterpapier an beliebiger Stelle einen Bleistiftstrich von einem Ort zu seinem Nachbarort ziehen. Dann wird eine neue Qualität in uns erzeugt, die durchaus verschieden ist von der Qualität des Lokalzeichens. Es ist dies die Qualität der *Richtung*, die als ein *Richtungszeichen* in uns anklingt.

Wir unterscheiden mit Sicherheit vier verschiedene Richtungszeichen: 1. nach Links, 2. nach Rechts, 3. nach Oben, 4. nach Unten. Dank dieser Grundqualitäten erhält alles, was die Fortsetzung des anklingenden Richtungszeichen bildet, die diesem Richtungszeichen entsprechende Tönung.

Die vier Richtungszeichen sondern sich gleich in zwei deutlich voneinander unterschiedene Paare: 1. nach Links und nach Rechts, 2. nach Oben und nach Unten. Die Glieder eines jeden Paares lassen sich einzeln mit den Gliedern des anderen Paares mischen. So kennen wir sehr gut die gemischte Richtung nach Linksoben und nach Linksunten, sowie nach Rechtsoben und nach Rechtsunten. Dagegen ergibt die Verbindung der Richtungszeichen nach Links mit nach Rechts und der Richtungszeichen nach Oben und nach Unten keine Mischung sondern eine neue Qualität: die *Ruhe.*

Wir kennen im Sinnesgebiet der Farbenempfindung eine entsprechende Einrichtung. Dort geben die Farbqualitäten Gelb und Blau und die Qualitäten Rot und Grün miteinander verbunden keine Mischung, sondern die neue Qualität Weiß. Man nennt sie daher: „komplementäre Farbenpaare“. So dürfen wir auch die Richtungszeichen in komplementäre Paare sondern.

Wie die Qualität der Lokalzeichen, wenn sie hinausverlegt wird, zu einer Eigenschaft der Umwelt wird, und dann Ort heißt, so wird die Qualität des Richtungszeichen, wenn wir sie hinausverlegen, zu einem *Schritt* in der Umwelt. Sobald wir also die Verbindungen der Orte auf unserem Millimeterpapier prüfen, haben wir es nicht mehr mit Richtungszeichen, sondern mit „*Richtungsschritten*“ zu tun. Dann zeigt es sich, daß die Richtungsschritte des gleichen Paares einander räumlich entgegengesetzt sind.

Wie die Orte wechseln auch die Schritte niemals in ihrer Intensität, deshalb kann man sie wie Quantitäten behandeln, und wenn sie zur gleichen Art gehören, unbedenklich addieren und subtrahieren. Das gestattet uns folgende Vereinfachung eintreten zu lassen. Anstatt von 5 Schritten nach Rechts 3 Schritte nach Links abzuschreiten und 2 Schritte nach Rechts als Resultat zu erhalten, können wir die ihnen räumlich entgegengesetzten Schritte nach Links mit dem entgegengesetzten Vorzeichen versehen und hinzuaddieren. So bringen wir die Richtungsschritte des gleichen Paares auf den gleichen Nenner und schreiben z. B. anstatt $5R - 5L = 0$ ganz korrekt $5R + (-)5R = 0$, oder $5R - 5R = 0$. Es kann also das Resultat von 2 Schritten nach Rechts, das ich erhalte, wenn ich mir von 5 Schritten nach Rechts 2 wieder wegdenke, auch erreicht werden, ohne daß ich wirklich 5 Schritte nach Rechts ausführe, dann aber 3 Schritte nach Links zurücklaufe. Dies läßt sich auf dem Millimeterpapier mit Leichtigkeit demonstrieren.

Da auf unserer Seh- und Tastfläche im Gegensatz zum Millimeterpapier 2 Nachbarorte untermerklich verschieden sind, ergibt erst der Übergang zum übernächsten Ort einen merklichen Schritt. Es werden daher die aufeinander folgenden Schritte in der gleichen Richtung von Ort 1 zum Ort 3, zum Ort 5, zum Ort 7 usw. führen. Das ergibt die Länge eines Schrittes gleich 2 Orten.

Sind die Orte verschieden groß und decken sie nicht bloß einen Quadratmillimeter wie auf unserem Papier, sondern einen Quadratzentimeter, dann wird die „kürzeste Strecke“, die einem Schritt entspricht, im gleichen Verhältnis wachsen, und nicht mehr 2 mm, sondern

2 cm betragen. Die Richtungsschritte als hinausverlegte Richtungszeichen sind sich stets gleich, die von ihnen durchmessene kürzeste Strecke ist aber großen Schwankungen unterworfen.

Nun sind wir so weit, um uns am Millimeterpapier klarzumachen, wie wir das Ortemosaik unserer Sehfläche zum Sehen von Bewegungen benutzten. Das Bild der Außenwelt liegt auf unserer Netzhaut wie ein Schatten auf dem Papier. Es kann sich daher das in die Sehfläche hinausverlegte Bild reibungslos ihr entlang bewegen. Wir entwerfen jetzt auf das Papier das Schattenbild einer Landschaft und als bewegten Gegenstand wählen wir das Schattenbild einer Krähe, die von Baum zu Baum fliegt. Die ganze Bewegung gehe von einem Baum links, als linker Marke zu einem Baum rechts als rechter Marke. Dabei streift das Schattenbild der Krähe 100 Quadrate des Papiers und vollführt somit 50 Schritte nach Rechts.

Wie wir auf unserer Netzhaut ein Nachbild erzeugen können, das hinausverlegt die Bewegung der gesamten Sehfläche mitmacht, so machen wir jetzt auf dem Millimeterpapier einen Tintenklex, und lassen diesen, indem wir das Papier unter dem Schattenbild verschieben, wie die Krähe von Marke Links nach Marke Rechts sich bewegen.

Den Unterschied zwischen beiden Vorgängen können wir folgendermaßen zum Ausdruck bringen: im ersten Fall führte ein äußeres Merkmal eine Merkbewegung aus, die aus 50 Merkschritten bestand, im zweiten Fall führte ein inneres Wirkmal eine Wirkbewegung aus, die aus 50 Wirkschritten bestand.

Wie kommt uns die Bewegung des Wirkmals zum Bewußtsein? Wie der Tintenklex mitten im Papier, so bleibt auch jedes beliebige Nachbild in der Sehfläche unbeweglich stehen. Unter sämtlichen Schattenbildern, die als Marken dienen, wandert gemeinsam mit dem Tintenklex das gesamte Mosaik der Quadrate 50 Schritte nach Links. Zugleich aber wandern die Schattenmarken genau so, als hätten sie sich selbst bewegt, auf dem Mosaik der Quadrate 50 Schritte nach Rechts.

Wir beobachten, wenn wir das Ortemosaik der Sehfläche betrachten, den gleichen Vorgang. 50 Wirkschritte wandert die Sehfläche unter den Sehmarken nach Links und zugleich wandern die Sehmarken auf dem Ortemosaik 50 Merkschritte nach Rechts. Und nun enthüllt sich uns eine grundlegende Tatsache: die 50 Wirkschritte nach Links und die 50 Merkschritte nach Rechts geben zusammen 0. Woraus folgt, daß Wirkschritte und Merkschritte identisch sein müssen.

Die Bedeutung dieser Feststellung wird uns sogleich klarwerden, wenn wir nach dem Ursprung der Merkschritte und der Wirkschritte fragen. Beide Schrittarten sind hinausverlegte Richtungszeichen. Die Merkzeichen entstehen bei Reizung der Netzhaut, die von einem äußeren Merkmal ausgeht. Die Wirkschritte aber sind an die Innervation der

Augenmuskeln gebunden, die von unserem eigenen Willensimpuls ausgeht.

Da die erregten Sehelemente unserer Netzhaut Richtungszeichen in uns auslösen, ist das Entstehen der Merkschritte nicht weiter wunderbar. Wenn wir aber unsere Sehfläche in Bewegung versetzen, geben wir unseren Augenmuskeln keinen anderen Befehl, als die Sehfläche von Marke zu Marke zu tragen. Von einer Differenzierung des Befehls in 50 Wirkzeichen ist gar keine Rede.

Es muß daher der allgemeine Richtungsbefehl von Marke Rechts nach Marke Links bei seiner Ausführung in diejenige Anzahl von Wirkzeichen aufgelöst werden, die der Zahl der Orte entspricht, welche unter den Marken vorbeigleiten. Es kann sich daher nur um durch Hemmungen ausgelöste Wirkzeichen handeln, die nach Beendigung jedes einzelnen Schrittes einsetzen und die der Zahl gleichzeitig auftretender Merkzeichen notwendig entsprechen müssen.

Man hat aus dem Ausgleich sensorischer und motorischer Bewegungszeichen auf ein zentrales Sinnesorgan geschlossen, das diesen Ausgleich vermittelt. Es ist aber auch möglich, daß ein jedes Bewegungszeichen durch ein ihm gleiches aber entgegengesetztes Hemmungszeichen automatisch sofort vernichtet wird.

Die Versuche, welche das Zusammenspiel der Merk- und Wirkschritte beweisen, bilden eine lückenlose Kette. Wenn wir mit unserem Auge umherblicken und den Mittelpunkt der Sehfläche (die der Fovea unserer Netzhaut entspricht) von Marke zu Marke wandern lassen, dann bleiben alle Sehdinge in Ruhe, die Bewegung ist $= 0$. Nach der eben entwickelten Auffassung ist die Ruhe das Resultat des Wettstreites zwischen Merk- und Wirkschritten. Ihre Anwesenheit muß aber bewiesen werden. Die Anwesenheit der Merkschritte auf der bewegten Sehfläche wird durch einen Versuch von HELMHOLTZ bewiesen, der den Augapfel mit dem Finger hin und her bewegte. Dann fangen alle Sehdinge an zu tanzen. Daß dabei die Wirkschritte ausgeschaltet sind, läßt sich folgendermaßen zeigen: man erzeugt ein Nachbild und schaut ins Dunkel, während man mit dem Finger den Augapfel hin und her bewegt; dabei bleibt das Nachbild unbeweglich stehen, obgleich es bei willkürlicher Bewegung durch die Augenmuskeln wandert. Damit ist auch die Anwesenheit von Wirkschritten beim willkürlich bewegten Auge bewiesen, selbst bei Abwesenheit von Merkschritten.

HELMHOLTZ hat diesen Beweis an Patienten mit einseitiger Lähmung der Augenmuskeln noch weiter führen können. Beim bloßen Versuch, die gelähmten Muskeln zu innervieren und mit ihrer Hilfe die Sehfläche unter den Sehdingen vorbeizuziehen, bewegen sich die Sehdinge so, als sei dies Vorbeiziehen wirklich eingetreten. Der Gesamtschritt wird also als vollzogen gemeldet, sobald der nervöse Impuls abgegeben ist. Da in diesem Fall keine entgegengesetzten Merkschritte auftreten, ist das Resultat nicht Ruhe der Sehdinge, sondern Bewegung. Bewiesen wird durch diesen Versuch vor allen Dingen, daß die Wirkzeichen keine Muskelempfindungen, sondern Innervationsempfindungen sind, und zweitens, daß sie immer zutage treten, wenn sie nicht durch entgegengesetzte Merkzeichen aufgehoben werden.

Der Wirkraum.

Das unbewegte Auge liefert uns keinen Sehraum, sondern nur eine Sehfläche, ebenso liefert uns unser unbewegter Körper keinen Tastraum, sondern nur eine Tastfläche. Daran ändern die durch unsere Sinnesorgane wahrgenommenen Bewegungen der Sehdinge und Tastdinge nichts. Erst, wenn unsere eigenen Muskeln eingreifen und die Linsenmuskeln die Sehfläche vor- und zurückschieben, oder unsere Armmuskeln die Tastfläche der Hand vor- und zurücktragen, entsteht ein Raum. Ohne Eigenbewegung kein Raum.

Sowohl Sehraum wie Tastraum dienen zur Aufnahme fremder Reize. Man kann den Sehraum als das Reizreservoir der Sehdinge und den Tastraum als das Reizreservoir der Tastdinge bezeichnen. Beide Reservoire sind ausgesprochene Merkräume, die dem Merken fremder Reize dienen.

Nun sind wir aber, auch wenn wir die Augen schließen und wenn wir gleichzeitig die Tastempfindungen vernachlässigen, immer noch von einem Raum umgeben, der uns als Spielraum unserer eigenen Bewegungen dient. Da er der Hauptsache nach den Greifbewegungen dient, darf man ihn als Greifraum ansprechen, in dem sich Greifdinge befinden, die sich erst durch die Berührung mit der Tastfläche unserer Hand in Tastdinge verwandeln. Der Spielraum für unsere Eigenbewegungen ist kein Reservoir für Merkdinge, mögen diese Sehdinge oder Tastdinge sein, sondern dient als Reservoir für die bei unseren Eigenbewegungen auftretenden und in ihn hinausverlegten Richtungszeichen, die keine Merkzeichen, sondern Wirkzeichen sind. Er wird daher passend „Wirkraum" benannt. Der Wirkraum besitzt weder Sehorte noch Tastorte. Wir müssen uns daher nach einem anderen Elementarmaß umsehen, das sich für den Wirkraum eignet.

Die Orte innerhalb des Sehraumes sind einander gleich, weil sie auf die einander gleichen Lokalzeichen zurückgehen. Das gleiche gilt für die Orte des Tastraumes. Trotzdem nehmen sie, wie wir gesehen haben, Plätze von sehr verschiedener Größe ein. Da hier aber die Verhältnisse ganz einfach liegen, ist es nicht notwendig, die Unterscheidung von Platz und Ort einzuführen, und man kann unbedenklich von verschiedener Größe und Dichte der Sehorte und Tastorte sprechen.

Anders liegen die Dinge im Wirkraum. Hier ist es angezeigt, um keine Mißverständnisse aufkommen zu lassen, die Richtungsschritte immer als einander gleich zu behandeln, da sie ebenfalls der Ausdruck der einander gleichen Richtungszeichen sind. Der Tatsache, daß ihnen im Wirkraum verschiedene Wegstrecken entsprechen, trägt man am besten dadurch Rechnung, daß man jedem Richtungsschritt seine „kürzeste Strecke" zuweist und die kürzesten Strecken miteinander vergleicht. Als Grundmaß für den Wirkraum ist daher die kürzeste Strecke anzusprechen, weil sie der kleinsten Bewegungsgröße, dem Richtungsschritt, entspricht.

Die kürzesten Strecken sind uns nicht unmittelbar bekannt. Deshalb müssen sie wenigstens für den Wirkraum experimentell bestimmt werden. Das ist für den Sehraum und den Tastraum nicht nötig. Auch in den beiden Merkräumen treten Richtungsschritte auf, die ihre ihnen zugehörige kürzeste Strecke besitzen. Um diese zu ermitteln, genügt aber eine ganz einfache Regel. Da die Nachbarorte sowohl im Sehraum wie im Tastraum voneinander untermerklich verschieden sind, kann eine Bewegung, die sich über weniger als zwei benachbarte Orte erstreckt, nicht gemerkt werden. Hingegen wird (wie bereits ausgeführt wurde) jede Bewegung, die vom 1. zum 3., zum 5., zum 7. Ort usw. führt, jeweils ein Richtungszeichen auslösen. Wir dürfen daher jeden Richtungsschritt gleich zwei Orten setzen. In Millimeter ausgedrückt, wechseln die zugehörigen kürzesten Strecken ganz außerordentlich. Wie kurz sie werden können, davon wird sich jeder, der je unter der Lupe präparierte, überzeugt haben. Die Lupe dient dazu, eine große Anzahl von Orten auf eine kleine Fläche zu vereinigen. Getreulich folgen der Verkleinerung der Orte die Richtungsschritte, und zwar nicht bloß die Merkschritte für die fremde Bewegung, sondern auch die Wirkschritte unserer eigenen Bewegungen, die wir den Präpariernadeln erteilen.

Wie aber gelingt es, die kürzeste Strecke zu finden, wenn uns wie im Wirkraum keine Orte gegeben sind, die uns als Marken der Bewegung dienen? Wir müssen uns in diesem Fall an die Richtungszeichen halten. Die sind aber keine selbständigen Größen, sondern sind abhängig vom Willensimpuls, den wir unseren Muskeln erteilen. Die Willensimpulse können aber in ihrer Intensität wechseln. Nun ist unser schwächster Willensimpuls eine invariable Größe. (Es handelt sich hier um einen Impuls, der wirklich zu einer fortschreitenden Bewegung führt und nicht ein minimales Hin- und Herpendeln erzeugt.) Dieser ist tatsächlich immer gleich und erzeugt bei der gleichen Muskelgruppe unter sonst gleichen Umständen stets den gleichen Ausschlag. Diese kleinste Bewegungsgröße oder kürzeste Strecke ist für jede Muskelgruppe eine andere. Je nachdem wir die Hand aufstützen und bloß die Finger bewegen, oder ob wir den Ellenbogen aufstützen und die Hand bewegen, oder ob wir endlich den Rumpf feststellen und den ganzen Arm bewegen, stets werden wir verschieden lange kürzeste Strecken erhalten.

Wenn wir die kürzeste Strecke für den Greifraum messen wollen, kommen nur die Bewegungen des frei beweglichen ganzen Armes in Frage. Die entsprechenden Messungen wurden unter Ausschaltung jeder merklichen Reibung (da es sich um Ermittlung reiner Wirkgrößen handelt), mit einem in Tusche getauchten Pinsel auf einer senkrecht stehenden Glasplatte ausgeführt. Sie führten zum Ergebnis, daß die kürzeste Strecke des freien Armes ca. 2 cm beträgt, während die kürzeste Strecke der Finger 2 mm nicht erreicht.

Es hat sich ferner herausgestellt, daß die kürzeste Strecke des freien Armes abnimmt, wenn der Gesamttonus der Armmuskeln steigt. Um diese Fehlerquelle zu beseitigen, empfiehlt es sich, die Messungen nach dem Schlag eines Metronoms auszuführen, weil dadurch die Aufmerksamkeit abgelenkt und eine unnormale Spannung der Armmuskeln vermieden wird. Daß der Tonus der Antagonisten ausschlaggebend für die kürzeste Strecke ist, wird sofort deutlich, wenn man sich an den Lidschlag des Auges erinnert, bei dem die Antagonisten ausgeschaltet sind, der schnell ausgeführte Lidschlag ist immer maximal. Wäre dies auch bei unseren Armmuskeln der Fall, so wäre es uns unmöglich, die Bewegungen zu dosieren, und jede Armbewegung würde stets eine maximale sein.

Tatsächlich wird aber jede kleinste Bewegung der Arme nach Durchlaufen einer Strecke von ca. 2 cm abgebremst. Infolgedessen können wir feststellen, daß die kürzeste Strecke im Greifraum nicht ganz 2 cm erreicht. Setzen wir nun die den verschiedenen Richtungsschritten angehörigen kürzesten Strecken aneinander, erst nach rechts, dann nach oben, nach links, nach unten und schließlich nach hinten, so erhalten wir einen Würfel mit einer Kantenlänge von ca. 2 cm als Grundmaß für den Greifraum.

Die nicht unerhebliche Ausdehnung dieses Grundmaßes macht es verständlich, warum wir mit geschlossenen Augen beim Versuch, beide Zeigefinger aus größerer Entfernung aneinanderstoßen zu lassen, meist vorbeitreffen. Auch überzeugt man sich leicht davon, daß es nicht gelingt, einen mit beiden Augen fixierten Punkt mit dem Zeigefinger zu treffen, wenn man ihn durch eine Pappröhre betrachtet, die uns die Möglichkeit nimmt, die Bewegungen unseres Armes mit den Augen zu kontrollieren.

Wie man sieht, gelingt es, die Form und Größe des elementaren Bausteines des Wirkraumes festzustellen, der nicht mit Baustein des Seh- und Tastraumes, dem Ort, verwechselt werden darf. Ich habe deshalb vorgeschlagen, im Wirkraum nicht von Orten, sondern von „Stellen" zu reden.

Das Raumrichtungsorgan.

Wir haben jetzt die elementaren Bausteine des Wirkraumes kennengelernt. Die Frage, wie sind sie im Wirkraum angeordnet, um ihn wie ein dreidimensionales Mosaik auszufüllen? ist leicht zu beantworten, wenn wir uns daran erinnern, daß wir die Fähigkeit besitzen, den Raum zu tönen. Entsprechend der Tönung der Seh- und Tastfläche vermögen wir auch den Wirkraum in links-rechts, oben-unten und vorn-hinten getönte Hälften zu zerlegen. Die drei aufeinander senkrechtstehenden Grenzflächen der getönten Raumabschnitte bilden ein Koordinatensystem, das den Raum in seine drei Richtungen zerlegt.

Daß der Raum drei Dimensionen besitzt, war eine altbekannte Tatsache. Nur war man geneigt, die drei Dimensionen für eine in den Raum verlegte gedankliche Vorstellung zu halten, der keine sinnliche Realität entsprach. Die Behauptung CYONS, daß die drei Raumdimensionen das Erzeugnis der drei Bogengänge des inneren Ohres seien, stieß daher auf allgemeine Ablehnung. Es fehlte in der Tat seiner Beweisführung das notwendige Zwischenglied, nämlich der Nachweis, daß wir nicht bloß ein gedachtes, sondern ein fühlbares Koordinatensystem in den Raum verlegen.

Und doch ist dieser Beweis leicht zu führen. Wir brauchen bloß ein längliches Pappstück in die Hand zu nehmen und bei geschlossenen Augen mit ihm die Grenzebenen der getönten Raumhälften durch Hin- und Herfahren festzustellen, was ohne Schwierigkeit ausführbar ist. Denn wir fühlen mit Sicherheit, wo die linksgetönte Raumhälfte in die rechtsgetönte umschlägt. Das geschieht immer in der Medianebene nicht unseres Körpers, sondern unseres Kopfes. Ebenso können wir mit Sicherheit angeben, wo die obengetönte Raumhälfte in die untengetönte umschlägt. Dabei zeigen sich individuelle Unterschiede. Die meisten Personen verlegen diese Ebenen in Augenhöhe, eine Minderheit verlegt sie tiefer hinab in die Höhe der Oberlippe. Noch größere Unterschiede zeigt die Lage der Grenzebene zwischen vorn und hinten. Sie wird von einigen Personen am Gehörgang, von anderen in Wangenhöhe und von einer Minderheit vor der Nasenspitze liegend empfunden. In allen Fällen sind die Richtungsebenen fest an den Kopf gebunden und folgen getreulich seinen Bewegungen.

Es ist also Tatsache, daß wir ein fühlbares Koordinatensystem mit uns herumtragen, das an unseren Kopf gebunden ist. Dieses ist ein integrierender Bestandteil unseres subjektiven Raumes und mehr als eine mathematische Hilfsvorstellung, an der man die Stellung unseres Kopfes ablesen konnte.

Es wird das Koordinatensystem zum Ordnen der würfelförmigen Stellen im Wirkraum benutzt. Unterstützt wird diese Ordnung durch unsere erstaunliche Fähigkeit zu jeder geraden Linie im Wirkraum an jeder Stelle eine ihr parallele Linie zu finden. Man überzeugt sich von dieser Fähigkeit, wenn man mit der linken Hand ein Stäbchen in irgendwelcher Richtung hält und bei geschlossenen Augen mit der Rechten ein anderes Stäbchen an beliebiger Stelle parallel zum ersten einzustellen sucht. Der Erfolg ist ein über Erwarten genauer. Ebenso macht es uns keinerlei Schwierigkeiten, einen Stab parallel zu einer der gefühlten Koordinaten einzustellen.

Dank dieser Fähigkeit fällt es uns leicht, das gesammte Stellenmosaik so anzuordnen, daß jede Würfelkante parallel zu der ihr entsprechenden Koordinate zu liegen kommt. Auf diese Weise entsteht ein von parallelen Linien durchzogener euklidischer Raum. Sehr im Gegensatz zum sphärischen Sehraum, dessen Orte sich als Winkelgrößen um strahlenförmig verlaufende Linien gruppieren. Während die Stellen des Wirkraumes überall die gleiche Größe haben, nehmen die Orte im Sehraum in der Nähe an Größe ab und in der Ferne zu. Eine Mittelstellung nimmt der Tastraum ein, dessen Ortemosaik innerhalb der Tastfläche aus Bausteinen von sehr wechselnder Größe besteht, die aber durch das Vor- und Zurückschieben der Tastfläche nicht beeinflußt wird.

Nachdem die Voraussetzung der These Cyons, daß wir ein sinnlich gegebenes Koordinatensystem in unserem Raum beherbergen, sich als richtig erwiesen hat, liegt es uns ob, die These selbst zu prüfen und die Frage zu beantworten, ob die Bogengänge des Ohres, die bekanntlich in drei Richtungen des Raumes angeordnet sind, zum fühlbaren Koordinatensystem in Beziehung gebracht werden können.

Den Beweis für die Behauptung Cyons kann man folgendermaßen antreten. Wenn wir durch prismatische Gläser die Welt betrachten, so werden alle Sehdinge verschoben und die nach ihnen fassende Hand greift vorbei. In diesem Fall sind die Koordinaten des Sehraumes und des Wirkraumes aus ihrer normalen Stellung zueinander gebracht worden. Fixiert man jetzt den zu ergreifenden Gegenstand eine Zeitlang genau, dann tritt eine innere Verschiebung des Sehfeldes ein, von der man sich schwer Rechenschaft geben kann. Der Erfolg aber lehrt, daß die beiden Koordinatensysteme wieder die Normalstellung zueinander eingenommen haben, denn die zufassende Hand greift nicht mehr daneben. Es macht den Eindruck, als seien beide Koordinatensysteme miteinander durch ein Gummiband verbunden, das, wenn es gewaltsam gedehnt wurde, nachträglich wieder zusammenschnurrt.

Von dem Vorhandensein dieses Gummibandes überzeugt man sich an Personen, die im fahrenden Eisenbahnzuge oder auf dem Drehstuhl sitzen. Ihre Augen folgen den vorbeiziehenden Gegenständen, um gleich darauf wieder in die Mittelstellung zurückzuschnappen. Dies Hin- und Herpendeln des Auges nennt man den normalen Nystagmus.

Es hat sich nun bei Experimenten an Säugetieren herausgestellt, daß nach Entfernung der Bogengänge der Nystagmus wegfällt. Das Fehlen des Nystagmus bei Taubstummen wird dazu benutzt, um die Diagnose Zerstörung der Bogengänge zu stellen.

Jedenfalls tritt mit der Zerstörung der Bogengänge ein Zerreißen des Gummibandes ein. Ob auch das ganze Koordinatensystem des Wirkraumes mit zerstört wurde, ist wohl sehr wahrscheinlich, aber noch nicht genügend bewiesen.

Bei den Wirbellosen, z. B. den Insekten, ist der Nystagmus unbekannt. Eine Libelle, die man auf eine rotierende Achse setzt, stellt ihren Kopf wohl so ein, daß er gegen die Drehrichtung zurückbleibt. Aber ein Pendeln des Kopfes unterbleibt. Erst nach Aufhören der Bewegung nimmt er seine Normalstellung wieder ein. Trotzdem scheint bei den Insekten ein Raumrichtungsorgan vorhanden zu sein. Seit BETHES Versuchen an den Bienen wissen wir, daß die Bienen beim Zurückkehren zum Stock das Flugloch nicht sogleich finden, wenn der Stock inzwischen um einige Meter seitlich verschoben wurde. Sie sammeln sich dann an der Stelle an, wo vorher das Flugloch sich befand. Es dauert einige Minuten, bis sie sich neu eingestellt haben und heimfinden. Diese Fehlorientierung beweist, daß die Bienen bei ihrem Heimflug nicht durch ihre Augen gelenkt werden. BETHE hat bereits darauf hingewiesen, was durch WOLFF dank eingehender Versuche bestätigt wurde, daß nämlich die Fehlorientierung nicht eintritt, wenn man den Bienen die Fühler gekappt hat.

Wir müssen daher annehmen, daß die Fühler den Bienen als Raumrichtungsorgan dienen und daß sie beim Heimflug nicht zu einem bestimmten Ort im Sehraum hinfliegen, sondern zu einer bestimmten Stelle im Wirkraum. Als Wirkraum kommt hier der Flugraum in erster Linie in Betracht, über dessen Bau wir nur vage Vermutungen äußern können. Sicher ist nur, daß von den Fühlern in den Flugraum ein Koordinatensystem entworfen wird, das den Bienen die Flugrichtung vorschreibt.

Bei den Ameisen werden die Fühler zur gegenseitigen Verständigung benutzt. Sie „betrillern" sich mit den Fühlern. Man hat bereits eine Art Ameisensprache enträtseln zu können geglaubt. Nur darf man nicht vergessen, daß die Ameisensprache eine Mittelstellung zwischen unserer Schrift- und unserer Lautsprache einnimmt.

Unsere Schriftzeichen bestehen alle aus fest angeordneten Richtungsschritten, die wir auch bei geschlossenen Augen leicht wieder erzeugen können. Bei den Ameisen fällt diese räumliche Anordnung weg, dafür setzt eine Ordnung entsprechend einem zeitlichen Rhythmus ein, wie wir sie bei der Lautsprache kennen. Deutlich erkennen wir das Eingreifen einer zeitlich geordneten, in sich geschlossenen Impulsfolge. Zur gegenseitigen Verständigung muß eine Merkzeichenfolge des „Hörenden" der Impulsfolge des „Redenden" entsprechen. Ob aber der die Impulsfolge im Redenden von einer Wirkzeichenfolge begleitet wird, können wir am fremden Subjekt nicht entscheiden. Um die Berechtigung solch subtiler Unterscheidungen einzusehen, müssen wir näher auf die Impulsfolge beim Menschen eingehen.

Die Impulsfolge beim Menschen.

Die kleinste Bewegungsgröße, der Richtungsschritt, geht, wie wir sahen, auf ein Richtungszeichen zurück, das immer mitklingt, wenn ein Willensimpuls einem bestimmten Bewegungsapparat unseres Körpers, d. h. einer zusammenarbeitenden Gruppe von Muskeln, zugeleitet wird. Die erfolgte Bewegung kontrollieren wir im Sehraum mit unseren Augen, aber schon vorher wird uns die sich abrollende Impulsfolge durch die dabei anklingenden Richtungszeichen kundgetan. Die Willensimpulse selbst sind keine Bewegungsgrößen. Sie sind bloß qualitativ verschiedene Direktiven, die sich entsprechend den verschiedenen Muskelgruppen unterscheiden, denen sie zugehen. Es muß in der Tat eine jede Muskelgruppe, die eine bestimmt umgrenzte Bewegung ausführt, eine spezifische Qualität darstellen, auf die sich die ihr adäquate Qualität der Willensdirektive bezieht. Das läßt sich aus folgendem Versuch ableiten.

Es gelingt uns leicht, mit beiden Händen bei langsam ausgeführter Bewegung eine 33 in den Raum zu malen, wobei jede Hand eine richtige 3 schreibt. Sobald man aber die gleiche Bewegung schnell ausführen will, ändert sich das Bild und es entsteht **Ɛ3**, d. h. eine richtige und eine spiegelbildlich gebaute 3. Was ist geschehen, um dieses Resultat zu erhalten? Die Kette von Willensimpulsen, die der Rechten erteilt wurden, die sonst ausschließlich zum Schreiben benutzt wird, war die stärkere, und hat auch auf den linken Arm übergegriffen. Hier hat sie die ihren Einzeldirektiven entsprechenden Muskelgruppen nacheinander ebenso in Tätigkeit versetzt wie im rechten Arm, und da die Arme einander gleich, aber spiegelbildlich gebaut sind, entstand **Ɛ3**.

Dieser Versuch beweist, daß weder eine Vorstellung der 33, die aus Richtungsschritten besteht, noch eine der 33 entsprechende Folge von Richtungszeichen die Willensimpulse lenkt. Von der Impulsfolge wissen wir nur, daß sie aus Direktiven für die Muskelgruppen besteht, und daß die Direktiven entsprechend den Muskelgruppen, zu denen sie gehören, sich qualitativ voneinander unterscheiden müssen. Weder die Qualität der Muskelgruppen, noch die ihnen adäquaten Direktiven kommen uns zum Bewußtsein. Das einzige, was zu unserer Kenntnis gelangt, sind die mitklingenden Richtungszeichen, die als Richtungsschritte in den Wirkraum verlegt werden. Von der wirklich ausgeführten Bewegung gibt uns erst das Auge und der Tastsinn sichere Kunde.

Bei unseren Lautäußerungen, die der Hauptsache nach auf Bewegungen unserer Kehlkopfmuskeln beruhen, fehlt uns die Kontrolle der Richtungszeichen. Hier sind wir einzig und allein auf die Kontrolle der erzeugten Töne durch unser Ohr angewiesen. Beim Aufsagen eines Gedichtes oder beim Absingen eines Liedes ist es besonders auffallend, daß wir über den Vorgang, der zur Erzeugung der Töne dient, völlig im Dunkeln bleiben. Hier stoßen wir hart auf hart mit einem in uns auftretenden Naturfaktor zusammen, der, obgleich er in die Tätigkeit unseres Gemütes planmäßig eingefügt ist, dennoch unerkennbar bleibt. Es vollzieht sich in uns ein von uns ausgelöster Willensakt, der aus wohlgeordneten Qualitäten besteht, die uns völlig unbekannt bleiben. Aus einer uns unzugänglichen Ursprungsstätte rollt sich die zeitlich gegliederte Kette von Willensdirektiven ab, deren qualitative Unterschiede wir anerkennen müssen, ohne ihrer bewußt zu werden.

Bei der Erforschung analoger Vorgänge im Tierleben werden wir uns zumeist mit der Anerkennung einer Impulsfolge als eines uns unbekannten Naturfaktors begnügen müssen, weil wir nicht wissen können, in welchen Fällen die Impulsfolge von Richtungszeichen begleitet ist und wann nicht.

Der Raum als Gesetz.

Bekanntlich hat KANT die Lehre aufgestellt, daß wir über den Raum vor aller Erfahrung unterrichtet sind, weil er als Form der Anschauung jeder Erfahrung vorausgehen muß. Aber nicht darin unterscheidet sich der Raum von den übrigen Formen der sinnlichen Wahrnehmung, denn auch die Tonskala ist bereits vorhanden, sobald der erste Ton wahrgenommen wird, und die erste wahrgenommene Farbe besitzt bereits ihre Komplementärfarbe, bevor diese in die Wahrnehmung tritt. Die gesetzlichen Beziehungen eines Tones zu allen übrigen Tönen und einer Farbe zu allen übrigen Farben müssen zwar in der Erfahrung erforscht werden, sind aber vor aller Erfahrung vorhanden und entfalten ihre Wirksamkeit bereits mit dem Beginn der ersten Erfahrung.

Der Grund, warum dem Raum eine Ausnahmestellung gegenüber den anderen Formen sinnlicher Wahrnehmung zukommt, ist ein anderer. Alle Sinnesqualitäten, die nicht mit unseren eigenen Bewegungen zusammenhängen, werden durch äußere Eindrücke hervorgerufen, die von unserer eigenen Tätigkeit unabhängig sind. Nur die Qualitäten, welche unsere eigenen Bewegungen begleiten, sind völlig unabhängig von der Außenwelt, mithin von jeder äußeren Erfahrung. Diese gerade, insbesondere die Richtungszeichen sind es nun, die als gesetzliche Form den Wirkraum besitzen. Deshalb vermögen wir die ganze Lehre vom Raum ohne Zuhilfenahme der äußeren Erfahrung zu entwickeln, und weil alle anderen Qualitäten direkt oder indirekt mit dem Raum in

Beziehung treten, dürfen wir sagen, daß der Raum als allgemeine Anschauungsform aller Erfahrung vor aller Erfahrung vorhanden ist, und daß seine Gesetzmäßigkeit, die wir nur durch innere Erfahrungen unserer eigenen Bewegungen erforschen, völlig a priori dastehen.

Nur beim Raum geht nicht nur seine Gesetzmäßigkeit, sondern auch die Wissenschaft dieser Gesetze der äußeren Erfahrung voraus. Daraus erklärt sich die ganz ungewöhnliche Rolle, welche die Zeichnungen z. B. in der Planimetrie spielen. Es sind keine Umrisse von Gegenständen, die wir entwerfen, sondern unvollkommene Symbole unserer eigenen Bewegungen, deren Beziehungen zueinander wir studieren, indem wir die Reihen von Richtungszeichen durch Linien auf dem Papier festzuhalten suchen.

Ebenso zweifellos, wie die Planimetrie der äußeren Erfahrung vorausgeht, ebenso unzweifelhaft ist sie ein Erzeugnis der inneren Erfahrung. Es wäre ein folgenschwerer Irrtum, anzunehmen, man könne etwa mit Hilfe der Erinnerungszeichen in der Vorstellung eine Wissenschaft begründen, die uns über das wirkliche Geschehen unterrichte. Das wirkliche Geschehen kann nur an ihm selbst erkannt werden, mag es nun ein inneres oder äußeres Geschehen sein.

Wohl gibt es eine Vorstellung vom Raum, in die die Erinnerungszeichen entworfen werden, aber der Raum selbst ist keine Vorstellung. Er ist ein wesentlicher Bestandteil unserer Organisation und als solcher ein wirkliches Naturgesetz von subjektiver wie objektiver Gültigkeit.

Kant hat, um uns einen Einblick in unsere eigene Organisation zu verschaffen, die *Apperzeption* in den Mittelpunkt seiner Betrachtungen gestellt. Die Apperzeption ist die aller Wahrnehmung zugrunde liegende Tätigkeit unseres Gemüts. Nur während der Tätigkeit können wir etwas über die Organisation unseres Gemüts erfahren, das sonst in völliges Dunkel gehüllt bleibt. Die Tätigkeit ist bei jeder Wahrnehmung von gleicher Art: immer werden verschiedene Qualitäten zu Einheiten verbunden. Die Kraft des Gemüts, welche die Apperzeptionstätigkeit ausübt, schafft dauernd neue Bildungen — sie ist ihrem Wesen nach eine Bildungskraft.

Das Material zu diesen Bildungen liefern die Qualitäten, die Gesetze, nach denen die Bildung erfolgt, sind die Formen. Aus Kraft, Material und Gesetz erschließt sich uns die Organisation unseres Gemüts.

Hieraus ergibt sich die Berechtigung, den Raum, als die allgemeinste Form der sinnlichen Wahrnehmung, ein Gesetz zu nennen, und da die Tätigkeit unseres Gemüts das einzige uns unmittelbar bekannte Stück Natur ist, sind seine Gesetze die einzigen, die mit Recht den Namen Naturgesetze führen dürfen. Die gesetzmäßige Bestimmung, die der Raum allen Gegenständen auferlegt, ist unzweifelhaft ein Naturgesetz.

Punkt und Atom.

Die bisher durchgeführte Analyse der biologischen Grundelemente gestattet uns, bereits einige Probleme von fundamentaler Bedeutung aufzuklären. Bekanntlich hat HELMHOLTZ darauf aufmerksam gemacht, daß in der Welt eines Menschen, dessen Linse zylinderförmig wäre, das Axiom der Planimetrie, laut dessen die kürzeste Verbindung zwischen zwei Punkten eine gerade Linie sein muß, keine Geltung habe. Diesen Widerspruch vermögen wir jetzt aufzuklären, indem wir zeigen können, daß es zwei Arten von Linien gibt, von denen eine dem Axiom unter allen Umständen gehorcht, die andere aber nicht.

Linien sind stets aneinandergereihte Richtungsschritte. Nun spielen sich die Wirkschritte im euklidischen Wirkraum ab, wogegen die Merkschritte in den sphärischen Sehraum verlegt werden. Nur für die ersten gilt das angeführte Axiom. Wird der Sehraum durch einen veränderten optischen Apparat verändert, so tritt der Unterschied nur deutlicher zutage — vorhanden ist er immer.

Wie es zwei Arten Linien gibt, gibt es auch zwei Arten Punkte. Wir unterscheiden bekanntlich den immateriellen (mathematischen) Punkt vom materiellen (physikalischen) Punkt. Der mathematische Punkt wird als die Kreuzungsstelle zweier Linien definiert. In diesem Falle wird unter Linie eine Reihe von Richtungsschritten verstanden. Der mathematische Punkt besitzt daher keine Ausdehnung.

Der physikalische Punkt oder das Atom ist nichts anderes als das Lokalzeichen + Sinnesqualität. Nur durch diese Feststellung werden die inneren Widersprüche dieses Urelements der Physik und zugleich die Notwendigkeit seiner Anwendung verständlich. Das Lokalzeichen liefert uns die kleinste uns bekannte Raumgröße, den Ort, der noch keine Form besitzt, denn um eine Form zu erzeugen, bedarf es bereits mehrerer Lokalzeichen. Aus dem gleichen Grunde ist das Atom, was auch sein Name ausdrückt, unteilbar.

Das Lokalzeichen ist zwar selbst nicht materiell, aber es kommt nur in Verbindung mit anderen Sinnesqualitäten vor, die als Merkmal des Stoffes gelten. Hinausverlegt ist es als Ort, das kleinste räumliche Gefäß für jeden Stoff, besitzt aber selbst keinerlei stoffliche Eigenschaften, es ist weder blau noch rot, weder leicht noch schwer, und beherrscht trotzdem alle räumlichen Gesetze des Stoffes, weil es sein einziger Träger im Raume ist. Dies ist zugleich eine vollständige Aufzählung der Eigenschaften des Atoms.

Daraus ergibt sich, daß die Definition des Atoms als Urelement aller Stoffe falsch ist. Es ist möglich, daß alle Stoffe aus einem Urelement bestehen; das wird die Erfahrung lehren — ein Axiom ist es nicht.

Sicher ist nur, daß alle physikalischen Analysen auf diese unteilbaren form- und stofflosen kleinsten Raumgefäße hinauslaufen müssen, um hier zu endigen, weil hier unsere eigene Organisation jeder Forschung die Grenze gesetzt hat.

Solange es mit Hilfe der Optik gelingt, die bisher bekannten kleinsten materiellen Teile für unser Auge zu vergrößern, so lange werden unsere Lokalzeichen immer neue Atome schaffen. Hier ist die Grenze eine rein praktische. Eine theoretische Grenze für die praktische Anwendung der Lokalzeichen gibt es nicht.

Zusammenfassend können wir folgende Definition aufstellen: Ein mathematischer Punkt als Kreuzungsstelle zweier Reihen von Richtungsschritten besitzt keine Ausdehnung; ein Lokalzeichen gibt uns die kleinste räumliche Größe; ein Atom als die Verbindung eines Lokalzeichens mit einer Sinnesqualität bezeichnet einen materiellen Punkt im Raum.

Blicken und Schauen.

Bisher haben wir eine nahezu vollkommene Parallele zwischen den Funktionen des Tastens und Sehens feststellen können. Spricht man doch bezeichnenderweise von einem Abtasten der Gegenstände mit dem Auge. Aber gerade dieser Ausspruch macht es deutlich, worin der Unterschied zwischen Tasten und Sehen zu suchen ist. Das Abtasten bedeutet eine Bewegung der Hand oder des Auges, bei der nur wenige Lokalzeichen in Tätigkeit treten. Wir nennen eine solche Anwendung von Lokalzeichen in beschränkter Anzahl, wenn das Auge in Bewegung ist, „Blicken", und wenn das Auge still steht, „Fixieren".

Demgegenüber bezeichnen wir die gemeinschaftliche Benutzung aller Lokalzeichen des Auges als „Schauen". Die gleichzeitige Tätigkeit aller Lokalzeichen der Haut beim Tasten als Parallelvorgang zum Schauen ist unbekannt.

Um das Blicken zu ermöglichen, ist in der Netzhaut eine besondere Einrichtung getroffen; die Sehgrube, in der sich besondere Nervenendigungen, die Zapfen befinden. Mit dieser Stelle der Netzhaut, die zugleich die Stelle des deutlichsten Sehens ist, werden die Gegenstände abgetastet.

Beim Lesen, wenn das Auge der Linienführung der Buchstaben und Ziffern folgen muß, kommt nur das Blicken zur Anwendung. Durch das immer wiederholte Anklingenlassen der gleichen Folge von Richtungszeichen setzt sich diese Zeichenfolge wie eine Melodie im Gedächtnis fest und ermöglicht es uns, nicht nur den bekannten Buchstaben jederzeit wiederzuerkennen, sondern ihn auch in der Vorstellung zu erzeugen. Endlich gelingt es auch, durch Nachmalen des Buchstabens die Melodie der Richtungszeichen so festzulegen, daß die Impulsfolge für die Armmuskeln in der von ihr vorgeschriebenen Weise erfolgt — dann kann man schreiben. Wir haben uns davon überzeugen können, daß die gleiche Impulsfolge in den spiegelbildlich gebauten Armen zu einer Umkehrung der Linienführung Anlaß gibt. Tatsächlich können wir alle, wenn wir mit der rechten Hand schreiben gelernt haben, ohne weiteres mit der linken Hand Spiegelschrift schreiben, falls die Linke nicht überhaupt allzu ungeschickt geblieben ist.

Der gleiche Vorgang, wie beim Erlernen der Buchstaben, wiederholt sich immer und immer wieder beim Betrachten von Gegenständen. Wir tasten mit unserer Sehgrube die Umrisse der Gegenstände wohl tausendmal ab, bis sich eine Melodie von Richtungszeichen in uns festgesetzt hat. Diese Melodie benutzen wir zum Wiedererkennen der Gegenstände, dagegen benutzen wir sie nur sehr selten oder in sehr unvollkommener Weise, um sie in der Vorstellung als Melodie der Erinnerungszeichen zu reproduzieren. So kommt es, daß wir über die Zahl und die Verwandtschaften der Impulsfolgen, deren unmittelbare Erkenntnis uns entzogen ist, und die wir nur mittelbar durch die Melodien der Richtungszeichen kennen, sehr mangelhaft unterrichtet bleiben.

Nur dem zeichnenden Künstler ist es gegeben, die Melodien der Richtungszeichen in seiner Vorstellung lebendig werden zu lassen, um die Impulsfrage der zeichnenden Hand durch die Richtungszeichen des Auges so lange zu kontrollieren, bis auch für sie die Melodie ihrer Richtungszeichen sich festgesetzt hat und die Impulsfolge mit Sicherheit beherrscht.

Nehmen wir an, bei den größten Künstlern sei die Fähigkeit, die Melodie in der Vorstellung zu reproduzieren und die Kontrolle über die Hand bis zur äußersten Grenze des Möglichen getrieben, so liefert uns die fertige Zeichnung das Material, um uns auch über unsere eigenen Melodien ein Urteil zu bilden, denn wir sehen auf der Zeichnung die wesentlichen Kennzeichen in der Linienführung, die für den Gegenstand charakteristisch sind, viel deutlicher ausgeprägt, als wir sie je am Gegenstand selbst bemerkt haben. Daraus dürfen wir folgern, daß beim Künstler die Melodien viel reiner und stärker sind als bei uns und sie ihn deshalb zu einer Wiedererzeugung befähigen, deren wir ganz unfähig sind.

Aber nicht bloß mindere Begabung ist an unserer Minderwertigkeit schuld, sondern auch eine offenbare Vernachlässigung unserer Beobachtung der Außenwelt führt dazu, daß wir minderwertige Melodien ausbilden. Wie viele begnügen sich damit, eine einzige Melodie für alle Bäume auszubilden, die nur ganz nichtssagend sein kann, weil sie alle Unterschiede, die für die Formen der verschiedenen Bäume charakteristisch sind, unterdrückt. Zweifellos hat auch die allgemeine übliche Anwendung der Schrift, die besonders in den Städten einen jeden unserer Schritte regelt, unsere Beobachtung von der Natur abgelenkt; man wird das sofort gewahr, wenn man sich in einer Stadt zurecht finden soll, in der die Aufschriften in Buchstaben angebracht sind, die wir nicht kennen. Es fehlen dann den meisten Leuten die Merkmale, nach denen sie sich richten könnten, denn ihnen sieht ein Haus wie das andere und eine Straße wie die andere aus.

Die beim Betrachten der Umrisse gewonnene Melodie der Richtungszeichen bildet für uns eines der Hauptmerkmale, aus denen sich die Gegenstände aufbauen. Meist braucht nur ein Teil dieser Melodie anzuklingen, um den Gegenstand wieder zu erkennen. Für viele Gegenstände müssen wir mehrere Melodien ausbilden, wenn wir sie von allen Seiten auf den ersten Blick erkennen wollen. Haben wir das für eine Seite des Gegenstandes nicht getan, so erkennen wir ihn nicht, sondern begnügen uns mit der Angabe, daß dort ein Objekt sei, dessen Umrisse bei Betastung mit dem Blick keine bekannte Melodie auslöst.

Wir stehen hier vor der erstaunlichen Tatsache, daß ein Hauptmerkmal der Gegenstände, das ganz gewiß nicht minder wichtig ist wie die Farbe oder der Geruch, uns als solches völlig unbekannt bleibt und erst bei seiner Anwendung dank der begleitenden Qualität zum Bewußtsein kommt. Wir benutzen die Impulsfolgen in jedem Augenblick, und doch bleiben sie verborgen wie die Impulsfolgen für unseren Kehlkopf beim Singen, die uns gleichfalls erst zum Bewußtsein kommen, wenn sie sich in der Wirklichkeit oder in der Vorstellung in Tönen abspielen.

Hier lernen wir einen sehr reellen Faktor unserer Organisation kennen, der sich entweder in der Zeit als Tonmelodie oder in Zeit und Raum als Melodie der Richtungszeichen abspielen muß, um in die Erscheinung treten zu können. Mehr als seine Wirksamkeit beobachten und sein Dasein feststellen können wir nicht. Sobald wir ihn in die Organisation unseres Gemüts einordnen wollen oder uns die Frage stellen, ob wir in unserem Gehirn ein, Zeichen von ihm auffinden könnten, entgleitet er uns unter den Fingern.

Das Ärgerlichste an der Sache ist, daß wir die Melodien durch die Impulsfolgen selbst gebildet haben; denn sicherlich ist uns die Kenntnis der Buchstaben nicht angeboren. Wir können uns auch nicht damit beruhigen, die Melodie sei eine bloße Regel oder Einteilungsordnung, die wir in der Reihenfolge der Richtungszeichen nachträglich feststellen, und die ohne die Erscheinung, an der sie gefunden wurde, gar nicht existieren kann. Nein, die Impulsfolge formt mit Sicherheit die Zeichenreihen, ganz unbekümmert darum, ob wir ihre Existenz zur Kenntnis nehmen oder nicht.

Wir vermögen nur festzustellen, daß bei häufiger Wiederholung der gleichen Reihe von Tonqualitäten oder Richtungszeichen in unserem Gemüte ein *X* sich bildet, das die gesamte Ton- oder Zeichenfolge in eine Einheit zusammenfaßt, die beim Anklingen der ersten Töne oder Zeichen ihr Vorhandensein als ein bereits bestehendes Ganzes bekannt gibt, und die zweitens bei der Wiedererzeugung den Tönen wie den Richtungszeichen ihre Reihenfolge vorschreibt.

Wir erfahren bei Betrachtung eines bekannten Gegenstandes oder beim Anhören eines bekannten Musikstückes nichts anderes, als daß eine entsprechende Einheit vorhanden ist. Nur die Tatsache der schon vollzogenen Bildung dieser Einheit wird und kund; über die Einheit selbst und über den Bildungsprozeß, der sie formte, erfahren wir nichts. Und dabei ist diese Einheit, die wir Impulsfolge nannten, selbst ein lebender und tätiger Faktor, der bei der Reproduktion den von ihm beherrschten Qualitäten sein Gepräge aufdrückt.

So vollziehen sich die wichtigsten Lebensvorgänge zwar nicht jenseits, wohl aber diesseits der Erscheinungen in tiefster Verborgenheit. Eines ist daraus mit voller Sicherheit erkennbar: das Geheimnis der Welt ist nicht hinter den Objekten, sondern hinter den Subjekten zu suchen.

Das Schauen.

In der Musik unterscheidet man Melodien und Symphonien. Unter Melodie versteht man das planvolle Nacheinanderklingen der Töne, unter Symphonie das planvolle Zusammenklingen. Symphonie und Melodie zusammen ergeben die Harmonie. Wenn wir beim Blicken bestimmte sich regelmäßig wiederholende Reihen von Richtungszeichen mit Melodien verglichen haben, so dürfen wir die Regeln, welche beim Zusammenklingen aller Lokalzeichen des Auges kenntlich werden, als Symphonielehrer des Schauens bezeichnen.

Die Gesamtheit unserer Lokalzeichen des Auges liefert uns als Rohmaterial für die Wahrnehmung nichts anderes als eine Ebene, die aus Flächen zusammengesetzt ist, die sich in Form, Farbe und Helligkeit gegenseitig beeinflussen. Merkwürdigerweise hat HELMHOLTZ die von ihm untersuchten Regeln der Beeinflussung in Form und Größe unter dem Namen von optischen Sinnestäuschungen zusammengefaßt, während er die Regeln der Beeinflussung in Helligkeit und Farbe als Gesetze bezeichnet.

Dadurch wurde bewirkt, daß diese Erscheinungen noch heute als Kuriosa behandelt wurden und die ersten Grundlagen einer Symphonielehre auf diesem Gebiet fehlen. Und doch sind die allgemeinsten Regeln, die zur Vereinfachung und Vereinheitlichung des Gesamteindrucks dienen, auf den ersten Blick erkennbar. Das schauende Auge läßt sich am leichtesten in den beiden Hauptrichtungen des Raumes leiten: ein jeder Schneider weiß, daß längsgestreifte Anzüge den Träger schlanker, quergestreifte dagegen ihn breiter erscheinen lassen. Ebenso sucht das Auge alle nicht allzu abweichenden Linien in parallele zu verwandeln. Das Geäst der entlaubten Bäume gegen den Himmel gesehen, nimmt ein möglichst einfaches Muster an.

Am interessantesten und deutlichsten läßt sich die ausgleichende Tätigkeit bei der Ausfüllung des blinden Flecks in der Netzhaut beobachten. Hält man einen Spazierstock mit silbernem Knopf mit gestrecktem Arm vor das rechte Auge, während das linke geschlossen ist, und führt den Knopf wagerecht nach rechts, so verschwindet (wenn das Auge unbeweglich bleibt) an einer bestimmten Stelle der Knopf vollständig. An seiner Stelle erscheinen die Linien, Schatten oder Muster des jeweiligen Hintergrundes. Bei Ausfüllung des blinden Flecks ergänzt die Phantasie des Auges niemals den Gegenstand, sondern immer nur die Flächen.

Während unsere Phantasie in der Dämmerstunde die Bäume und Sträucher oder am Tage die Wolkengebilde zu den überraschendsten Gegenständen umformt, ist die Phantasie des Auges in ihrer Tätigkeit äußerst beschränkt. Niemals geschieht im blinden Fleck etwas Neues, die ihn umgebenden Flächen wachsen einfach zusammen. Man gewinnt durchaus den Eindruck, als sei hier eine ganz andere Phantasie am Werke, der die Fähigkeit, Gestalten zu bilden, völlig mangelt.

Jedenfalls sollte die Tatsache, daß eine anatomische Lücke, ganz unabhängig von unserem Willen, dauernd durch ein anpassungsfähiges Phantasieprodukt ausgefüllt wird, zu denken geben, denn hier entstammt Leibliches und Geistiges sichbarlich der gleichen Wurzel. Das weist eindringlich darauf hin, daß Leibliches wie Geistiges nur Erscheinungsformen der gleichen unbekannten Naturkraft sind.

Über die gegenseitige Beeinflussung heller, dunkler und farbiger Flächen untereinander findet man in den Lehrbüchern der Physiologie das Wissenswerte zusammengestellt — — nur ist das reiche Tatsachenmaterial noch nicht zu einer Symphonielehre des Schauens verwertet worden, obgleich sich bei GOETHE die Grundlagen hierzu in unvergleichlich genialer Weise entwickelt vorfinden. Aber GOETHE gilt bei den Physikern als Dilettant, und deshalb ist seine Lehre auch den meisten Physiologen verdächtig. Der Grund zu diesem Mißverständnis liegt in dem grundsätzlich verschiedenen Standpunkt, von dem aus die Physik und die Biologie die Welt betrachten.

In der Welt des Physikers gibt es nur Gegenstände, die durch das Medium des Raumes aufeinander einwirken; in der Welt des Biologen gibt es nur Erscheinungen, die auch durch das Medium des Subjekts aufeinander wirken.

Nach der physikalischen Lehre gehen von allen Gegenständen wellenförmige Schwingungen aus, die von verschiedenem Durchmesser sind. Jede dieser verschiedenen Wellenarten entspricht einem bestimmten Farbenwerte. Es ist aber ein großer Irrtum, zu glauben, diese Deutung werde auch nur den einfachsten Tatsachen gerecht. Scheidet man aus dem Spektrum alle Farben außer den rein roten und rein grünen aus und beleuchtet mit ihnen allein die gleiche farblose Fläche, so erscheint diese weiß. Mischt man eine blaugrüne Malerfarbe mit einer gelbgrünen, so ist die Mischung grün, auch wenn in den Ausgangsfarben die grünen Beimischung so schwach war, daß sie gar nicht wahrgenommen werden konnte. Der Grund hierfür liegt darin, daß sich Blau und Gelb zu Weiß mischen und nur das Grün als Farbe zum Vorschein kommt.

Man nennt die Farbenpaare, die sich zu Weiß vereinigen, Komplementärfarben. Jede farbige Fläche hat die Fähigkeit, in ihrer Umgebung ihre Komplementärfarbe hervorzurufen und auch selbst, wenn ihre eigene Farbe verschwindet, die Komplementärfarbe anzunehmen. Um diese Tatsachen zu erklären, sehen sich die Physiologen gezwungen, besondere Einrichtungen in der Netzhaut unseres Auges anzunehmen, da die physikalische Lehre hierfür gänzlich versagt. Diese gegenseitige Einwirkung der farbigen Flächen aufeinander spielt nun in der Natur eine große Rolle: so erscheinen die Schatten der Bäume auf einem gelben Wege blau und die Wolkenschatten auf dem blaugrünen Meere rötlich.

Heute besteht über die Tatsache, daß bei der Verteilung der Farben in der Welt das Subjekt die entscheidende Rolle spielt, gar kein Zweifel mehr. Aber man kann es Goethe wohl nachfühlen, daß ihn der Zorn ergreifen mußte über die Physiker, die das durchaus nicht einsehen wollten.

Es verlohnt sich schon der Mühe, einen Moment dabei zu verweilen, warum die Physik hier versagen mußte. Die offizielle physikalische Lehre steht und fällt mit dem Dogma von der absoluten Realität des Raumes. Nach ihr kann es gar keine andere Wirkung von Gegenstand auf Gegenstand geben, als durch Vermittlung wirklicher Veränderungen im Raum. Die komplementäre Wirkung farbiger Flächen aufeinander ist aber keine derartige; es geschieht in der ganzen objektiven Welt gar nichts, was eine solche Wirkung veranlassen könnte. Es beeinflussen sich z. B. auch zwei farbige Flächen gegenseitig, die so gestellt sind, daß sie sich gegenseitig nicht bestrahlen können. Dagegen gibt es gesetzmäßige Wirkungen und Gegenwirkungen im Subjekt, welche die komplementären Erscheinungen veranlassen.

Die Physik hat sich mit ihrem Glauben an die absolute Existenz einer objektiven Welt vollkommen festgefahren. Sie übersieht, daß die einzigen Realitäten, die sie anerkennt, nämlich das Atom und seine Bewegung im Raum, lauter subjektive Qualitäten sind, die, wie alle Qualitäten, nur eine beschränkte Anwendung gestatten. Das Atom als das Grundelement der ihrem Wesen nach diskontinuierlichen Materie geht auf das Lokalzeichen zurück, während die kontinuierliche Bewegung auf die Richtungszeichen zurückgeht. Diese beiden Qualitäten behalten nur so lange ihren Sinn und ihre Berechtigung, als es sich um räumliche Veränderungen handelt. Wollte man sie z. B. auf die nicht räumlich geordnete Tonskala anwenden, so käme nur Unsinn zum Vorschein. Auch die Tonquelle verlegen wir in den Raum, und doch wird niemand eine Symphonie für ein objektives Geschehen halten, das ohne Subjekt irgendwelche Wirklichkeit behielte. Ebenso verhält es sich mit den Farben: obgleich eine farbige Fläche eine andere Fläche durch den Raum hindurch bestrahlen kann, wie ein Ton ein Echo erwecken kann, wobei physikalische Änderungen im Raum auftreten, so sagen doch diese räumlichen Vorgänge nichts über die Gesetze aus, nach denen die Qualitäten sich mischen werden.

Das Eigenartige der Farben gegenüber den Tönen beruht nur darin, daß die Farben, auch wenn sie räumlich getrennt bleiben (in zwei aneinanderstoßenden Flächen), sich dennoch nach ihren unräumlichen Verwandtschaftsgesetzen geeinflussen. Dies ist für die Physik eine unerhörte Tatsache, für die Biologie aber nicht, denn warum sollten zwei räumliche Eindrücke im gleichen Subjekt sich nicht beeinflussen.

Das räumliche Sehen.

Bisher haben wir uns darauf beschränkt, die symphonischen Beziehungen zu beachten, die sich zwischen den verschiedenen Flächen im gesehenen Raum auffinden lassen. Wir wenden uns nun der Symphonie der Raumgrößen zu, wie sie sich dem schauenden Auge enthüllt.

Einer unserer größten Schauer, der Bildhauer HILDEBRANDT, hat die Lehre aufgestellt, daß bei allen Kunstwerken der Malerei wie der Bildhauerei die vorderste Ebene die Hauptebene bilden soll, von der aus das Auge beginnend in die Ferne und Tiefe gleiten muß, weil auch beim Betrachten der Natur das Auge in der gleichen Weise tätig ist.

Die physiologische Ursache zu dieser Art des Sehens liegt im Bau des Akkomodationsapparats unseres Auges begründet. Die Linse des Auges wird für das nahe Sehen durch den aktiven Zug der Linsenmuskeln eingestellt. Das Sehen in der Ferne geschieht durch Entspannung der Muskeln, wobei der Apparat der Linse dank seiner Elastizität von selbst wieder in seine Ruhestellung gelangt. Sowohl beim Zusammenziehen wie beim Entspannen der Muskeln treten Richtungszeichen auf, die auf die entsprechende Ebene des Raumrichtungsapparats bezogen werden.

Beim aktiven Einstellen der Linse auf immer näher und näher liegende Objekte treten ruckweise ganze Gruppen von Richtungszeichen gemeinsam ins Bewußtsein, während beim langsamen Einstellen von der Nähe in die Ferne die einzelnen Richtungszeichen in einer gleichmäßigen Reihe nacheinander abklingen, was ohne Anstrengung erfolgt und einen harmonischen Eindruck hinterläßt.

Dies ist das räumliche Sehen, das körperliche Sehen beginnt erst in der Nähe, wenn die beiden Augen merklich konvergieren und ein Betrachten der Objekte von zwei Seiten einsetzt. Daß es wirklich die Konvergenzbewegung der Augen ist, die in uns das plastische Sehen unmittelbar hervorruft, beweist ein Blick durch ein Scherenfernrohr. Auch dieses ermöglicht uns ein Betrachten von Gegenständen von zwei Seiten, ein plastisches Sehen tritt aber dabei nicht ein, satt dessen wird der Gegenstand in mehrere hintereinander liegende Ebenen zerlegt. Hier sind alle Bedingungen wie beim normalen plastischen Sehen vorhanden, nur fehlt die Konvergenzbewegung der Augen.

Bald lernen wir diesen Mangel vergessen, weil uns andere Merkmale zu Hilfe kommen, die uns beim normalen Sehen in der Ferne, auch ohne Konvergenzbewegungen der Augen, die Gegenstände als Raumgrößen und nicht als Flächen erscheinen lassen. Man kann diese Merkmale, wie Halbschatten, Schlagschatten usw., als Gegenstandszeichen zusammenfassen. Wie stark die Gegenstandszeichen wirken, beweist ein bekannter physiologischer Versuch: so vermag man mit Sicherheit bei jeder Münze das Erhabene in Vertiefung und umgekehrt zu verwandeln, wenn man durch Spiegelung den Lichteinfall in einer für den Beobachter unmerklichen Weise umkehrt.

Auch beim Sehen durch das Stereoskop muß man das plastische Sehen erst lernen, indem man den Mangel der Konvergenzbewegungen der Augen durch die Gegenstandszeichen ersetzt.

Hier haben wir es nur mit der Symphonie der Raumgrößen zu tun, und da muß auf eine weitere Eigentümlichkeit unseres Auges hingewiesen werden, die von weitreichendem Einfluß ist. Unsere Netzhaut weist in der Verteilung der nervösen Bezirke für die Lokalzeichen eine deutliche Trennung in eine obere und eine untere Hälfte auf. Die eine Netzhauthälfte, die wir hauptsächlich benutzen, weil unser Sehen sich wesentlich mit den Gegenständen auf der Erde befaßt, zeigt einen größeren Reichtum von Lokalzeichen als die andere Hälfte, die wir zum Betrachten des Himmels benutzen. Infolgedessen erwecken stille Waldseen, in denen sich die umgebenden Bäume klar spiegeln, einen märchenhaften Eindruck, weil in ihnen die Bäume reicher an Einzelheiten und daher höher und der Himmel ferner erscheint, da ihr Bild von mehr Lokalzeichen wahrgenommen wird als im direkten Sehen.

Die sonderbare Form des Himmelsgewölbes, das sich am Horizont steil erhebt, um dann urglasförmig abzuflachen, beruht auf dem gleichen Umstande.

Am blauen wolkenlosen Himmel, an dem alle Gegenstandszeichen fehlen, um uns die Wölbung kenntlich zu machen, sehen wir, wenn wir ihn in kleinen Abschnitten durch die hohle Hand bei verschiedener Stellung des Kopfes betrachten, immer nur eine gerade blaue Fläche, die stets parallel zu der einen Hauptrichtungsebene unseres Kopfes verläuft. Sehen wir dagegen ein Stück blauen Himmels durch ein hochliegendes kleines Fenster, so steht die blaue Fläche parallel zum Fensterrahmen senkrecht nach unten.

Ebenso abhängig von dem im ganzen gesehenen Sehfelde ist die Größe der Gegenstände. Um dies zu zeigen, müssen wir etwas weiter ausholen.

Beim normalen Schauen haben wir nicht lauter gleich scharf gegeneinander abgesetzte Flächen vor Augen, weil die nahen Gegenstände sich auf die Netzhaut unscharf abzeichnen, wenn die Linse auf die Ferne eingestellt ist und umgekehrt. Stellen wir unser Auge erst auf die nächsten Gegenstände ein und dann nach und nach auf die entfernten, so geben uns die dabei auftretenden Richtungszeichen das Gefühl einer gleitenden Bewegung in die Tiefe, bis die Muskeln erschlafft sind. Zugleich nehmen wir nacheinander die Gegenstandszeichen wahr, die uns nun als Merkmale für die Entfernung dienen. Zu ihnen treten dann noch spezielle Entfernungszeichen hinzu, auf die LIONARDO DA VINCI bereits aufmerksam gemacht hat. So dient die allmählich stärker werdende Mischung aller Farben mit Weiß als Merkmal für die Entfernung.

Sind die Muskeln entspannt, so erscheinen uns dank der Entfernungszeichen auch die ganz fernen Gegenstände nicht in einer Ebene zu liegen, sondern hintereinander gelagert zu sein.

Das schauende Auge hat stets die Neigung, bis zur allerletzten Entfernung vorzudringen, wo alle Gegenstandszeichen aufhören, um hier an der fernsten Ebene als am letzten Möglichen haltzumachen. Dieses letzte Gegenstandslose, das die ganze gesehene Welt umschließt, ist niemals der Horizont, sondern liegt stets hinter ihm. Es kann bei tiefer Nacht der Himmel sein, ist es aber in den seltensten Fällen am Tage, denn sobald das Himmelsgewölbe als feste Decke erscheint, wird das Gegenstandslose hinter ihm gesucht.

Das Gegenstandslose tritt uns am deutlichsten ins Bewußtsein bei Betrachtung des Sternenhimmels in dunkler Nacht, wo es sich unmittelbar hinter den Sternen als das letzte Unsichtbare ausbreitet.

Das Gegenstandslose ist nicht der leere Raum, denn auch der leere Raum ist mit unseren eigenen subjektiven Richtungszeichen erfüllt. Der Raum der Richtungszeichen ist seinem Wesen nach eine Bewegungsgröße, während das Gegenstandslose die absolute Ruhe darbietet, die immer hinter allen Bewegungen gesucht wird.

Das Gegenstandslose ist nicht die Form der Richtungszeichen, sondern die Form der reinen Lokalzeichen, d. h. das Ausgedehnte an sich.

Das Gegenstandslose, völlig Ruhende, Ausgedehnte ist nicht das Nichts, dem auch die Ausdehnung mangelt, sondern entspricht eher dem buddhistischen Nirwana. Es ist unsichtbar, unfaßbar und doch mit Notwendigkeit immer vorhanden und besitzt einen starken Stimmungswert, weil es aller Form, aller Bewegung als Hintergrund dient, dem das suchende Auge stets zustreben muß.

Das Ausgedehnte wird immer als gleich fern empfunden und dient dadurch dem Sehen als feste Basis zur Abschätzung der Raumgrößen. Der Horizont und der darüber aufsteigende Himmel sind, wenn wir uns in einer wechselvollen Landschaft umsehen, an den verschiedenen Seiten in sehr verschiedener Entfernung von uns gelegen. Manchmal ist der Unterschied in der Entfernung so stark, daß man meint, der ganze Himmel müsse Falten schlagen.

Wenn man sich die Frage vorlegt, woher es kommt, daß einmal der Horizont so nahe und das andere Mal so ferne liegt, so überzeugt man sich, daß dies an dem Mangel beziehentlich an dem Reichtum von Entfernungs- und Gegenstandszeichen liegt.

Jedem Reisenden wird es schon aufgefallen sein, daß ein hoher Schneeberg, wenn man ihn über eine weite Ebene hinweg anblickt, wobei man alle Vorberge und Talmulden wie Bergzacken überschaut, verhältnismäßig klein erscheint. Entfernt man sich von dem Berge, indem man durch ein enges Tal fährt, so beginnt der Schneeberg zu ungeahnter Höhe emporzuwachsen.

In Neapel hat es mir oft einen starken Eindruck gemacht, daß der Vesuv, wenn man ihn von den Höhen des Posilippo über die unvergleichliche Bucht hinüber in seiner ganzen Ausdehnung überblickt, sehr ferne und nicht besonders hoch erscheint. Biegt man dagegen in eine Straße ein, die auf den Vesuv zuführt, so ist der Vesuv plötzlich ganz nahe, gleichsam hart am anderen Ende der Straße gelegen und riesengroß.

Am verblüffendsten tritt aber diese Erscheinung auf, wenn man vom Monte Pincio über das weite Rom hinweg mit seinen zahllosen Straßen, Palästen, Plätzen und Brücken den Blick auf St. Peter richtet. Dann erscheint die große Kirche in weiter Entfernung sich nicht allzu hoch aus der ewigen Stadt zu erheben. Tritt man aber ungefähr 15 Meter von der Balustrade zurück, so daß diese sich auch für das auf die Ferne eingestellte Auge scharf abhebt und zugleich die ganze Stadt verdeckt, so steigt fast unmittelbar hinter der Balustrade das herrliche Bauwerk in überwältigender Größe empor. Zugleich ist auch der Horizont nahegerückt.

In all diesen Fällen ist das Netzhautbild des Gegenstandes nicht größer, sondern kleiner geworden, und trotzdem erscheint der Gegenstand uns näher und größer. Es ist auch nicht vom Horizont abgerückt, sondern dieser hat sich mit dem Gegenstand uns genähert. Aber der Gegenstand ist vom Gegenstandslosen, Ausgedehnten abgerückt, zu dem er nun in ein neues Verhältnis tritt.

Das Ausgedehnte besitzt in seiner Gegenstandslosigkeit keinerlei Merkmale, nach dem wir seine Größe abmessen können oder es überhaupt in Teile zerlegen können. Es wirkt immer als ein Ganzes, Unteilbares, zu dem sich die verschiedenen Gegenstände in verschiedenen Verhältnissen befinden. Der Beschauer befindet sich aber stets in der gleichen Entfernung von dem Ausgedehnten. Wechseln nun die Gegenstände, je nach der Menge von vorhandenen Entfernungszeichen, ihre Entfernung zum Beschauer, so wechseln sie gleichzeitig ihr Verhältnis zu dem Ausgedehnten.

Das Ausgedehnte besitzt keine bestimmte Größenordnung, sondern ist die Größe an sich. Alles, was sich ihm nähert, wirklich oder scheinbar, muß daher notwendig kleiner und kleiner werden.

Von diesem Gesichtspunkt aus wird auch die sonst rätselvolle Tatsache verständlich, daß der Mond, solange er bei seinem Aufgang einen Teil des Horizontes bildet, groß erscheint, nach seinem Aufstieg aber, wenn er sich in die Sternenebene eingereiht hat, die dem Ausgedehnten so nahe ist, auf ein Viertel seiner Anfangsgröße herabsinken kann.

Zwischen unserem Ich, das gar keine Ausdehnung hat, und der absoluten Größe des Ausgedehnten (als der bloßen Form des Lokalsinnes), das das ganze Weltbild umschließt, erstreckt sich, als die absolute Bewegungsmöglichkeit, der Raum. Alle drei Faktoren: das Ich, der Raum und das Ausgedehnte sind reine Formen der Anschauung, die in dauernden festen Beziehungen zueinander stehen und gleichsam das Gerüst der ganzen Anschauung bilden. Als solches bilden sie ein einheitliches, unteilbares Ganzes, das zwar nie sichtbar wird, aber alles Sichtbare in seine festen Formen durch Gesetze einfügt.

Von unserer Person beginnend, gibt es drei Phasen des Schauens, mit denen wir den Raum durchdringen: 1. die Phase des plastischen Sehens, solange die Konvergenzbewegungen der Augen merklich bleiben, 2. die Phase des direkten räumlichen Sehens, solange die Akkommodationsmuskeln in Tätigkeit bleiben, wobei uns die Richtungszeichen die Bewegung in die dritte Dimension direkt vermitteln, 3. die Phase des indirekten räumlichen Sehens, in der wir zur Entfernungsschätzung auf die Merkmale der Gegenstands- und Entfernungszeichen angewiesen sind.

Da die Gegenstandszeichen bereits in der Phase des plastischen Sehens mit benutzt werden, um die Körper zu bilden, so erzeugen sie auch dort, wo sie allein auftreten, die Plastik der Gegenstände. Daher erscheint uns der ganze Raum mit plastischen Gegenständen erfüllt, bis an seine äußerste Grenze, wo die Gegenstände aufhören und das Ausgedehnte beginnt.

Der Rahmen des Ausgedehnten paßt sich, ohne seine Größe zu ändern, da er eine Form der Anschauung ist, jedem Schauen an, mag man mit bloßem Auge den Sternenhimmel betrachten oder durch einen Riesenrefraktor sich Mond und Sterne nahe heranschrauben. Man vergrößert dabei nur das Bild auf der Netzhaut, unser Verhältnis zum Ausgedehnten bleibt das gleiche.

Diese Weltbetrachtung unterscheidet sich prinzipiell von der der Astronomen, die immer nur Raum und wieder Raum ohne Ende um uns häufen. Dadurch sprengen sie die Einheit des Weltbildes, das einem jeden von uns notwendig und natürlich ist, und setzen eine tote Abstraktion an die Stelle der lebendigen Wechselwirkung der Anschauung.

Das Ausgedehnte bildet gleichsam die unsichtbare Leinwand, auf die das Weltpanarama, das jeden von uns umgibt, gemalt ist, indem es den die Farben tragenden Lokalzeichen Haltung und Form verleiht. Einen anderen Standpunkt gegenüber dem Weltpanorama als den unseres Subjekts gibt es nicht, weil das Subjekt als Beschauer zugleich der Erbauer seiner Welt ist. Ein objektives Weltbild, das allen Subjekten gerecht werden soll, muß notwendig ein Phantom bleiben.

Die Räume der Tiere.

Bei allen Tieren, deren Sehelemente in der Netzhaut des Auges auf einer Halbkugel (sei diese konkav — Wirbeltiere, oder konvex — Insekten und Krebse) angeordnet sind, dürfen wir annehmen, daß die von ihnen hinausverlegten Orte Winkelgrößen sind, deren Größe durch ihren Abstand vom Auge beeinflußt wird. In jeder Sehfläche, ob nah, ob fern, ist die Anzahl der Orte konstant. Das ergibt uns die Möglichkeit, für jedes Auge die „Ortskonstante" zu ermitteln, unter der die Anzahl der Orte zu verstehen ist, die sich auf einem größten Kreise der Sehkugel befindet. Die Sehkugel entsteht, wenn man die Sehfläche so oft aneinander legt, bis sie das Auge als Kugel umschließt. Die Ortskonstante, die uns die Anzahl der Mosaiksteinchen angibt, aus denen sich die wahrgenommenen Sehdinge aufbauen, ist ausschlaggebend für die Einzelheiten, die eine jede Sehfläche aufzuweisen vermag und damit ein Maß für die Sehschärfe.

Da es uns nicht möglich ist in der Vorstellung unsere Sehfläche so zu vereinfachen, daß wir den Eindruck eines Bildes mit wenigen Einzelheiten erhalten, haben Brock und ich einen Atlas herausgegeben, in welchem das gleiche Bild einer Landschaft wiedergegeben ist, wie es sich bei abnehmender Ortskonstante darstellen muß. An der Hand des Atlas fällt es nicht schwer, das Weltbild der verschiedensten Tiere so darzustellen, wie es ihrer Ortskonstante entspricht.

Wenn man 360, nämlich die Zahl der Grade eines Kreises durch die Ortskonstante dividiert, erhält man den Sehwinkel des betreffenden Tieres und dieser gibt uns die Größe an, die ein Gegenstand besitzen muß, um auf eine bestimmte Entfernung für das Tier noch sichtbar zu sein. Denn wenn ein Gegenstand kleiner wird als ein Ort, ist er nicht mehr sichtbar. Die Kenntnis des Sehwinkels ist darum so wichtig, weil er uns darüber aufklärt, in welcher Entfernung der Feind und die Artgenossen für das untersuchte Tier noch wahrnehmbar sind.

Die meisten Tiere reagieren wenig oder gar nicht auf die Sehbilder, sondern auf Bewegungen der Sehdinge. Wir können mit Hilfe des Sehwinkels feststellen, welche Länge ein Richtungsschritt haben muß, um in der gegebenen Entfernung vom Auge des Tieres sichtbar zu sein, da wir wissen, daß dieser mindestens über zwei Orte reichen muß.

Besonderer Versuche bedarf es, um festzustellen, wo im gegebenen Fall die fernste Ebene, die den Sehraum abschließt, gelegen ist. Wie ich an mir selbst feststellen konnte, liegt die fernste Ebene dort, wo ein sich gradlinig fortbewegender Gegenstand nicht mehr als bewegt wahrgenommen wird. Für Tierversuche gibt uns diese Erkenntnis die entscheidende Fragestellung. Die Kenntnis der Entfernung der Sehdinge und der sie umschließenden fernsten Ebene wird uns Menschen übermittelt, erstens durch die Richtungszeichen, die bei der Innervierung der Linsenmuskeln auftreten, und zweitens durch die bereits besprochenen Entfernungszeichen. Die Entfernungszeichen werden bei den allerwenigsten Tieren eine Rolle spielen, weshalb bei ihnen die fernste Ebene, auch wenn ihr Auge dem unseren gleicht, viel näher anzusetzen ist als bei uns.

Die Raubvögel, welche quergestreifte Linsenmuskeln besitzen, werden viel zahlreicher Richtungszeichen von dorther erhalten als wir, und ihre fernste Ebene wird sich, auch wenn sie keine Entfernungszeichen besitzen sollten, sehr weit ausspannen.

Allen Tieren, die gleich uns mit ihren Augen Konvergenzbewegungen ausführen können, wird man für die Nähe dreidimensionale Sehdinge zusprechen dürfen. Aber auch diejenigen Tiere, deren Augen im Kopf so gestellt sind, daß ihre Sehflächen sich überschneiden und einen sogenannten Horopter besitzen, sind dadurch in der Lage, die Entfernungen der Sehdinge sehr genau zu bestimmen, auch wenn sie keine Konvergenzbewegungen ausführen können — wie das BALDUS an Libellenlarven nachweisen konnte.

Sehr schwierig ist die Frage nach der Akkommodation bei allen Insekten, weil sie keine Linsenmuskeln besitzen. Dagegen sind ihre Sehelemente durch ihre beträchtliche Länge ausgezeichnet, so daß sie das Netzhautbild in wechselnder Tiefe aufnehmen können.

Die Aufgabe des Biologen besteht nun darin, durch Erforschung der einzelnen Hilfsmittel des Auges, gestützt auf Beobachtung und Experimente, den Sehraum der verschiedenen Tierarten zu erforschen, um ein Bild ihrer Sehwelten entwerfen zu können. Er wird vom Ortemosaik ausgehen müssen, das er auf eine Anzahl konzentrisch übereinander gelagerter Sehkugeln überträgt. Die Entfernung der einzelnen Sehkugeln voneinander entspricht je einem Richtungsschritt. Die kürzesten Strecken nehmen dabei von innen nach außen an Länge zu. Die letzte Sehkugel ist zugleich die fernste Ebene, hinter der der Sehraum aufhört. Der Nachweis der Anzahl und der Entfernung der Sehkugeln wird sich sehr schwierig gestalten, da wir die Richtungszeichen der Tiere nicht kennen.

Der Tastraum spielt bei vielen niederen Tieren eine größere Rolle als der Sehraum. Er ist meist an die Bewegung von Fühlern geknüpft, die aber noch kaum untersucht worden sind. Der Wirkraum ist noch gar nicht erforscht. Er wird ganz davon abhängen, welchen Bewegungen er sein Dasein verdankt, ob er einen Greifraum von Gliedmaßen oder einen Spielraum für die Gesamtbewegungen des Tierkörpers darstellt. In diesem Falle kann er ein Flugraum der Vögel und Insekten oder ein Schwimmraum der Fische sein.

Für das Vorhandensein eines Koordinatensystems im Sehraum mancher Insekten spricht der Bau ihrer Netzhaut, die deutlich in eine obere und eine untere Hälfte zerfällt.

Das Koordinatensystem des Wirkraumes werden wir mit CYON bei allen Wirbeltieren annehmen, weil sie die Bogengänge besitzen. Aber auch bei den Insekten werden wir, gestützt auf die bereits erwähnten Versuche BETHES an den Bienen, ein Koordinatensystem des Wirkraumes annehmen, wenn es auch auf anderer anatomischer Grundlage beruht.

Stoff und Kraft im Raum.

Das normale Sehen entspricht dem Tasten mit der Hand, die bald auf nähere, bald auf entferntere Widerstände stößt, wobei uns die Richtungszeichen über die Lage der Widerstände im Raum orientieren. Auch mit dem Blick stoßen wir auf immer weiter und weiter abliegende Hindernisse bis zur fernsten Ebene, hinter der sich das hindernislose Ausgedehnte befindet.

Jede farbige Fläche unseres Sehraumes, welcher Art sie auch sein möge, bildet ein Hindernis, das nah oder fern gelegen ist. Alle rufen die gleiche Empfindung wach, nämlich die eines Hemmnisses, gleich den Widerständen, die sich der tastenden Hand darbieten. Dadurch erhalten sie den Charakter des Stofflichen, der, allgemein gefaßt, nichts anderes als ein reales Hindernis bedeutet.

So kommt es, daß wir alle Dinge, die als Hindernisse ihre Wirklichkeit beweisen, als Stoffe bezeichnen. Unbeschadet dieser allen Stoffen zukommenden Eigenschaft können die einzelnen Stoffe die mannigfaltigsten Qualitäten des Gesichts- und des Tastsinnes aufweisen. Da wir alle anderen Sinnesqualitäten gleichfalls hinausverlegen und als von außen her auf uns ausgeübte Wirkungen auffassen, so verbinden wir sie gleichfalls mit den Stoffen im Raum, als den einzigen uns bekannten, außerhalb unseres Subjekts befindlichen Wirklichkeiten.

Der Inhalt des uns umgebenden Raumes besteht aus Bewegung und Widerstand. Die örtliche Feststellung der verschiedenen Widerstände ist notwendig für die Bewegung unseres Körpers im Raum. Sie ist viel wichtiger als die Kenntnis der Gegenstände. Bei jeder schnellen Bewegung müssen wir genau orientiert sein über den Ort, an dem sich ein Widerstand befindet, um uns nicht zu verletzen; und wir werden eher einem scheinbaren Widerstand ausweichen als an einen wirklichen anstoßen.

Von einem richtigen Erfassen der Form, die zur Gegenstandsbildung gehört, ist hierbei noch nicht die Rede. Wir müssen nur darüber Sicherheit besitzen, welche Orte im Raum mit Widerstand erfüllt sind und welche nicht.

Die im Raum befindlichen Widerstände sind alle körperlich, d. h. nach den drei Richtungen des Raumes ausgedehnt. Der Körper kommt ihnen allen, ohne Ausnahme, zu, ganz unabhängig von den Qualitäten, die sie besitzen. Deshalb können sie alle als Ansammlungen von stofflichen Punkten oder von Atomen angesprochen werden. Wie die Atome auf Lokalzeichen zurückzuführen sind, haben wir bereits besprochen.

Die Stoffe sind zugleich in Bewegung, und da sie nicht gleichzeitig am gleichen Ort seien, d. h. nicht das gleiche Lokalzeichen besitzen können, so bilden sie füreinander Hindernisse und beeinflussen sich gegenseitig in der Bewegung.

Die Bewegungen vermögen wir in Reihen von Richtungszeichen aufzulösen, und so gelingt es, sämtliche Stoffe, wenn man nur ihren räumlichen Charakter ins Auge faßt und ihre übrigen Qualitäten vernachlässigt, auf Lokalzeichen und Richtungszeichen zurückzuführen. Das hat den großen Vorteil, daß alle Wechselwirkungen der Stoffe im Raum meßbar und zählbar werden und unter mathematische Formeln gebracht werden können.

Diesem Ziel hat die Physik mit bewundernswertem Erfolg nachgestrebt. Es ist ihr gelungen, die Wechselwirkung aller Qualitäten des Stoffes, soweit sie räumlicher Art waren, ihren mathematischen Formeln zu unterwerfen.

Das gelang am ehesten mit den Tönen, weil der Luftstoff vorhanden war, dessen Bewegungen die Schallwellen von Ort zu Ort tragen, und es dadurch ermöglichte, die Tonlehre in eine Lehre von den Schwingungen der Luft zu verwandeln. Ja, HELMHOLTZ ging so weit, sogar die Mißtöne durch Störungen der Sinuswellen erklären zu wollen. Damit überschritt er die ihm durch die räumlichen Faktoren gesetzten Grenzen. Die Wirkungen der Tonqualitäten auf das Subjekt besitzen ihre ihnen eigentümlichen Gesetze, die mit den räumlichen Gesetzen gar nichts zu tun haben, und nur diese, ganz ausschließlich diese, lassen sich mathematisch formulieren.

Schwieriger war es, die Farben unter mathematische Formeln zu bringen; es gelang erst, als man die räumliche Beeinflussung der farbigen Stoffe aufeinander unter dem Begriff „Licht“ zusammenfaßte, und man ein nach Analogie der Luft gebautes Medium hinzuerfand, welches die Lichtquellen übertrug — den Äther.

Newton hatte sich noch auf primitivere Weise geholfen, indem er annahm, daß kleine farbige Kügelchen durch den Raum geschleudert würden. Der Äther erwies sich aber als ein viel besseres Hilfsmittel, die Wirkungen des Lichtes zu analysieren.

Die subjektiven Wirkungen der Farben können, wie bereits ausgeführt, niemals auf räumliche Gesetze zurückgeführt werden, weil sie ihre eigenen Gesetze haben, und nur eine gründliche Scheidung der räumlichen Gesetze des Lichtes von den subjektiven Gesetzen der Farben kann der immer noch in der Optik herrschenden Verwirrung steuern.

Mit Hilfe des Äthers gelang es auch, die räumlichen Gesetze der Wärme zur Anschauung zu bringen. Durch Johannson sind wir über die subjektiven Gesetze der Wärme unterrichtet worden. Die Wärme besteht aus drei Qualitäten: Warm, Kalt und Heiß. Wird eine Partie unserer Haut gleichzeitig von einem Gegenstand, der die Empfindung Warm, und von einem anderen, der die Empfindung Kalt hervorruft, berührt, so entsteht die Empfindung Heiß.

Daraus geht hervor, daß wir nur zwei nervöse Endapparate in unserer Haut besitzen, für Warm und Kalt, und daß die gleichzeitige Erregung beider Apparate im Zentrum vereinigt Heiß hervorruft. Von dieser subjektiven Gesetzmäßigkeit weiß der Physiker, der nur Wärmestrahlung, d. h. Ätherschwingungen oder Wärmeleitung, d. h. Atomschwingungen untersucht, nicht das mindeste und braucht es auch nicht zu wissen.

Was die Geruchsphänomene betrifft, so ist man bei der Lehre von den ausgestoßenen chemisch wirksamen Kügelchen geblieben, weil die Luftströmungen ihren Weg bestimmen. Ihre subjektiven Wirkungen nach Erregung unserer Schleimhaut, d. h. die Gerüche, bestehen, wie bei den Geschmacksqualitäten, der Hauptsache nach in einer Übertäubung der einen Qualität durch die andere.

Die Hypothese des Äthers hat sehr großen Erfolg gehabt, weil sie es ermöglichte, räumliche Wirkungen, die sonst ganz unverständlich geblieben wären, gesetzmäßig zusammenzufassen, wie in der Lehre von der Elektrizität und dem Magnetismus. Aber man darf nicht übersehen, daß die Annahme eines alles verbindenden Mediums im Raum kein notwendiges Postulat der biologischen Raumlehre ist. Lokalzeichen können sehr wohl durch Richtungszeichen allein verbunden werden, ohne daß es nötig wäre, kontinuierlich die Lücken durch in Atome verwandelte Lokalzeichen aufzufüllen, wozu das Medium des Äthers dient.

Dies ist wichtig festzustellen, weil in der Lehre von der Gravitation die Hypothese des verbindenden Mediums völlig versagt hat, und man über die Fernwirkungen der Massen, wie sie NEWTON festgelegt hat, nicht hinausgekommen ist. Auch die Annahme von Schwerefeldern ändert daran nichts.

Es ist zweifellos der Physik gelungen, fast alle räumlichen Wirkungen aller Stoffe auf Lokalzeichen und Richtungszeichen zurückzuführen, seitdem sie allerdings unter erheblichen Schwierigkeiten eine Qualität aus ihren Berechnungen verbannt hat, die man anfangs als die Ursache aller materiellen Wirkungen ansah, nämlich die Kraft.

Kraft ist ursprünglich nichts als eine Empfindung, die mit der Bewegung unserer Muskeln verbunden ist. Durch einen unkontrollierten Schluß wird die Muskelempfindung zur Ursache der Bewegung unserer Glieder erhoben und dann zur Ursache aller Bewegungen überhaupt verwandelt.

Wenn wir einen Gegenstand aufheben, so messen wir an der Muskelempfindung unsere Kraft, aber wir schreiben dem Gegenstand eine gleich große Gegenkraft zu, die wir überwinden.

Lange hat die Physik mit dem Begriff der Kraft als Ursache der Bewegung und als Ursache der Verhinderung der Bewegung gearbeitet. Die Schwere, die Elastizität, die Härte wurden als Kräfte definiert. Ebenso gab es chemische Spannkräfte, magnetische und elektrische Kräfte. Dadurch wurde eine unräumliche Qualität in die räumlichen Wirkungen hineingetragen, die eine klare Begriffsbestimmung außerordentlich erschwerte.

Erst als man alle Ursachen der Bewegung für Bewegung erklärte, schwand der Kraftbegriff aus der Physik. Auch das Wort schwand, und man setzte an seine Stelle das Wort *Energie*, das nur Bewegungsart bedeutet. Als aktuelle Energie bezeichnete man die sich im Raum abspielende Bewegung der Stoffe; unter potentieller Energie versteht man gespeicherte Bewegung innerhalb der Stoffe.

Erst als diese Umwandlung des Kraftbegriffs stattgefunden, hörte das Suchen nach einem Perpetuum mobile auf. Denn wenn in allen Fällen die Bewegung Ursache der Bewegung sein muß, kann es keine Neuerzeugung von Energie geben, die zur dauernden Überwindung der Reibungshindernisse notwendig wäre.

Das Gesetz von der Erhaltung der Energie hat die theoretische Grundlage der Physik zum Abschluß gebracht, indem es das der Physik zukommende Gebiet von allen fremden Zutaten säuberte, sämtliche materiellen Wirkungen im Raum isoliert zu betrachten lehrte und sie dadurch der mathematischen Formulierung zugänglich machte.

Nur aus praktischen Gründen habe ich bisher die physikalisch-chemischen Gesetze, weil sie samt und sonders räumlicher Natur sind, als objektive Gesetze den subjektiven Gesetzen der anderen Sinnesgebiete gegenübergestellt, ohne ihnen deshalb eine höhere Wirklichkeit einräumen zu wollen, die ihnen in keiner Weise zukommt. Durch die Zurückführung der materiellen Vorgänge im Raum auf Lokalzeichen und Richtungszeichen ist die subjektive Natur auch dieser Phänomene zweifelsfrei erwiesen und damit die Stellung der sogenannten objektiven Naturwissenschaften innerhalb der Biologie klar gekennzeichnet.

Von jetzt ab wird es leicht sein, die Behauptung der Materialisten oder Monisten: es gäbe nur zwei Realitäten in der Welt, nämlich Kraft und Stoff, zurückzuweisen. Denn auf die Frage, weshalb Lokalzeichen und Richtungszeichen wirklicher sein sollen als Farben und Töne, werden sie die Antwort wohl schuldig bleiben. Die Biologie ist vollauf imstande, uns davor zu bewahren, daß die Welt auf jenes armselige Niveau herabsinkt, auf das blinde Überschätzung der Physik sie herabdrücken will.

Objektiv und Subjektiv.

Immer mehr werden wir durch unsere fortschreitenden Untersuchungen dazu gedrängt, eine scharfe, jeden Zweifel ausschließende Charakterisierung der Begriffe Objektiv und Subjektiv zu suchen.

Wir haben im Sinne Kants feststellen können, daß es einen absoluten Raum, auf den unser Subjekt keinen Einfluß ausübt, nicht gibt. Denn sowohl die spezifische Materie des Raumes, nämlich Lokalzeichen und Richtungszeichen, wie auch die Form dieser Materie, sind subjektive Erzeugnisse. Ohne die räumlichen Qualitäten und ihre durch die Apperzeption herbeigeführte Zusammenfassung zu ihrer allgemeinen Form gäbe es überhaupt keinen Raum, sondern nur eine Anzahl von Sinnesqualitäten, wie Farben, Töne, Gerüche usw., die zwar ihre spezifischen Formen und Gesetze besäßen, denen aber der gemeinsame Tummelplatz in den sie alle hinausverlegt werden, mangelte.

Trotz dieser Feststellung behält der Unterschied zwischen Objektiv und Subjektiv seinen guten Sinn, auch wenn man von vornherein zugibt, daß es keine absolute Objektivität gibt.

Auch wenn wir die Kenntnis unserer subjektiven Richtungszeichen besäßen, die unsere Muskelbewegungen begleiten, wüßten wir nichts von einer objektiven Welt, sondern wären nur von einem subjektiven Raum umgeben.

Eine Vorstellung des subjektiven Raumes vermittelt uns die Musik. Wenn wir von ihr so stark ergriffen werden, daß wir die Herkunft der Töne, die aus diesem oder jenem Instrument stammen, vergessen und und dem Rhythmus hingeben, werden auch ohne körperliche Mitbewegung die subjektiven Richtungszeichen in uns wach, die nun mit den Tönen gemeinsam den ihnen zugehörigen Raum zu erfüllen scheinen.

Schon Helmholtz hat auf die Erzeugung von Bewegungsempfindungen durch die Musik hingewiesen, und auch die in allen Sprachen üblichen Bezeichnungen von hohen und tiefen Tönen besagen dasselbe.

Um uns das Dasein im subjektiven Raum recht eindringlich vorzustellen, denken wir uns, wir wären dazu verurteilt, uns ohne Augen und ohne Tastorgane dauernd durch Schwimmen im Wasser umherzubewegen. Dann würden wir von den Schwimmbewegungen nichts anderes erfahren als das wechselvolle Ansprechen unserer subjektiven Richtungszeichen, aber gar nichts von der Vorwärtsbewegung im Raum.

Nun denken wir uns in diesem Zustand mit einem Auge begabt, das wohl Farbenempfindungen, aber keine Lokalzeichen auslösen kann, so würde das am subjektiven Raum noch nichts ändern: die Empfindungen Rot, Grün, Blau, Gelb würden wohl auftreten und sich in gesetzmäßiger Weise beeinflussen, aber die Farben blieben Eigenschaften unseres Subjekts, dessen innere Welt zugleich die Gesamtwelt bedeutete. Wir selbst wären zugleich tönend und farbig und erfüllten mit unserer Person den ganzen Raum. Ein Unterschied zwischen Gedanken und Gefühlen einerseits und den Sinnesempfindungen andererseits ließe sich nicht feststellen, weil diese nicht zu Eigenschaften von Gegenständen werden könnten. Wir wären dann im wahren Sinn des Wortes Solipsisten.

Mit dem Auftreten der Lokalzeichen ändert sich die Welt mit einem Schlage: der Raum bekommt Orte, an denen sich die Farben festankern können, aus den Farbenempfindungen werden farbige Flächen. Die Farben entstehen und verschwinden nicht mehr, wenn der Blick hin- und herschweift. Der rote Kreis dort bleibt rot, auch wenn wir nicht mehr hinsehen. Damit hat er eine objektive Existenz gewonnen, die von der Sehtätigkeit des Subjekts unabhängig ist, dagegen abhängig bleibt von seinem Ort, in dem nun objektiv gewordenen Raum.

Das gleiche geschieht mit den anderen Sinnesqualitäten: der rote Kreis, den wir betasten, bleibt hart, auch wenn wir nicht mehr die Hand nach ihm ausstrecken. Er verliert weder Klang noch Duft noch Geschmack, wenn wir unsere Aufmerksamkeit anderen Dingen zuwenden. Ja, unser eigener Körper wird plötzlich objektiv und erhält eine bestimmte Lage im Raum, die er durch Bewegung der Gliedmaßen in bestimmter Weise ändern kann.

Während auf diese Weise unser Körper objektiv wird gleich allen übrigen Gegenständen der Außenwelt, bleibt unser Ich notwendig subjektiv, denn das Ich als die Einheit der Apperzeption, die alle Qualitäten zu höheren Bildungen verarbeitet, kann nicht nebenher noch ein eigenes Lokalzeichen besitzen.

Dahingegen wäre es denkbar, daß unsere Gedanken und Gefühle, die wir in ihrer Gesamtheit unter dem Namen der Seele zusammenfassen, Lokalzeichen tragen könnten, denn auch sie werden wie die Melodien und Harmonien, die wir beim Hören von Tönen bilden, von äußeren Eindrücken angeregt. Wäre dies der Fall, so würde damit der Gegensatz zwischen Körper und Seele hinfällig werden, der ja auch im subjektiven Raum nicht existiert. Es ist unrichtig zu behaupten, daß die Seele gänzlich unräumlich sein müsse, denn manche Gefühle, wie z. B. die Sehnsucht, verbinden sich gern mit subjektiven Richtungszeichen und treten damit in den subjektiven Raum ein. Besäßen die Gedanken und Gefühle auch Lokalzeichen, so würden wir außer der subjektiven auch eine objektive Seelenkunde entwickeln können.

Hieraus ergibt sich die von uns gesuchte Definition für Objektiv und Subjektiv in aller gewünschten Schärfe und Klarheit: Objektiv ist eine jede Qualität nur so lange, als sie mit einem Lokalzeichen in Verbindung steht; sie wird sofort subjektiv, sobald diese Verbindung gelöst wird. Das Lokalzeichen selbst für sich allein betrachtet ist rein subjektiv, es wird zum objektiven Ort, sobald es die Verbindung mit irgendeiner Qualität eingeht.

Zweites Kapitel.

Die Zeit.

Das Momentzeichen.

Ebenso sicher wie es keinen absolut objektiven Raum gibt, ebenso sicher gibt es keine absolut objektive Zeit; weil sowohl Raum wie Zeit nur Formen unserer menschlichen Anschauung sind.

Wir haben aber feststellen können, daß der Unterschied zwischen objektivem und subjektivem Raum trotzdem festgehalten werden kann, wenn man den Besitz von Lokalzeichen als unterscheidendes Merkmal einführt.

Es fragt sich nun, ob wir für die Zeit den gleichen Unterschied festhalten können? Unser Fortschritt über die Lehre KANTS hinaus besteht im wesentlichen in der Auffindung von spezifisch räumlichen Qualitäten (Lokalzeichen und Richtungszeichen) und in der Erkenntnis, daß der Raum die Form dieser seiner eigenen Materie ist, wie die Tonskala die Form ihrer spezifischen Materie der Töne darstellt.

Die Entdeckung eines spezifischen Materials für die Zeit verdanken wir K. E. VON BAER, der den Moment als die spezifisch zeitliche Qualität seinen glänzenden Ausführungen über den subjektiven Charakter der Zeit zugrunde legte.

Nachdem FELIX GROSS den nahen Zusammenhang zwischen Zeit und Apperzeption klargelegt hat, sind wir nun in der Lage, uns ein deutliches Bild vom Wesen der Zeit zu machen.

Die Apperzeption ist ein Lebensprozeß, der in Phasen vor sich geht, wobei jede Phase sich durch ein sinnliches Zeichen kund gibt; dieses Zeichen ist der Moment.

Deshalb werden wir das Wort Momentzeichen benutzen dürfen. Nach KANT erzeugt die Einheit der Apperzeption die Einheit unseres Ich, das stets mit einem Momentzeichen versehen ist, während ihm ein Lokalzeichen mangelt. Infolgedessen sind alle psychischen Vorgänge, Gefühle und Gedanken stets an einen bestimmten Moment gebunden und verlaufen in der gleichen Zeit wir die objektiven Empfindungen. Die Zeit umfaßt in gleicher Weise die subjektive wie die objektive Welt und macht keinen Unterschied zwischen ihnen wie der Raum.

Um zu verstehen, in welcher Hinsicht man trotzdem einen Unterschied zwischen Subjektiv und Oblektiv in der Zeit machen kann, müssen wir versuchen, das Wesen der Momentzeichen tiefer zu erfassen.

Wie die Lokalzeichen von uns als kleinste räumliche Gefäße aufgefaßt wurden, in die verschiedenen Qualitäten gegossen wurden, um das Atom zu liefern, so können wir die Momentzeichen als die kleinsten zeitlichen Einheiten gleichfalls mit kleinen Gefäßen vergleichen, die mit dem Inhalt verschiedener Qualitäten angefüllt sind und dadurch erst zu den erlebten Momenten werden. Wie das Lokalzeichen ist auch das Momentzeichen stets gleichbleibend in seiner Größe und Intensität, aber seinem Inhalt nach wechselnd.

Nun könnte man auf den Gedanken kommen, der Inhalt der Momentzeichen entschiede über ihren objektiven oder subjektiven Charakter. Dies ist aber durchaus nicht der Fall: mag ich mich meinen Gedanken überlassen oder mich in den Anblick einer Landschaft vertiefen — ja selbst Menschen oder Tiere in ihren Bewegungen beobachten, stets ist die Zeit, die dabei verfließt, rein subjektiv. Was weiter nicht verwunderlich ist, da stets der gleiche Apperzeptionsprozeß weiterläuft und seine Momentzeichen dabei auftreten.

Denn ob wir Gegenstände sehen oder Gedanken fassen, stets setzt der gleiche Bildungstrieb ein, um aus einfacheren Elementen höhere Einheiten zu formen.

Die Dauer der verflossenen Zeit, d. h. die Länge der Momentzeichenreihe schätzen wir mit größerer oder geringerer Genauigkeit; sobald wir aber auf einen sich wiederholenden Ton in der Außenwelt achten, steigert sich die Genauigkeit in hohem Maße. Wir schätzen dann die Anzahl der zwischen den betonten Momentzeichen liegenden unbetonten Momentzeichen, die sogenannten Intervalle, mit unfehlbarer Sicherheit gegeneinander ab.

Auf diese Weise sind wir imstande, an einem fremden Tonwechsel eine genaue Zeitmessung vorzunehmen, und nichts hindert uns, diesen Tonwechsel, wenn wir ihn als gleichbleibend erkannt haben, nun seinerseits als Zeitmesser zu benutzen. Mit Hilfe der betonten Momentzeichen berichtigen auch noch heutzutage die Uhrmacher den Schlag der Pendeluhren, die wir dann als Zeitmesser benutzen.

Wir vermögen auch den fremden Tonwechsel dadurch zu ersetzen, daß wir unsere eigenen Muskeln mit gleichen Intervallen innervieren und die Momentzeichen durch die eigene gleichmäßig unterbrochene Bewegung in betonte und unbetonte trennen. Das nennen wir Taktschlagen.

Das Taktschlagen ist eine subjektive Art der Zeitmessung, die sehr große Aufmerksamkeit erfordert, deshalb verlassen wir uns für gewöhnlich auf einen von unserer Tätigkeit unabhängigen Tonwechsel, wie den Schlag des Sekundenpendels, den wir als objektive Zeitmesser bezeichnen. Die objektive Zeitmessung hat die subjektive derart in den Hintergrund gedrängt, daß man sogar die Zeit selbst für eine objektive Erscheinung ansieht, was natürlich Anlaß zu den schlimmsten Irrtümern gegeben hat.

Die Zeit bleibt immer und in jeder Beziehung subjektiv, da sie an den Apperzeptionsprozeß gebunden ist; nur die Zeitmessung kann für den Fall, daß die Betonung der Zeitzeichen durch einen von unserer Tätigkeit unabhängigen Tonwechsel erfolgt, als objektiv bezeichnet werden.

Als interessante Illustration hierzu kann das Verhalten des Kapellmeisters und seines Orchesters dienen: der Kapellmeister ist ausschließlich auf seine subjektive Zeitmessung angewiesen, die er nach Bedürfnis verlangsamt oder beschleunigt, indem er die Intervalle ändert und den Taktstock bald schneller, bald langsamer bewegt. Der Taktstock dient den Spielern als objektiver Zeitmesser, nach dem sie den Strich der Geigen und das Anblasen der Hörner zu richten haben.

Die Fähigkeit, die Momentzeichen in sicherem Wechsel in betonte und unbetonte zu trennen und diesen Wechsel selbst zu variieren, ist bei verschiedenen Menschen sehr verschieden ausgebildet, weshalb sich nicht alle Menschen zum Kapellmeister eignen.

Die Zahl.

Einem jeden Menschen ist die Fähigkeit des Taktschlagens, wenn auch in primitiver Form, eigen, und diese Fähigkeit bildet die Grundlage für das Zählen. Wir vermögen die einzelnen Taktschläge in Gruppen zusammenzufassen und wieder in andere Gruppen aufzulösen. Auch hierbei ist die Naturanlage äußerst verschieden. Es gibt fälschlicherweise „Rechenkünstler" genannte Leute, die ein ausgesprochenes Talent zur Bildung der weitgehendsten und kompliziertesten Gruppen besitzen. Mit dem eigentlichen Rechnen hat diese Fähigkeit nichts zu tun, denn dieses beruht auf einem bewußten Arbeiten mit Zahlen und nicht auf einem Gruppieren von Takten.

Die Zahl ist kein angeborenes Naturerzeugnis, sondern ein von den Menschen ersonnenes Kunstprodukt und besteht in einem objektiven

Merkmal, mit dem man die einzelnen Takte bezeichnet, wie der Buchstabe als sichtbares Zeichen eines bestimmten Lautes dient.

Ursprünglich wird die Zahl wohl dadurch entstanden sein, daß man mit der taktschlagenden Hand Striche nebeneinander in den Sand ritzte. So entsteht auch heute noch die Zahl für jeden Schüler, wenn er in der ersten Rechenstunde Striche auf die Tafel schreibt. Hierdurch erst gelingt es, ein Bindeglied zwischen Zeitgrößen und Raumgrößen zu schaffen, und dieses Bindeglied nennen wir Zahl. Denn genau wie der Takt im Wechsel von betonten und unbetonten Momentzeichen besteht, besteht auch die Strichreihe aus betonten und unbetonten Lokalzeichen. Die römische Zahlenreihe nähert sich dem ursprünglichen Typus am meisten, nur ist in ihr jeder fünfte Strich besonders gestaltet, um eine schnelle Übersicht durch Gruppenbildung zu erleichtern. Die arabische Zahlenreihe besitzt für jeden Strich von 1—9 ein besonderes Zeichen und bietet dadurch für die Gruppenbildung bedeutende Vorzüge. Denn jede arabische Ziffer bedeutet nicht bloß einen bestimmten Strich der Reihe, sondern zugleich die ganze Gruppe, die, vom ersten Strich beginnend, mit diesem Strich abschließt.

Interessant ist es, festzustellen, daß die schriftlich festgelegte Gruppenbildung durch besondere Ziffern der Gruppenbildung durch besondere Zahlworte erst nachhinkte, denn die lateinische Sprache besitzt im Gegensatz zur Schrift zehn verschiedene Bezeichnungen für die Zahlen von 1—10.

Die manchmal geübte Methode, den Kindern den Zahlenbegriff beizubringen, indem man von den Gegenständen ausgeht, ist ein Umweg. Wenn ein Kind lernen soll: 3 Äpfel und 1 Birne sind zusammen 4 Früchte, so kann das zur Verwirrung anstiften; denn was das Kind wirklich lernen soll, nämlich seine eigene gleichmäßig wiederholte Tätigkeit in Gruppen zusammenzufassen, wird ihm dadurch erschwert, daß seine Aufmerksamkeit von dem subjektiven Takt auf den objektiven Gegenstand abgelenkt wird.

Um ein tieferes Verständnis der hier geschilderten Vorgänge zu erleichtern, sei noch folgendes bemerkt:

Betrachtet man die Zahlenreihe, die in ihrer Grundform eine beliebig lange Reihe von Strichen darstellt, als das Symbol für eine beliebig auszudehnende Reihe von Takten, so wird es klar, daß die Bildung der Zahlen selbst in dieser ursprünglichen Form bereits eine weitgehende Abstraktion erfordert.

Fragen wir uns: wie kommt diese Abstraktion zustande? Auf der einen Seite haben wir einen Ton, der mit Unterbrechungen wiederkehrt, auf der anderen Seite ein optisches Phänomen, den Strich, der gleichfalls mit Unterbrechungen wiederkehrt. Was liegt den beiden als Gemeinsames zugrunde, das die Vertretung des einen durch das andere ermöglicht?

Es ist klar, daß dies Gemeinsame nur der gleiche Wechsel im Apperzeptionsprozeß sein kann, der sowohl beim Hören der Töne wie beim Betrachten der Striche eintritt. Da der Apperzeptionsprozeß stets eine Reihe von Momentzeichen auslöst, so wird in beiden Fällen ein Wechsel in der Ausfüllung der Momentzeichen eintreten müssen. Daß der Inhalt, mit dem die Momentzeichen in beiden Fällen ausgefüllt werden, gänzlich verschieden ist, das wird nicht beachtet und allein der gleichmäßige Wechsel im Anfüllen und Abfüllen der Momentzeichen als die gleiche subjektive Handlung empfunden.

Die gleiche subjektive Handlung tritt auch ein, wenn wir unsere Muskeln beim Taktschlagen innervieren. Es werden in allen Fällen beim Ablauf der Apperzeption bestimmte Momentzeichen besonders angemerkt. Die Fähigkeit, bestimmte Momentzeichen besonders zu bemerken, bezeichnen wir als Aufmerksamkeit. Und da wir einen regelmäßig wiederkehrenden Wechsel ganz allgemein als Rhythmus bezeichnen, so dürfen wir die Fähigkeit, Zahlen zu bilden, letzten Endes auf einen Rhythmus der Aufmerksamkeit zurückführen. Es gibt nun, je nach der Länge der Intervalle, sehr verschiedene Arten von Rhythmen, die wir voneinander unterscheiden und zu Einheiten zu verbinden vermögen. Die sogenannten Rechenkünstler besitzen die Fähigkeit der Rhythmenbildung in besonders hohem Maße.

Es ist für unsere Aufmerksamkeit ganz gleichgültig, auf welchen Inhalt sie gerichtet ist, ob auf Gegenstände oder Empfindungen oder Gefühle. Sobald ein gleichmäßiger Wechsel in der Aufmerksamkeit eintritt, kann er der Regel des einfachsten Rhythmus unterworfen, d. h. gezählt werden. Diese Eigentümlichkeit verbürgt der Zahl ihre fast uneingeschränkte Anwendbarkeit.

Rechnen und Schätzen.

Die Möglichkeit, alle nur denkbaren Dinge zusammenzuzählen und die hieraus entstehende Verwirrung hat zur Ausbildung der Kunst des Rechnens geführt, deren erster Grundsatz verlangt, daß nur Dinge mit dem gleichen Nenner zusammengezählt werden dürfen. So ist es unstatthaft, $^1/_2$ und $^1/_4$ zu addieren; erst muß $^1/_2$ in $^2/_4$ verwandelt werden, dann kann man $^1/_4$ und $^2/_4 = {}^3/_4$ rechnen.

Ebenso darf man nicht 3 Äpfel und 1 Birne ohne weiteres zusammenzählen. Erst müssen Äpfel und Birnen auf den gleichen Begriff „Frucht" gebracht werden; dann darf man rechnen 3 Früchte und 1 Frucht = 4 Früchte.

Das Rechnen ist mithin nicht ein bloßes Zusammenfassen der Rhythmen der Aufmerksamkeit, sondern nimmt zugleich Rücksicht auf den Inhalt der Dinge, denen sich die rhythmisch erregte Aufmerksamkeit zuwendet. Erst unter Voraussetzung des gleichen Inhalts kann ein sinnvolles Rechnen einsetzen.

Der Berechnung gleichmäßiger Bewegungen legt man als den gleichen Nenner das Richtungszeichen zugrunde, als die kleinste sich stets gleichbleibende Bewegungsgröße. Welchen Namen man den Richtungszeichen gibt, ist dabei ganz gleichgültig.

Größer ist die Schwierigkeit, wenn man die gleichmäßig ansteigende Intensität einer Empfindung der Rechnung unterwerfen will. Wenn wir z. B. einen Eimer unter die Wasserleitung halten, so empfinden wir die dauernde Zunahme der Schwere, die wir wohl annähernd schätzen, aber durchaus nicht berechnen können. Es hilft auch nichts, wenn wir das Wasser ruckweise einlaufen lassen, denn die Schätzung der jedesmaligen Zunahme der Schwere ist so unsicher, daß wir es nicht wagen, sie als gleichen Nenner in Rechnung zu setzen.

Diesem Übelstande hat WEBER auf eine geniale Weise abgeholfen, indem er die Empfindung des eben merklichen Schwererwerdens als den gleichen Nenner benutzte und dafür den Begriff der „Schwelle" einführte. Dadurch gewann er die Möglichkeit, die subjektive Empfindung der Schwere mit dem objektiven Vorgang zu vergleichen und sein grundlegendes Gesetz aufzustellen. Es erweist sich nämlich, daß der gleichen Schwelle keineswegs stets die gleiche zugegossene Wassermenge entspricht, sondern daß die zur Überwindung der Schwelle nötige Wassermenge proportional dem hinzugegossenen Wasser steigt. War z. B. anfangs 1 cdm Wasser im Eimer, so war zur Überwindung der Schwelle das Hinzufügen von nur 1 ccm Wasser nötig; betrug das im Eimer befindliche Wasser bereits 2 cdm, so sind 2 ccm Wasser nötig, um die Schwelle zu überwinden.

Das Gesetz, wonach die Schwelle proportional der Reizgröße wächst, findet auf alle Sinnesgebiete seine Anwendung, soweit die Qualitäten überhaupt eine Steigerung ihrer Intensität erfahren.

Die Ausfüllung der Momentzeichen.

Bei Betrachtung eines Gemäldes ist es wichtig, seinen Standpunkt so zu wählen, daß er dem Standpunkt entspricht, von dem aus der Maler selbst sein Gemälde betrachtet. Nur dann wird man die gleiche Anzahl Lokalzeichen auf das Bild verwenden, die der Maler selbst darauf verwendet. Tritt man in der richtigen Entfernung an das Bild heran, so erscheinen uns die dargestellten Gegenstände richtig, d. h. die dargestellten Gegenstände erscheinen uns im gleichen Winkel, in dem der Maler sie betrachtet hat. Der Winkel aber ist ausschlaggebend für die Menge der erregten Lokalzeichen.

Tritt man zu nahe an das Bild heran, so sieht man Einzelheiten, die man übersehen soll, weil man mehr Lokalzeichen auf die Darstellung verwendet, als der Maler auf das Dargestellte verwenden konnte. Infolgedessen löst das Bild sich in Pinselstriche auf. Es ist ein unmögliches Verlangen, daß der abgebildete Gegenstand bei näherer Betrachtung immer intimere Einzelheiten aufweisen solle, wie das der wirkliche Gegenstand tut.

Tritt man zu weit vom Bilde ab, so gehen dem Beschauer, der jetzt weniger Lokalzeichen auf das Bild verwendet, Einzelheiten verloren, die der Maler noch auf das Bild gebracht hat, und die volle Wirkung des Bildes kommt nicht mehr zur Geltung.

Woher kommt es nun, daß man an die Bilder der älteren deutschen Schule, von VAN EYCK bis HOLBEIN, viel näher herantreten kann, als es der Standpunkt des Malers erlaubt, ohne dem Dargestellten seine Gegenständlichkeit zu rauben? Und woher kommt es, daß die dargestellten Dinge, wenn man sie vom richtigen Standpunkt aus betrachtet, auf dem Bilde eine viel größere Gegenständlichkeit besitzen als die Dinge selbst, indem sie uns die Einzelheiten mit viel größerer Sicherheit offenbaren, als wir aus der entsprechenden Entfernung wahrnehmen können?

Ich beantworte diese Frage dahin, daß diese großen Maler über eine viel größere Anzahl von Lokalzeichen verfügten als wir. Dadurch wurde es ihnen möglich, die Welt in eine viel größere Anzahl von Orten zu zerlegen, die ihnen viel zahlreichere Gegenstandszeichen zur Verfügung stellten. Die Welt dieser Maler war eine größere und reicher als die unsere.

Andererseits ist es nicht zu leugnen, daß bei einzelnen neueren Malern der Beschauer mit dem besten Willen nur Pinselstriche sieht, die er nicht zu Gegenständen formen kann. Das kann nur darauf beruhen (wenn es sich nicht um bloße Willkürlichkeiten handelt), daß der Maler weniger Lokalzeichen besitzt als der Beschauer.

Nehmen wir an, der Beschauer besäße auf einem Quadratmillimeter Netzhaut 10 Sehzäpfchen, von denen jedes einzelne ein Lokalzeichen erregte, so würde der Maler der reichen Welt 100, der Maler der armen Welt nur 1 Zäpfchen auf der gleichen Flächeneinheit besitzen.

Diese ganze Ausführung soll nur dazu dienen, die nun kommende Anwendung der gleichen Gedanken auf die Zeit zu erleichtern. Wie wir erkannt haben, daß das gleiche Weltbild, wenn es in zahlreichere Orte zerfällt, reicher und größer sein muß, so muß auch das Leben nicht nach der Zahl der Jahre, die es umfaßt, sondern nach der Zahl der durchlebten Momente gewertet werden. So kann das Leben zweier Menschen, die am gleichen Tage geboren wurden und am gleichen Tage sterben, sehr verschieden an Reichtum der Erlebnisse und Dauer sein, selbst wenn die beiden Menschen das identische Schicksal haben. Gesetzt den Fall: A durchlebe, während der Sekundenpendel einmal hin- und hergeht, 10 Momente, B dagegen 20, so wird das Leben von B doppelt solange währen und doppelt so reich sein wie das Leben von A.

Wie das Lokalzeichen für jeden einzelnen Menschen das absolute Maß für den Raum darstellt, so gibt ihm das Momentzeichen das absolute Maß für die Zeit. Erst wenn man zwei Einzelwesen miteinander vergleicht, werden die beiden Maße relativ, aber daraus ist keineswegs zu schließen, daß es einen wirklichen Raum mit seinem absoluten Maß oder eine wirkliche Zeit mit ihrem absoluten Maß gäbe. Das Bestreben, einen absoluten Raum und eine absolute Zeit einzuführen, stammt daher, daß der Beobachter, der die Relativität zweier Subjekte untersucht, mit Notwendigkeit seine eigene Zeit und seinen eigenen Raum als absolutes Maß der Vergleichung zugrunde legt.

Der Schein einer absoluten Zeit wird bestärkt durch die objektive Zeitmessung, welche das gesamte Weltgeschehen vom Polarstern bis zum Kreuz des Südens an der gleichen Uhr ablesen will. Die Relativitätstheorie hat bekanntlich diese Lehre arg ins Schwanken gebracht.

K. E. von Baer hat in meisterhafter Weise die Veränderung unseres Weltbildes geschildert, das eintreten muß, wenn die Zahl unserer Momente, die sich jetzt über 80 Sonnenjahre erstrecken, den Inhalt von acht Jahren — einem Jahr — einem Tage — einer Stunde umfassen würden, und was aus unserer Weltkenntnis würde, wenn die gleiche Anzahl von Momentzeichen den Inhalt von 800—8000 Sonnenjahren bewältigen müßten.

Die Baerschen Betrachtungen lehren uns (unter Voraussetzung der gleichbleibenden Tätigkeit unserer Sinne), daß das bewegte Weltbild sowohl bei übermäßiger Verkürzung wie Verlängerung seiner Dauer seine Bewegung einbüßt.

Nehmen wir als Beispiel eine Radspeiche, deren drehende Bewegung wir deutlich erkennen können, und verlangsamen wir oder steigern wir ihre Bewegung, so werden wir die gleiche Bewegungsart einmal mit vielen, das andere Mal mit wenig Momentzeichen begleiten. In beiden Fällen hört die Bewegung auf. Geht die Speiche so langsam herum wie der große Zeiger unserer Uhr, so scheint sie dauernd stillzustehen, weil die geringe Veränderung der Speichenstellung nicht mehr wahrgenommen wird. Lassen wir die Speiche sehr schnell kreisen, so sehen wir nur eine gleichzeitige allgemeine Aufhellung, die sich bei wiederholtem Kreisen wie ein leichter Schleier dauernd erhält.

Das gleiche Resultat muß eintreten, wenn wir das Weltgeschehen auf ganz kurze Dauer zusammendrängen oder über Gebühr ausdehnen, so daß es einmal von zu vielen Momentzeichen, das andere Mal von zu wenigen Momentzeichen umrahmt wird. Sind zu viele Rahmen vorhanden, so sehen sich die Bilder, die einander folgen, zu ähnlich, sind zu wenig Rahmen vorhanden, so wird der Inhalt vieler Bilder in eines zusammengepreßt. Das eine Mal würde die abgeschossene Kugel in der Luft stillstehen, das andere Mal würde die Sonne einen leuchtenden Bogen über den Himmel spannen.

Die Regel lautet dahin: Eine Bewegung wird nicht mehr wahrgenommen, wenn ihr Gefälle zu steil oder zu flach ist.

Die Schwelle.

Um die Ursachen dieser Gesetzmäßigkeit klarzulegen, müssen wir auf den von WEBER geschaffenen Begriff der Schwelle zurückgreifen. Die Schwelle bezeichnet den ebenmerklichen Unterschied zwischen zwei Intensitäten einer Qualität. Sie kann aber gleicherweise auf den ebenmerklichen Unterschied zwischen zwei Qualitäten angewandt werden. Vergleichen wir zwei benachbarte Lokalzeichen miteinander, so stellt sich heraus, daß ihre Verschiedenheit so gering ist, daß sie nicht bemerkt werden kann, d. h. daß sie unter der Schwelle liegt. Wäre das nicht der Fall und träte ein jedes Lokalzeichen unvermittelt an die Seite des anderen, so würde die Welt aus lauter farbigen Punkten bestehen. Nur durch den Umstand, daß die Verschiedenheit zweier benachbarter Lokalzeichen nicht bemerkt wird, kommt die Kontinuität des Weltbildes zustande, denn Kontinuität heißt nichts anderes als ein unmerklicher Übergang, im Gegensatz zu einem sprungweisen Überhang.

Das gleiche gilt auch für die Richtungszeichen und die Richtungsschritte, welche jeder Bewegung zugrunde liegen. Die Größe des Richtungsschrittes im Merkraum ist uns bekannt. Wir wissen, daß er nicht kleiner sein darf als 2 Orte. Wenn man einen Schritt von Ort 1 zu Ort 3 ausführt, den nächsten aber von Ort 2 zu Ort 4, so erkennt man, daß sie nicht merklich voneinander verschieden sein können, weil ihnen beiden die Strecke von Ort 2 zu Ort 3 gemeinsam ist. Es wird daher eine Reihe von Schritten, die sämtliche in einer Richtung liegenden Orte miteinander verbinden, immer einen kontinuierlichen Eindruck hervorrufen, weil die einzelnen Schritte unterschwellig voneinander abweichen. So ist die Schwelle der ausschlaggebende Faktor für die Kontinuität des Raumes, der Zeit und der Bewegung.

Die Bewegung.

Die Tatsache, daß eine Bewegung nur dann wahrnehmbar ist, wenn die von ihr durchschrittenen Orte und die Momente in einem bestimmten Verhältnis zueinander stehen, kann man sich am besten klarmachen, wenn man die Erfahrungen der Kinematographie zu Hilfe nimmt.

Die Möglichkeit, eine kontinuierliche Bewegung dem Auge vorzutäuschen, indem man ihm nacheinander ruckweis stillstehende Bilder vorführt, beruht auf der Untermerklichkeit der benachbarten Momente. Es hat sich herausgestellt, daß man, um eine nicht flimmernde Bilderreihe vorzuführen, in einer Sekunde 18 Bilder sich folgen lassen muß. Danach wäre der Moment auf ein Achtzehntel Sekunde anzusetzen. Nach den Versuchen im WUNDTschen Institut beträgt die Dauer eines Momentes im Durchschnitt ein Sechzehntel Sekunde. Das stimmt auch mit den Erfahrungen der Akustik überein, denn 16 Schwingungen in der Sekunde werden von den meisten Menschen nicht mehr unterschieden, sondern als tiefster Ton gehört. K. E. VON BAER, der Begründer der Momenttheorie, hatte den Moment auf ein Zehntel Sekunde geschätzt.

Ganz unabhängig von der Vorführungszeit der kinematographischen Bilder ist die Schnelligkeit bei ihrer photographischen Aufnahme. Man kann sie viel schneller wechseln lassen, etwa 60—100mal in der Sekunde, dann erhält man bei der Vorführung in der normalen Zeitfolge einen Vorgang, dessen einzelne Phasen auf viel zahlreichere Momente fallen, weil sie eine längere Zeitspanne umfassen. Sie enthüllen uns viel mehr Einzelheiten der Bewegung als der direkt beobachtete Vorgang (Zeitlupe). Man kann aber auch die einzelnen Aufnahmen durch längere Pausen unterbrechen, dann rollt sich der gleiche Vorgang bei der Vorführung viel schneller ab (Zeitraffer). Beide Möglichkeiten werden ausgenutzt, um Bewegungen sichtbar zu machen, die uns sonst unsichtbar bleiben, weil sie entweder zu schnell — der Flug eines Geschosses — oder zu langsam — das Wachsen einer Pflanze — ablaufen.

Die Lehre von K. E. VON BAER ist durch diese Errungenschaften der modernen Technik glänzend bestätigt worden.

Um tiefer in die Theorie der Bewegung einzudringen, nehmen wir ein Filmband, das weiter nichts enthalten soll als die Fortbewegung eines weißen Balles vor einem dunklen Hintergrund von links nach rechts. Wir zerschneiden es in seine einzelnen Bilder und schichten diese übereinander auf. Dann erhalten wir in der Wagerechten das Maß für den Weg und in der Senkrechten das Maß für die Zeit.

Entwerfen wir dementsprechend ein Koordinatennetz, dessen Abszissen den Weg = 1 cm und dessen Ordinaten die Zeit = 1 Sekunde wiedergeben, und zerlegen wir beide, der bequemeren Darstellung wegen, in 8 Teile, so haben wir die Verhältnisse wiedergegeben, wie sie sich bei einem Organismus finden, dessen Orte ein Achtel Zentimeter und dessen Momente je ein Achtel Sekunde betragen. Für das Auge eines jeden Organismus ist, wie wir wissen, eine Bewegung zu schnell, wenn der ganze Weg in einem Moment zurückgelegt wird, und zu langsam, wenn der bewegte Gegenstand an jedem Ort länger als einen Moment verweilt.

Auf den Figuren der Abb. 1 gibt die Linie AB die untere Grenze der Sichtbarkeit (zu langsam) und AC die obere Grenze der Sichtbarkeit (zu schnell) wieder. Nimmt, wie bei Abb. 1b, die Zahl der Momente (im Vergleich zu Abb. 1a) ab, wobei die Zeitspanne der einzelnen Momente zunimmt, so erweitert sich die Grenze des Zulangsam, und es werden immer langsamere Bewegungen sichtbar. Dagegen werden die ganz schnellen Bewegungen unsichtbar, weil AC, die Grenze des Zuschnell, sich verengt.

Nimmt, wie bei Abb. 1c die Zahl der Orte (im Vergleich zu Abb. 1a) ab, wobei jeder Ort an Größe zunimmt, so verengt sich AB, die Grenze des Zulangsam, und es werden alle langsamen Bewegungen unsichtbar. AC, die Grenze des Zuschnell, ist nur von den Momenten abhängig und ändert sich nicht, wenn diese sich nicht ändern. Was für 8 Orte zu

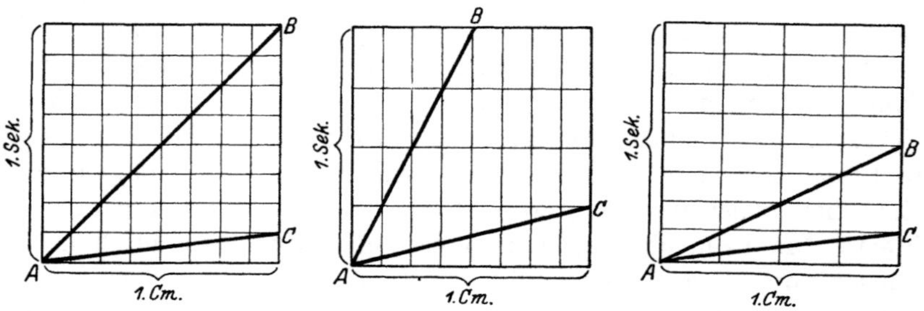

a

1. Ort = $^1/_8$ Cm
1. Moment = $^1/_8$ Sek.

b

1. Ort = $^1/_8$ Cm
1. Moment = $^1/_4$ Sek.

c

1. Ort = $^1/_4$ Cm
1. Moment = $^1/_8$ Sek.

Abb. 1.

schnell war, ist auch für 4 Orte zu schnell, wenn sie in einem Moment durchmessen werden.

Das feste Verhältnis von Ort zu Moment gibt uns die Möglichkeit, bei Tieren, deren Ortskonstante wir kennen und deren Grenzen des Sichtbaren wir experimentell feststellen (indem wir ihre Bewegungsreflexe studieren), die Momente zu berechnen. Solche Experimente und Berechnungen sind noch nie systematisch in Angriff genommen worden, doch will ich an einem Beispiel zeigen, wie man vorzugehen hat. Die Pilgermuschel besitzt, unter der Voraussetzung, daß jedes ihrer Augen einem Ort entspricht, eine Ortskonstante von 100 Orten, während das menschliche Auge eine Ortskonstante von 21600 Orten besitzt. Das menschliche Auge müßte daher viel langsamere Bewegungen wahrnehmen als die Pilgermuschel, wenn diese den gleichen Moment besäße wie der Mensch. Nun habe ich aber feststellen können, daß die Grenze nach dem Zulangsam hin bei der Pilgermuschel nicht erheblich von der unsrigen abweicht. Daraus läßt sich schließen, daß der Moment der Pilgermuschel ebenfalls 216mal länger ist als der des Menschen, d. h. etwa 12—13 Sekunden betragen muß.

Die direkte Beobachtung der gleichen Bewegung aus der Nähe (mit vielen und kleinen Orten) und aus der Ferne (mit wenigen und großen Orten), sowie die Erfahrungen an der Zeitlupe (mit vielen und kurzen

Momenten) und am Zeitraffer (mit wenigen und langen Momenten) gestatten uns, den Grundsatz auszusprechen, daß in den Merkwelten der Tiere die gleiche Bewegung beschleunigt wird durch die Zunahme der Ortezahl (wobei die einzelnen Orte kleiner werden) oder durch die Abnahme der Momentzahl (wobei die einzelnen Momente länger werden). Umgekehrt verlangsamt sich die Bewegung mit der Abnahme der Ortezahl (wobei die einzelnen Orte größer werden) oder durch Zunahme der Momentzahl (wobei die einzelnen Momente kleiner werden).

Je langsamer eine Bewegung wird, um so mehr nähert sie sich der Grenze des Zulangsam, und je schneller eine Bewegung wird, um so mehr nähert sie sich der Grenze des Zuschnell. In beiden Fällen wird sie unsichtbar. Die Natur hat es in der Hand, in jeder Merkwelt durch Veränderung der Orte oder Momente die wichtigen Bewegungen sichtbar, die unwichtigen aber unsichtbar zu machen.

Die Wirkzeit.

Wir haben uns bisher ausschließlich mit der Merkzeit beschäftigt, welche die von uns hinausverlegte Folge unserer Momentzeichen darstellt und die alles umfaßt, was unserer Apperzeption unterliegt. Sie ist es, die unsere gesamten Sinneseindrücke regelt und der alle von uns beobachteten inneren und äußeren Vorgänge unterworfen sind. Trotzdem bleibt sie ein Erzeugnis unseres Gemütes, und zwar nur eines Teiles desselben. Sie gliedert wohl unsere Empfindungen, aber nicht unsere Willensimpulse. Diese gehören, wie wir sahen, einem in unser Gemütsleben eingebauten Naturfaktor an, den wir nur indirekt durch die von ihm ausgelösten Richtungszeichen kennenlernen. Dieser Naturfaktor ist ebenfalls gegliedert, da er eine Impulsfolge darstellt. Es wäre aber völlig verfehlt, wenn man den einzelnen Impulsen die gleiche Zeitspanne zuschreiben wollte wie unseren Momenten. Aus der Tatsache, daß ein Impuls auf den anderen folgt, dürfen wir durchaus nicht schließen, daß die Zeit, die zwischen zwei Impulsen verstreicht, den einzelnen Impulsen anzurechnen sei. Die Impulse veranlassen jeweils eine bestimmte Tätigkeit unserer Muskeln, die ihrerseits eine gewisse Zeitspanne beansprucht.

Die Muskeltätigkeit, die im Ablauf einer Kontraktionswelle besteht, beansprucht stets eine gewisse Zeit, die aber von der Bauart der Muskeln und nicht vom Impuls abhängt. Wir können schon duch die landläufigen Erfahrungen an der Stubenfliege feststellen, daß ihr Moment, mit dem sie fremde Bewegungen wahrnimmt, viel länger währt als das Intervall, das die Kontraktionen ihrer antagonistischen Flügelmuskeln trennt.

Es ist also notwendig, diesen Zeitfaktor gesondert zu behandeln. Im französischen Sprachgebrauch wird er deutlich unterschieden. „Un moment" oder „un instant" bedeuten einen Merkmoment, währenddessen die ganze Welt stillesteht. Dagegen bezeichnet „un clin d'œil" einen Wirkmoment oder die Zeitspanne, die die kürzeste von uns ausgeführte Bewegung, das Blinzeln, beansprucht. Um den Wirkmoment auch im Deutschen festzuhalten, schlage ich vor, für ihn das alte gute deutsche Wort „Ein Nu" zu verwenden.

Das Nu ist für den Menschen noch nicht gemessen worden. Es wird sich möglicherweise dabei herausstellen, daß die gesamte Zeitspanne des Nu auf die Muskeltätigkeit anzurechnen ist und nichts für den Willensimpuls übrigbleibt. In diesem Falle müßte man annehmen, daß der unbekannte Naturfaktor eine bloße Qualität darstellt, die selbst außerhalb der Zeit liegt. Daß in unserem Gedächtnis eine zeitlose Ordnung verwirklicht ist, dürfte wohl keinem Zweifel unterliegen. Aus dem Gedächtnis aber stammt die geordnete Reihe der Impulse beim Aufsagen eines Gedichtes oder beim Singen eines Liedes.

Zeit und Dauer.

Die Unterscheidung von Zeit und Dauer stammt von Bergson, der die Erkenntnis der Zeit unserem Intellekt zuweist, die Dauer aber durch die Intuition erfassen will.

Ich hoffe jedoch, es deutlich machen zu können, daß die Dauer auch durch den Intellekt erkannt werden kann. Nehmen wir an, ein Wolkenkratzer werde so erbaut, daß jedes seiner 40 Stockwerke nacheinander bis in alle Einzelheiten fertig dasteht, ehe das nächste begonnen wird. Jedes fertiggestellte Stockwerk wird sogleich von seinen Bewohnern bezogen und benutzt, während an dem darüberliegenden Stockwerk weiter gebaut wird. Vergleichen wir jetzt die Tätigkeit der Einwohner mit der der Bauleute, so springen die Unterschiede sogleich in die Augen. Die Geschwindigkeiten, mit denen die beiden Tätigkeiten verlaufen, sind ganz unabhängig voneinander. Ob die Bauleute schnell oder langsam arbeiten, ist ohne jeden Einfluß auf Tätigkeit der Bewohner des Hauses. Was aber noch bemerkenswerter ist, ist folgendes. Die Handlungen, in denen sich das Wohnen in einem Hause ausdrückt, bewegen sich immer in Kreisen. Man steht am Morgen auf und legt sich am Abend wieder zu Bett, man geht in den Stuben hin und her, man steigt die Treppe auf und ab, man öffnet und schließt abwechselnd die Fenster und die Türen usw. Nirgends sind diese Handlungen feste Ziele gesetzt, sie können sich stets wiederholen.

Ganz anders verläuft die Tätigkeit der Bauleute, sie arbeiten immer auf bestimmte Ziele hin, bis das Endziel, die Fertigstellung des ganzen Hauses, erreicht ist. Dann bricht die Tätigkeit ab. Alles, was hier geschieht, ist einmal und unwiederholbar.

Um den Unterschied noch deutlicher zu machen, kann man annehmen, daß jedes Stockwerk einer anderen Maschinenanlage dient, die sogleich eingebaut wird. Dann verläuft die Tätigkeit der Maschinen streng mechanisch, in immer gleichen Wiederholungen, ohne einen Zielpunkt in der Zeit zu kennen.

Wir können die Periode, die dem Aufbau eines Stockwerkes dient, die „technische Periode" nennen und sie von der „mechanischen Periode" trennen, die die Benutzungszeit umfaßt. Das gilt nicht nur für das Haus, sondern für jeden menschlichen Gebrauchsgegenstand; Erzeugung und Benutzung beruhen auf ganz verschiedenen Voraussetzungen.

Beide unterscheiden sich dadurch grundsätzlich voneinander, daß der technischen Periode eine bestimmte Dauer zuzuschreiben ist, die mit Erreichung des Zieles abschließt, während die mechanische Periode theoretisch unbegrenzt ist und nur dann ihr praktisches Ende findet, wenn äußere Eingriffe den Mechanismus vernichten, wenn das Haus wieder abgerissen wird oder der Gebrauchsgegenstand zerbricht. Die technische Periode gehört dem Werden an und hat Dauer, die mechanische Periode gehört dem Sein und währt eine Zeitlang.

Die Tätigkeit während der mechanischen Periode wird stets von den gleichen Faktoren, die von Anfang an vorhanden waren, in steten Wiederholungen ausgeübt. Die Tätigkeit während der technischen Periode ist gekennzeichnet durch das Auftreten immer neuer Faktoren. Jeder Ziegelstein, der dem Bau hinzugefügt wird, ist ein neuer Faktor.

Der Zusammenhang zwischen den einzelnen Teilhandlungen in der mechanischen Periode ist streng kausal, d. h. die Wirkung entspricht immer der Ursache (causa aequat effectus). Der Zusammenhang der Teilhandlungen in der technischen Periode ist in der Hauptsache nicht kausal sondern planmäßig. Auf die Einmauerung einer Reihe von Ziegelsteinen folgt nicht notwendig eine zweite Reihe — es kann auch eine Lücke für ein Fenster gelassen werden.

Der Aufbau der verschiedenen Stockwerke geschieht immer nach einem festen von Anfang an vorhandenen Plan, der sämtliche Grundrisse aller Stockwerke in sich vereinigt, und in dem Dach- und Erdgeschoß sich gegenseitig bedingen (obgleich sie zeitlich weit auseinander liegen), weil sie der gleichen Dauer angehören.

Die Dauer ist unabhängig von der Zeitspanne, die sie umfaßt, abhängig ist sie hingegen von der inneren Gliederung ihrer Teilhandlungen und dem planmäßigen Gefüge ihrer nacheinander auftretenden Faktoren.

Wir kommen auf diese Weise zum Schluß, daß die Dauer eine „Zeitgestalt" besitzt, die in sich schöpferisch ist, weil sie immer neue Faktoren auftreten läßt, die in einem planmäßigen Zusammenhang zueinanderstehen. Man braucht bloß die planmäßige Zeitgestalt in der Vorstellung über den bereits erbauten Stockwerken hinaus bis zum Dach zu entwerfen und sie als Erzeugerin der Bauqualitäten des Baumaterials (man denke an das Brennen der Ziegelsteine und die Behandlung der Hausteine) und als die Zusammenfügerin der fertigen Baufaktoren anzusprechen, um ohne weiteres aus dem Neubau eines Hauses den Übergang zum Aufbau eines jeden Lebewesens zu finden; da bei diesen die Zeitgestalt mit ihrer zielstrebigen Dauer in der Tat die schöpferische Regel darstellt, die alle Gestaltbildung beherrscht.

Am schlagendsten wird die Zeitgestalt durch den Lebenszyklus der Erzeugerin des Wechselfiebers, Plasmodium vivax bewiesen. Dies Tier besitzt fünf verschiedene Raumgestalten, wie die fünf übereinanderliegenden Stockwerke eines Hauses. Nur bleiben sie nicht bestehen, sondern lösen einander ab. Jede Raumgestalt wird nach einer gewissen Zeitspanne zurückgebildet, um der nächsten Raumgestalt Platz zu machen. Die Zeitspanne während der die Raumgestalt tätig ist, kann man als eine mechanische Periode bezeichnen, die von zwei technischen Perioden eingerahmt wird.

Wie sieht nun das ganze Tier aus? das seinen Lebenszyklus, der sich zum Teil im Menschen, zum Teil in der Mücke abspielt, ausgefüllt hat. Es ist klar, daß hierfür keine der fünf einzelnen Raumgestalten, die beträchtlich voneinander abweichen, herangezogen werden kann, sondern, daß nur eine Zeitgestalt das Gesamttier wiederzugeben imstande ist.

Streng genommen, gilt dies für jedes Lebewesen, wenn man außer dem fertigen Tier auch den Keim, aus dem es entsprungen ist, mit in Betracht zieht. Ein Lebewesen besitzt grundsätzlich eine Zeitgestalt, und da auch das fertige Tier einem fortwährenden Umbau unterliegt, ist sein Leben nicht an eine beliebige Zeitspanne gebunden. die nur von äußeren Umständen abhängt, sondern besitzt grundsätzlich eine bestimmte Dauer, die mit Erreichung eines naturgesetzten Zieles ihren Abschluß findet.

Die drei subjektiven Faktoren der Weltordnung.

Um die Bedeutung der drei Grundqualitäten des Raumes, der Zeit und der Bewegung voll beweisen zu können, ist es nötig, sie in ihrer Eigenschaft als Weltfaktoren zu betrachten. Solange man die Lokal-, Moment- und Richtungszeichen als bloße Qualitäten unseres Gemüts betrachtet, bleiben sie als drei unvergleichbare Größen nebeneinander bestehen. Aber jede dieser elementaren Größen hat ihre Aufgabe in der Welt zu erfüllen und tritt dann in Wechselbeziehungen zu den anderen Größen, die in Zahlen ausdrückbar sind.

Die Aufgabe, die den drei Qualitäten vorgeschrieben ist, ist für alle drei die gleiche. Eine jede von ihnen dient als kleinstes Gefäß oder als kleinster Rahmen für andere Qualitäten, die erst durch diese Umfassung in die Weltordnung eingefügt werden. Sie selbst verzichten darauf, Inhalt zu sein und der Welt Farbe, Duft und Klang zu verleihen. Dafür ermöglichen sie allein einen geordneten Aufbau der Welt; man kann sie daher elementare Weltordner nennen. Keiner dieser Weltordner ändert jemals seine Größe oder seine Intensität und gewinnt dadurch die Fähigkeit, die unverrückbaren Marken zu liefern, die der Welt ihre Sicherheit verleihen. Die unveränderlichen und unverrückbaren Marken sind die idealen Nenner, die jede Rechnung braucht, welche sich mit dem räumlichen oder zeitlichen Ausmaß der Welt befaßt.

Zur Erzielung größerer Klarheit ist es nötig, bereits in der Benennung einen Unterschied zu machen, wenn man die drei Qualitäten als Elemente des Gemüts oder als Weltfaktoren betrachten will. Dem Lokalzeichen als Gemütselement haben wir bereits den Ort als kleinsten unteilbaren Weltfaktor gegenübergestellt, ebenso stellen wir dem Momentzeichen den Moment gegenüber. Nur für das Richtungszeichen ergeben sich Schwierigkeiten, weil im Wort Richtung der Begriff einer kleinsten Einheit nicht enthalten ist. Da nun eine Reihe von Richtungszeichen ein gewisses Fortschreiten in einer Richtung bedeutet, so kann man ein jedes Richtungszeichen mit einem Schritt in Parallele setzen und von Richtungsschritten reden.

Wir werden daher Moment, Ort und Schritt als die drei Faktoren der Weltordnung bezeichnen, auf die man als die letzten unteilbaren Elemente bei der Rechnung zurückgreifen muß.

Die drei Weltfaktoren haben, da es keine allgemein gültige Welt gibt, keine allgemeine Gültigkeit, sondern bleiben auf die Einzelwelt jedes Subjekts beschränkt und dürfen nicht ohne weiteres von der Welt des einen Subjekts auf die des anderen übertragen werden. Um jedoch eine Verständigung zu erzielen, hat man sich bekanntlich auf gewisse Zeit- und Längenmaße geeinigt, die ein jeder in seiner Welt als sogenannte objektive Maße benutzt. Will man einen wirklichen Einblick in die verschiedenen Welten der Subjekte gewinnen, so muß ein jeder seine messenden Weltfaktoren auf diese konventionellen Maße beziehen.

Der Einfluß der absoluten Weltmaße auf unser Dasein.

Es ist ohne weiteres einleuchtend, daß mit der Zahl der Orte in der Welt auch die Größe der uns umgebenden Objekte zunehmen muß, deren Einzelheiten dabei im selben Verhältnis sich vervielfachen. Die ganze Welt würde sich nach allen Seiten ausdehnen und an Reichtum zunehmen. Eine gewisse Vorstellung in dieser Richtung gewährt uns ein Blick durch die Lupe. Aber man darf nicht vergessen, daß diese künstliche Vergrößerung einzelner Objekte auf Kosten ihrer Nachbarn geschieht; denn die Lupenvergrößerung beruht darauf, daß kleine Ausschnitte aus dem Sehfelde von mehr Sehstäbchen der Netzhaut als im normalen Sehen wahrgenommen werden. Wenn ich z. B. ein Kastanienblatt auf die Sehfläche der Netzhaut entwerfe, die normalerweise der ganzen Kastanie zukommt, so verschwindet eben diese aus dem Gesichtskreis.

Das geschieht aber nicht, wenn ich die Retina mit einer entsprechend größeren Zahl von Zäpfchen und Stäbchen versehe. Dann bleibt der Raumausschnitt des Kastanienblattes im Verhältnis zur ganzen Sehfläche gleich groß — aber es enthält jetzt so viel Einzelheiten wie vorher die ganze Kastanie, und diese selbst erhält nun entsprechend mehr Einzelheiten wie vorher.

In einer solchen übermäßig großen Welt mit ihren zahllosen Einzelheiten, die für unser Dasein ganz wertlos sind, würden wir uns höchst unbehaglich fühlen.

Nehmen wir an, die Momente seien die gleichen geblieben, so müßte die Sonne, die jetzt unmerklich vorwärtsgleitet, in ein gewaltsames Tempo verfallen, um den riesigen Himmelsbogen in der gleichen Zeit zu bewältigen. Der Schatten der riesigen Bäume würde in steter Bewegung sein. Die Bewegungen aller lebenden Objekte würde uns überhastet erscheinen, selbst die Schnecken würden im Tempo eines trabenden Pferdes vorbeieilen, und wir selbst würden uns mit Schnellzugsgeschwindigkeit im übergroßen Raum bewegen.

Nehmen wir dagegen an, die Momente verkürzten sich entsprechend, so wären wohl alle Bewegungen auf das normale Maß gebracht, aber dafür würde sich nun der Tag übermäßig ausdehnen, und wir wären bald den Anstrengungen dieser Überwelt nicht mehr gewachsen.

Denken wir uns unsere Fähigkeiten auch in dieser Hinsicht gesteigert, so wären wir eben Übermenschen geworden, wie es vielleicht, wenn auch in beschränktem Maße, die großen Künstler und Genies wirklich sind.

Es ist nicht schwer, an der Hand dieser Ausführungen sich den Untermenschen mit seiner Miniaturwelt auszumalen. Und es wäre nicht uninteressant, durch Messungen festzustellen, welchen von diesen beiden Typen der einzelne Mitmensch sich nähert.

In jedem Falle wird sich zeigen, daß die Dauer des Moments zur Anzahl der Orte und zur Länge der Richtungsschritte in einem festen Verhältnis steht, und dieses wieder in Abhängigkeit von den sonstigen Fähigkeiten des Gemüts, die Welt zu verwerten, steht.

Wie eng die Welt in ihren räumlichen und zeitlichen Ausmaßen mit unseren Bedürfnissen und Fähigkeiten zusammenhängt, läßt sich an zahllosen Beispielen erörtern. Das bekannteste ist der Parallelismus zwischen Helligkeit und Dunkel einerseits und Tätigkeit und Ruhe andererseits. Auf eines will ich noch hinweisen: wie wohltuend ist es, daß der Schatten der Bäume, in dem wir ruhen, auch zu ruhen scheint — dagegen jede Bewegung der Zweige, die der Wind oder ein Vogel veranlaßt, sich als Bewegung des Schattens kund tut und unsere Aufmerksamkeit erregt. So hebt sich das, was in unserer Nähe vorgeht, als Bewegung wirksam von der Ruhe ab, die der unmerkliche Gang der Sonne über die Welt breitet.

Der planvolle Zusammenhang zwischen den Ausmaßen der räumlich wie zeitlich unendlichen Welt mit unseren menschlichen Alltagsbedürfnissen erklärt sich leicht, wenn man sich daran erinnert, daß es unsere eigenen Qualitäten, die Moment-, Lokal- und Richtungszeichen sind, die das absolute Maß unserer Welt liefern.

Drittes Kapitel

Die Inhaltsqualitäten.

Physikalische und biologische Weltbetrachtung.

Nach Ansicht der klassischen Physik gibt es nur eine einzige wirkliche Welt, die keine Erscheinungswelt ist, sondern ihre absolute Gesetzmäßigkeit besitzt, die von jeder Beeinflussung durch die Subjekte unabhängig ist. Diese Welt besteht 1. aus Orten, deren Zahl unendlich ist, 2. aus Bewegungen, deren Ausbreitung unbegrenzt ist, und 3. aus Momenten, deren Reihe ohne Anfang und Ende ist. Alle übrigen Eigenschaften der Dinge sollen sich auf Ortsbewegungen der Atome zurückführen lassen.

Demgegenüber behauptet der Biologe, daß es ebensoviel Welten gibt als Subjekte vorhanden sind, daß alle diese Welten Erscheinungswelten sind, die nur im Zusammenhang mit den Subjekten verstanden werden können. Die subjektiven Welten bestehen 1. aus Orten, deren Zahl endlich ist, 2. aus Bewegungen, deren Ausbreitung begrenzt ist, 3. aus Momenten, deren Reihe sowohl Anfang wie Ende besitzt, und 4. aus Inhaltsqualitäten, die gleichfalls an Zahl feststehend sind, und deren Gesetze ebenfalls Naturgesetze sind. Die Atome sind weiter nichts als Verbindungen von Inhaltsqualitäten mit Lokalzeichen.

Die Welt der Physiker gilt dem Biologen nur als eine gedachte Welt, der keine Wirklichkeit entspricht, die aber als rechnerisch wertvolles Hilfsmittel einzuschätzen ist, wie etwa die Logarithmentafeln ein unentbehrliches Hilfsmittel darstellen, obgleich die Logarithmen nur einen begrenzten Gebrauch zulassen. Wollte jemand die Logarithmentafeln als Sittengesetz benutzen, so würde das den gleichen possierlichen Eindruck machen, wie der OSTWALDsche Versuch in Sonntagspredigten, die physikalischen Gesetze zur moralischen Grundlage des Lebens zu erheben.

Dem Auge des naiven Menschen ist nur die eigene Erscheinungswelt sichtbar, die, vom Raum und Zeit umspannt, voll von klingenden, duftenden, farbigen Dingen ist. Diese naive Weltbetrachtung sucht die wissenschaftliche Forschung von zwei entgegengesetzten Seiten aus zu beeinflussen. Die physikalische Lehre will den Naiven überzeugen, daß die von ihm gesehene Welt voll subjektiver Täuschungen ist, und daß die einzig wirkliche Welt viel ärmer ist, da sie nur in einem ungeheuren und ewigen Wirbeltanz der Atome besteht, der rein kausal abläuft. Hingegen versucht die biologische Lehre den Naiven darauf aufmerksam zu machen, daß er viel zu wenig sieht, und daß die wirkliche Welt viel reicher ist, als er ahnt, weil um jedes Lebewesen eine eigene Erscheinungswelt ausgespannt ist, die in den Grundzügen seiner Welt gleicht; aber dennoch soviel Variationen aufweist, daß er sein ganzes Leben lang dem Studium dieser Welten sich widmen kann, ohne je ein Ende abzusehen.

Die Gesetzmäßigkeit, die ein jedes Subjekt mit seiner Umwelt verbindet, kann nicht durch bloße Kausalität erfaßt, sondern nur als Planmäßigkeit gedeutet werden. Das Kennzeichen der Planmäßigkeit eines jeden in sich abgeschlossenen Gebildes gibt der Satz wieder: „Alles für jedes, und jedes für alles.“ Deshalb ist es gleichgültig, von welchem Punkte man bei Betrachtung eines planmäßigen Ganzen ausgeht. Alles in ihm muß in Wechselwirkung zueinander stehen. Wir können daher sowohl mit der Untersuchung der Subjekte wie mit der Untersuchung ihrer Umwelten beginnen. Eines wird ohne das andere nicht bestehen können.

Haben wir nun erst einmal den Anfang gemacht, an wenigen Tieren zu zeigen, welche Umwelt sie wie ein festes, aber unsichtbares Glashaus umschließt, so werden wir bald die Welt um uns mit zahllosen schillernden Welten bevölkern können, die den Reichtum unserer reichen Welt noch tausendfach erhöht. So bietet die Biologie dem Naiven eine unbegrenzte Bereicherung seiner Welt, während der Physiker ihn zum Bettler macht.

Die Form der Qualitätskreise.

Vorbedingung für die Erforschung fremder Erscheinungswelten ist die genaue Kenntnis der eigenen. Im ersten Kapitel, das die räumlichen Qualitäten behandelte, gelangten wir bereits zu einer Vorstellung des Raumes, die uns gestattete, einen Raum um jedes Tier gleich einer unsichtbaren Seifenblase zu entwerfen, innerhalb der sich seine sämtlichen Handlungen abspielten. Eine Anzahl festgelegter Orte gibt seinen Sinnesorganen Halt, eine bestimmte Anzahl von Richtungsschritten gibt das Maß für die Größen und bestimmt die Bewegungen seiner Glieder. Die Bewegungsrichtung wird in vielen Fällen durch unwandelbare Richtungsebenen festgelegt. Ebenso unwandelbar, wie die Raumgesetze in unserer Erscheinungswelt sind, ebenso unwandelbar sind die Gesetze der Inhaltsqualitäten unseres Gemüts.

Wie bereits hervorgehoben, können wir über die Gesetzmäßigkeit unseres Gemüts nur dann etwas erfahren, wenn wir es in seiner Tätigkeit beobachten. Die Tätigkeit unserer Qualitäten besteht im Erbauen unserer Erscheinungswelt. An sich betrachtet bieten unsere sämtlichen Qualitäten den Anblick eines ungeordneten Haufens vom Baumaterial, das unter sich mehr oder weniger Ähnlichkeiten besitzt. Die Gesetzmäßigkeit zeigt sich erst bei der Ausführung des Baues.

Beim Einfügen der Inhaltsqualitäten in die Lokalzeichen entstehen feste Orte, die bestimmte Eigenschaften besitzen. Hierbei zeigt sich bereits der Umriß eines grundlegenden Gesetzes. Es können dabei die Verwandtschaftskreise, die sich im Anfangsmaterial undeutlich zeigten, mit Sicherheit gegeneinander abgegrenzt werden. Ein jeder Ort kann nämlich nur je eine Eigenschaft aus jedem Qualitätenkreis enthalten. Ein bestimmter Ort kann wohl blaugrün, aber niemals blau und grün sein. Er kann wohl mittelhart, aber niemals hart und weich, er kann wohl lau, aber niemals warm und kalt zugleich sein.

Der Umstand, daß sich an jedem Ort die Eigenschaften aus sämtlichen Verwandtschaftskreisen zusammenfinden können, dagegen nie mehr als eine einzige Qualität aus jedem Kreise, beweist, daß die Qualitäten eines jeden Kreises in der Weise gesetzmäßig miteinander verbunden sind, daß das Auftreten einer Qualität das gleichzeitige Auftreten einer verwandten Qualität am gleichen Ort unter allen Umständen ausschließt.

Das Qualitätenmaterial unseres Gemüts offenbart bei seinem ersten Intätigkeittreten eine gesetzmäßige Form, die entweder als Raum und Zeit mit in die Erscheinung tritt, oder aber für die Inhaltsqualitäten besonders aufgesucht werden muß. Da nur die Form der extensiven Qualitätenkreise der Lokalzeichen und Richtungszeichen anschaulich gegeben ist, so müssen wir es versuchen, die intensiven Qualitätenkreise in jene extensive Form zu bringen, um von ihrer Gesetzmäßigkeit eine deutliche Vorstellung zu erlangen. Wir haben bereits, um eine Vergleichung der extensiven Qualitäten untereinander zu ermöglichen, die Form der unanschaulichen Momentzeichen räumlich ausgedrückt und werden es daher versuchen, auch die gesetzliche Form der übrigen Qualitätenkreise räumlich darzustellen.

Beim Aufsuchen der räumlichen Form für die Gesetzmäßigkeit im Qualitätenkreis der Farben gehen wir am besten von dem durch das Prisma entworfenen Spektrum des Sonnenlichts aus. Dabei fallen uns sofort vier feste Punkte in die Augen, an denen bestimmte Farben sich als reine Farben aus dem Farbengemisch herausheben. Auf den roten Punkt folgt der rein gelbe, dann der rein grüne und schließlich der rein blaue Punkt. Zwischen je zwei Punkten der reinen Farben liegen die aus ihnen gebildeten Mischfarben. Zeichnen wir den roten Punkt auf das Papier, so können wir bis zum gelben Punkt eine gerade Linie ziehen, auf der wir die rotgelben Mischfarben eintragen. Vom roten Punkt können wir die gerade Linie aber nicht weiterführen, denn hier handelt es sich nicht mehr um rotgelbe Farben, sondern um gelbgrüne Mischfarben. Um diesen Unterschied auszudrücken, müssen wir der Linie eine neue Richtung geben. Wir werden daher den grünen Punkt unter den gelben verlegen und diese beiden Punkte mit der Linie für die gelbgrünen Mischfarben verbinden. Am Punkt Grün angelangt, geben wir der Linie eine neue Richtung nach dem blauen Punkt hin, den wir unter den Punkt rot verlegen. Es zeigt sich nämlich, daß die auf das Blau folgenden Spektralfarben von Violett deutliche Mischfarben des Rot sind. Daher werden wir die Linie vom Blaupunkt aus direkt auf den Rotpunkt zurückführen dürfen. Auf diese Weise entsteht ein Quadrat, auf das man sowohl nach oben wie nach unten eine gleichseitige Pyramide setzen kann, wodurch ein Sechseck entsteht. Die Spitze der oberen Pyramide trage die Farbe Weiß und die der unteren die Farbe Schwarz. Während alle Ecken des Sechsecks reine Farben tragen, werden sich auf den Kanten die Mischfarben je zweier reiner Farben ergeben. Die Flächen des Sechsecks dagegen zeigen die Mischfarben von drei Farben, die von den drei Ecken, die jede Fläche umgeben, in abnehmender Stärke ausstrahlen. Jede Fläche trägt drei Farben, die sich gegenseitig überdecken. Macht man einen Querschnitt durch eine Fläche, so kann man angeben, in welcher Dicke jede einzelne Farbe jeweils übereinander liegt, um auf diese Weise alle möglichen Mischfarben hervorzubringen.

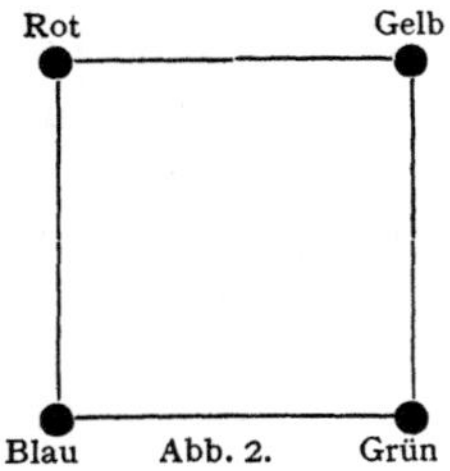

Abb. 2.

Ein solches Farbensechseck gibt die Gesetzmäßigkeiten, die innerhalb des Qualitätenkreises der Farben herrschen, in anschaulicher Form, wenn auch nicht vollständig wieder. Denn für die Abstufungen des Grau muß noch eine Linie vom schwarzen Punkt zum weißen gezogen werden.

Das Prinzip der Vergleichung.

Fragen wir uns, wie es überhaupt möglich war, die Gesetzmäßigkeit einer ganz unanschaulichen Verwandschaftsform in das räumliche Gebiet zu übertragen, so brauchen wir uns nur daran zu erinnern, daß wir, während unser Blick dem Spektralbande entlang glitt, an bestimmten

Punkten bemerkten, daß eine neue Mischungskombination auftrat. Diese Wendepunkte in der Farbenfolge übertrugen wir als Wendepunkte auf eine räumliche Linie.

Unsere Aufmerksamkeit, die erst auf die rotgelben Mischungsverhältnisse eingestellt war, wird plötzlich gezwungen, sich auf die Mischungsverhältnisse der gelbgrünen einzustellen. Schon im gewöhnlichen Sprachgebrauch können wir dafür den Ausdruck anwenden, die Aufmerksamkeit schlägt eine neue Richtung ein. Indem wir eine Linie ziehen, die plötzlich eine neue Richtung einschlägt, geben wir dem Satz eine anschauliche Gestalt.

Es tritt mithin in beiden Fällen ein Wechsel in dem Prozeß der Aufmerksamkeit ein. Hier finden wir den gemeinsamen Nenner, der es uns gestattet, einen völlig anders gearteten Vorgang in der Form eines bekannten anschaulichen Vorgangs wiederzugeben.

Schon bei der Verwandlung des Takts in eine Reihe nebeneinandergestellte Striche haben wir das gleiche Verfahren angewandt und dadurch die Zeit in den Raum übertragen. Unsere Aufmerksamkeit vermochte den Wechsel ihres Inhalts ganz unabhängig von der Art des Inhalts festzuhalten und diesen durch Übertragung auf räumliche Verhältnisse einen anschaulichen Ausdruck zu geben.

Es ist also der Prozeß der Aufmerksamkeit selbst, auf den wir zurückgreifen, wenn wir den Verwandtschaftsformen der Inhaltsqualitäten eine räumliche Gestalt geben. Um die Verwandschaftsform der Töne anschaulich wiederzugeben, werden wir eine siebenkantige Säule benutzen, an deren Kanten wir die ganzen Töne spiralförmig anbringen, so daß die Töne, die um eine Oktave verschieden sind, untereinander zu liegen kommen. Auf die Flächen tragen wir die Übergänge der halben Töne und Vierteltöne auf.

Als Verwandtschaftsform der Geruchsqualitäten schlägt HENNING ein Prisma vor. Für die übrigen Inhaltsqualitäten genügen Figuren in einer Ebene.

In allen Fällen beruht das eingeschlagene Verfahren auf dem gleichen Prinzip: die Wendepunkte, an denen unsere Aufmerksamkeit eine neue Richtung bekommt, wird durch Ecken oder Kanten einer räumlichen Gestalt anschaulich festgehalten.

Die Merkzeichen.

Durch Anwendung der Methode der Schwellenbestimmung gelangen wir, nach dem gleichen Prinzip fortfahrend, zu dem Begriff des Merkzeichens. Wir teilen das Farbenband zwischen zwei Wendepunkten in lauter kleine nebeneinanderliegende Abschnitte, so zwar, daß mindestens zwei Nachbarabschnitte, für sich allein betrachtet, vom Auge nicht unterschieden werden können. Nun vergrößern wir die einzelnen Abschnitte so lange, bis je zwei Nachbarabschnitte eben merklich voneinander verschieden sind oder, wie der WEBERsche Ausdruck lautet, gerade um eine Schwelle voneinander getrennt sind. Dann gibt die Zahl der einzelnen Abschnitte die Zahl der Merkzeichen wieder, die das Farbenband für uns besitzt. So gefaßt, bedeutet das Merkzeichen die eben merkliche Inhaltsänderung der Aufmerksamkeit.

Die Zahl der farbigen Merkzeichen steigt mit der Farbentüchtigkeit des einzelnen Beobachters; sie gestattet uns einen Rückschluß auf die Farbigkeit seiner Erscheinungswelt. Wir wissen aus eingehenden Untersuchungen, daß die Welt der Farbenblinden außerordentlich ärmer ist als die unsrige. Während der Normalsichtige durch gewisse Kunstgriffe sich eine Anschauung der farblosen Welt verschaffen kann, ist dagegen der Farbenblinde völlig außerstande, sich die farbige Welt des normalen Auges vorzustellen. Ebensowenig vermag der Unmusikalische sich die tönereiche Welt des Musikalischen hervorzuzaubern.

Unter den Merkzeichen können wir zwei Arten unterscheiden: Merkzeichen für qualitative Unterschiede und Merkzeichen für intensive Unterschiede. Die ersten sind fest an eine bestimmte Qualität gebunden. Sie werden in den Raumformen durch die Ecken bezeichnet. Nun können aber die meisten Qualitäten in verschiedenen Intensitätsgraden auftreten. Diese sind nicht an bestimmte Intensitätsempfindungen gebunden, auch ihre Zahl ist durch die Zahl der unterscheidbaren Empfindungen festgelegt. Ich kann wohl feststellen, wie viele Intensitätsgrade oder Schwellen eine rote Flüssigkeit von der vollen Sättigung bis zur völligen Farblosigkeit von mir unterschieden werden. Aber ich kann ganz willkürlich jeden beliebigen Intensitätsgrad zum Ausgangspunkt wählen und nun die Schwellen sowohl nach der Sättigung wie nach der Farblosigkeit hin bestimmen.

Die Merkmale.

Die Empfindungen des Gemüts werden beim Aufbau der Welt zu Eigenschaften der Dinge, oder, wie man sich auch ausdrücken kann, die subjektiven Qualitäten bauen die objektive Welt auf. Setzt man an Stelle von Empfindung oder subjektiver Qualität das Merkzeichen, so kann man sagen, die Merkzeichen unserer Aufmerksamkeit werden zu Merkmalen der Welt.

Daher müssen die Gesetze, die für die inneren Merkzeichen bindend sind, auch für die äußeren Merkmale gelten. Solche unwandelbaren Gesetze nennen wir Naturgesetze. Sämtliche apodiktischen Aussprüche der Physik beziehen sich auf Merkmale der Welt und beruhen auf der Gesetzmäßigkeit, die ihnen als Merkzeichen unserer Aufmerksamkeit zukommen. Der unwandelbare Abstand und die Unvertauschbarkeit der Orte im Raum wie der Momente in der Zeit sind nur deshalb so unzweifelhaft gewiß, weil sie auf der aller Erfahrung vorausgehenden Form unserer Aufmerksamkeit beruhen. Mit dieser Lehre hat KANT die Grundlage unserer Erkenntnisart vor aller Augen klargelegt.

Aber diese Lehre muß in gleicher Weise auf sämtliche Merkmalskreise angewandt werden. Sowohl die Zahl der Merkmale wie ihre Anordnung ist vor aller Erfahrung gegeben. Wenn auch diese Anordnung keine extensive ist und daher nicht unmittelbar angeschaut werden kann, so ist doch das Gesetz der gleichsinnigen Steigerung der Merkmale von Schwelle zu Schwelle für jeden Merkmalskreis unmittelbar gewiß. Sowohl der Schwellenabstand wie die Gleichsinnigkeit der Steigerung dieses Abstandes ist sowohl für die Farben, wie die Töne, wie die Gerüche und Geschmäcke, wie für die Temperatur und Tastempfindungen mit Naturnotwendigkeit von vornherein gegeben.

Wie die Entfernung zweier Orte und die Richtung, in der sie voneinander entfernt sind, eine ewig unwandelbare bleibt, so ist die Farbendifferenz zweier Mischfarben und der Sinn in der Steigerung ihrer Intensitäten ewig unwandelbar. Es ist ein bestimmter Härtegrad von einem anderen Härte- oder Weichegrad dauernd sowohl der Schwellenzahl wie dem Steigerungssinn nach verschieden, wie ein bestimmter tiefer Ton in der Tonleiter von einem bestimmten hohen Ton ewig gleichweit entfernt bleibt und sie auch niemals ihre Plätze tauschen können.

Belastet mit dieser Gesetzmäßigkeit treten die Merkmale in der Welt auf, ganz gleichgültig, mit welchen Gegenständen sie verbunden sind.

Sobald, wie man sich auch ausdrücken kann, die Merkmale vom Lichtkegel unsere Aufmerksamkeit getroffen in der Welt erscheinen, greift der Apperzeptionsprozeß ein und schafft aus ihnen neue Bildungen, nämlich Dinge, Objekte und Gegenstände. Über die Art dieses Prozesses wird im nächsten Kapitel ausführlich gehandelt werden. Hier sei nur bemerkt, daß jede neue Bildung als eine Einheit auftritt und dann ihrerseits zu einem Merkmal wird. Unsere Welt ist mit solchen Merkmalen ausgefüllt, die wir meist als Gegenstände bezeichnen, ohne vergessen zu dürfen, daß sie samt und sonders aus dem Merkmalsmaterial unserer Qualitäten aufgebaut sind.

Die Beobachter und die fremden Welten.

Befindet sich ein Beobachter einem Tier gegenüber, dessen Welt er untersuchen will, so muß er sich vor allem darüber klar sein, daß die Merkmale, aus denen sich die fremde Welt zusammensetzt, seine eigenen Merkmale sind und nicht aus den Merkzeichen des fremden Subjekts entstanden sind, die er gar nicht kennen kann. Darum sind diese Merkmale samt und sonders mit der Gesetzmäßigkeit unserer Aufmerksamkeit belastet, von der wir sie gar nicht befreien können, sobald wir unsere Aufmerksamkeit ihnen zuwenden.

Das Material, aus dem sich eine fremde Umwelt aufbaut, besteht unter allen Umständen aus unserer objektivierten Qualität, weil uns andere Qualitäten gar nicht zugänglich sind. Der einzige Unterschied zu unserer Umwelt besteht darin, daß sie geringer an Zahl sind. Sobald aber Qualitäten aus dem gleichen Merkmalskreis vorhanden sind, unterliegen sie der Gesetzmäßigkeit der Formen unserer Aufmerksamkeit. Ein Ort, der für uns mehr nach links liegt als ein anderer, liegt auch in der fremden Umwelt, wenn beide Orte als Merkmale in ihr vorhanden sind, ebenfalls weiter nach links, auch wenn die Anzahl von örtlichen Merkmalen, die sie voneinander trennen, geringer ist als in unserer Welt. Ein Moment, der in unserer Welt auf einen anderen folgt, kann, wenn beide Momente auch in der fremden Welt als Merkmale vorhanden sind, niemals zum früheren Merkmal werden. Desgleichen kann sich das Verhältnis von zwei Tönen in unserer Welt in der fremden Umwelt niemals umkehren, wenn beide als Merkmale darin auftreten und so fort.

Die Hauptaufgabe des Beobachters besteht darin, die Zahl und die Art seiner als Merkmale in der fremden Umwelt auftretenden Qualitäten festzustellen und zu untersuchen, in welcher Gruppierung sie als Merkmale in der fremden Welt wirken.

Die Beobachter und das Tier.

Die Eigenschaften, die das Tier aufbauen, sind gleichfalls Merkmale des Beobachters, die er bei eingehendem Studium der Hauptsache nach in zwei Hälften trennen wird, in eine rezeptorische Hälfte, die der Merkwelt, und eine effektorische Hälfte, die der Wirkwelt entspricht. Die rezeptorische Hälfte empfängt Wirkungen der Umwelt, und die effektorische gibt Wirkungen an die Umwelt ab, wie später eingehend behandelt wird.

Die erstaunliche Übereinstimmung der rezeptorischen Organe des Tieres mit der Merkwelt einerseits und der effektorischen Organe mit der Wirkungswelt andererseits, die jedem Beobachter auffallen muß, macht den Eindruck, als sei das Tier nichts anderes als ein Klischee seiner Umwelt. Auf diesem Eindruck beruhen alle jene Theorien, die in der lebenden Substanz, aus der sich alle Tierleiber aufbauen, nur ein passiv geformtes, plastisches Element erblicken, das sich mehr oder minder genau den äußeren Einflüssen fügt.

Diese Theorien übersehen einen wesentlichen Umstand, daß nämlich die Umwelt, in die ein Tier eingefügt ist, für sich allein gar keine Einheit bildet. Im Gegenteil werden die Eigenschaften der Umwelt erst durch die Übereinstimmung mit den Eigenschaften des Tieres zu einer Einheit zusammengeschlossen und zerflattern restlos ohne dies Bindemittel.

Der zwingende Beweis dafür, daß der Tierkörper seine Gestalt nicht äußeren Einflüssen verdankt, kann jedoch erst geliefert werden, wenn wir nachweisen, daß der Tierkörper Eigenschaften aufweist, die ihm von außen gar nicht aufgeprägt sein können. Und dieser Beweis kann allerdings mit aller Schärfe geführt werden. Alle höheren Tiere zeigen in der Anordnung ihrer Rezeptions- oder Sinnesorgane eine Einteilung, die mit der Anordnung der Umwelt gar nichts zu tun hat, dagegen die Einteilung unserer Merkmalskreise räumlich wiedergibt. Im Auge sind alle jene Nervenelemente versammelt, die auf die farbigen Merkmale der Umwelt eingestellt sind. Das gleiche gilt für das Ohr, was die Merkmale der Töne betrifft. In der Mundhöhle befinden sich die Rezeptoren für die Geschmäcke und in der Nase für die Gerüche.

Gewöhnlich versucht man sich über die merkwürdige Tatsache, daß im Körper die Qualitätenkreise anatomisch voneinander getrennt sind, dadurch zu erklären, daß man auf die gemeinsame Wirkungsart der verwandten Eigenschaften in der Umwelt hinweist. Die Ätherwellen verlangen spezifische Transformatoren, um in Nervenerregung verwandelt zu werden, ebenso wie Luftwellen. Das gleiche läßt sich für die wasserlöslichen Stoffe sagen, die die Geschmacksreize liefern, während die Geruchsreize durch Luftströmungen herbeigeführt werden.

Die Erklärung stimmt aber für die Wassertiere nicht. Bei ihnen werden sowohl Geschmacksreize wie Geruchsreize durch im Wasser gelöste Stoffe geliefert. Und trotzdem besitzen die Fische die gleichen scharf voneinander getrennten Geruchs- und Geschmacksorgane.

Für die anatomische Gliederung der Rezeptionsorgane in wohl unterschiedene Einheiten sind nicht chemische oder physikalische Zusammenhänge in der Umwelt verantwortlich zu machen, sondern die Aufmerksamkeitsformen der Merkzeichen, deren räumliches Abbild sie sind. Dadurch gewinnen die von uns entworfenen räumlichen Darstellungen der Qualitätskreise eine erhöhte Bedeutung. Wir sehen bei Betrachtung der Sinnesorgane der Tiere die Natur selbst am Werk, um die Gesetzmäßigkeit intensiver Größen in extensiven Formen wiederzugeben.

Das erleichtert die Forschung in hohem Maße, denn bei unserer Untersuchung der Tiere ist uns die Kenntnis ihrer Empfindungen für immer verschlossen. Das einzige, was wir durch das Experiment feststellen können, ist die Zahl und Art der Merkmale in der Merkwelt, auf die das Tier reagiert. Die Art der Merkmale konnten wir bisher nur nach den Formen unserer eigenen Aufmerksamkeit gruppieren. Durch die Erkenntnis, daß die Sinnesorgane der höheren Tiere dieser Gruppierung entspricht, sind wir in die Lage versetzt, durch die anatomische Erforschung der niederen Tiere auch dort, wo uns unbekannte Sinnesorgane auftreten, eine Gruppierung der Merkmale vorzunehmen.

Der bedeutsamste Fortschritt aber liegt in folgendem Schluß: Wenn wir die Gesetzmäßigkeit, die sich in den Formen unserer eigenen Aufmerksamkeit vorfinden (und die ausschlaggebend ist für die Erscheinungswelt unseres eigenen Subjekts), nicht nur in der Gestaltung unseres eigenen Körpers wiedererkennen, sondern auch in der Gestaltung des Körpers fremder Subjekte, über deren Aufmerksamkeitsformen wir nichts wissen, so deutet das darauf hin, daß die Formgebung der Merkzeichen nicht bloß durch unser Subjekt bedingt ist, sondern eine übersubjektive ist. Und daß wir hier auf dem Wege sind, einem Naturwalten nachzuspüren, das auf eine Einheit hinweist, die noch über unserer eigenen Apperzeption steht, in der wir sonst die letzte Einheit zu erkennen vermögen.

Schon die Tatsache, daß die Formen unserer Aufmerksamkeit in der Gestaltung unseres eigenen Körpers zum Ausdruck kommen, genügt, um als Fingerzeig für einen Faktor zu dienen, der sowohl für unsere Bewußtseinstätigkeit wie für unsere körperliche Tätigkeit in gleicher Weise ausschlaggebend ist. Es genügt nicht, von einem Parallelismus geistiger und körperlicher Vorgänge zu sprechen, ein solcher Ausdruck verliert seinen Sinn, wenn es sich um den Vergleich quantitativer und extensiver Formen handelt. Denn solche Formen sind einander nie parallel. Dagegen kann man von einer identischen Gesetzmäßigkeit reden, die sich sowohl in quantitativen wie in extensiven Formen ausspricht.

Die zeitliche Umgrenzung der Umwelten.

Wenn man die Umwelt eines Tieres in einem bestimmten Moment als Kreis darstellt, so kann man jeden darauffolgenden Moment als einen neuen Umweltskreis hinzufügen. Auf diese Weise erhielte man eine Röhre, die der Länge des Lebens dieses Tieres entspräche. Diese Röhre wird allseitig von Merkmalen gebildet, die man sich entlang und um den Lebensweg des Tieres aufgebaut denken kann. Es gleicht daher der Lebensweg einem an beiden Enden geschlossenen Umweltstunnel. In diesem Umweltstunnel ist die Art der Merkmale, die überhaupt auftreten können, von vornherein festgelegt, so daß man seine Weite und seinen Reichtum als prädistiniert bezeichnen kann. Aber auch die zeitliche Länge des Tunnels hat ein vorgeschriebenes Maß, daß nicht überschritten werden kann.

Geht man von diesen festen Faktoren aus, die das gesamte Leben in der Welt bestimmen, so begreift man, daß auch das Leben auf einer festen planmäßigen Gesetzmäßigkeit beruht, die nur deshalb nicht in die Erscheinung tritt, weil die Fülle der Einzelschicksale noch nicht in ihrer gegenseitigen Beeinflussung zu übersehen sind. In der Tat sind sie aber nichts anderes als Variationen eines fest bestimmten Themas und in ihren Möglichkeiten durchaus nicht unbegrenzt.

Überblick.

An die vor aller Erfahrung vorhandenen Formen unserer Erkenntnis, nämlich Raum und Zeit, haben wir die Formen der Inhaltsqualitäten anzuschließen, die nicht unmittelbar zur Anschauung gelangen. Wie wir sahen, lassen sie sich durch Übertragung in räumliche Verhältnisse der Anschauung näherbringen, wie das mit der Zeit, die selbst unmittelbar extensiv erlebt wird, bereits geschehen war.

Wir müssen daher in diesem Punkte die Lehre KANTS erweitern und feststellen, daß es Formen für alle Arten von Qualitäten gibt, die gänzlich a priori vorhanden sind und aller Erfahrung vorausgehen, und die jeder Qualität, sobald sie auftritt, ihren festen Platz innerhalb eines Systems anweisen.

Die Vernachlässigung der Formen a priori der Inhaltsqualitäten ist zum Teil darauf zurückzuführen, daß diese Formen keine eigenen Namen besitzen wie Raum und Zeit. Nur die übertragene Bezeichnung „Tonskala" war für die Form der Töne geläufig, und in Anlehnung daran spricht man auch von einer „Farbenskala", „Geruchsskala" usw. Die Anwendung des Wortes „Skala" oder Leiter für Formen der Inhaltsqualitäten war der erste Versuch, diese Formen der Anschauung zugänglich zu machen und verdient daher als allgemeine Bezeichnung erhalten zu bleiben.

Aber noch in einem zweiten Punkte sind wir gezwungen, die Lehre KANTS zu erweitern. Nicht bloß gibt es feste Formen für jedes Qualitätsmaterial, sondern auch die Zahl der einzelnen Qualitäten innerhalb ihrer Form ist eine absolute und vor aller Erfahrung gegebene.

Wenn auch die absolute Zahl der Qualitäten für jedes Subjekt wechselt und die Zahl im Einzelfalle festzustellen der Psychologie resp. der Biologie überlassen bleibt (es braucht das gegebene Subjekt durchaus nicht alle in seinen Formen vorhandenen Qualitäten wirklich zu erleben), so ist doch das Gesetz vom Vorhandensein der absoluten Zahl der Qualitäten ein rein erkenntnistheoretisches.

Das zweite Gesetz von der „einsinnigen Steigerung" bezieht sich auf die Anordnung der Qualitäten innerhalb der ihnen eigentümlichen Formen. Auch dieses Gesetz gehört der Erkenntnistheorie an.

Die Möglichkeit, die verschiedenen Qualitäten und ihre Formen miteinander zu vergleichen, beruht auf der Tatsache, daß jede Qualität in unserem Bewußtsein ein Zeichen, das „Merkzeichen" hinterläßt.

Überall dort, wo uns die Qualitäten bekannt sind, d. h. streng genommen nur bei uns selbst, werden wir das Weltbild mit seinen Eigenschaften aus den objektivierten Empfindungen des Subjekts unmittelbar aufbauen dürfen. Dann steht das Subjekt seiner Erscheinungswelt unmittelbar gegenüber. Wo uns der Einblick in die Qualitäten des Subjekts verwehrt ist, dürfen wir nicht von einer Erscheinungswelt, sondern nur von einer Umwelt reden, die aus unseren Qualitäten aufgebaut ist. Da uns auch die Kenntnis der fremden „Merkzeichen" verwehrt ist, sind wir darauf angewiesen, festzustellen, welche Eigenschaften unserer Erscheinungswelt in der Umwelt eines Tieres als „Merkmale" Geltung haben. Diese Merkmale (die für uns zu Merkzeichen werden müssen, damit wir überhaupt etwas von ihnen erfahren) werden wir wie unsere Qualitäten, soweit es angeht, behandeln und sie in die uns a priori gegebenen Formen einreihen.

Eine Berechtigung zu diesem Vorgehen werden wir darin erblicken, daß der anatomische Bau der Sinnesorgane bei den Tieren diejenigen Merkmale als Einheit zusammenfaßt, die auch unsere Aufmerksamkeit als einheitlichen Qualitätenkreis behandelt.

Trotzdem werden wir nie außer acht lassen, daß wir, solange wir Biologie treiben, niemals unseren Posten als außenstehende Beobachter verlassen dürfen.

Viertes Kapitel

Gegenstand und Lebewesen.

Die biologischen Werte.

Die biologische Analyse ist beendet. Sie hat uns mit den letzten biologischen Elementen, den Qualitäten, bekannt gemacht. Wir haben gelernt, zwischen Ordnungsqualitäten und Inhaltsqualitäten zu unterscheiden. Wir haben ferner gesehen, wie die drei Ordnungsqualitäten, nämlich Moment-, Lokal- und Richtungszeichen, sobald sie sich mit irgendwelchen Inhaltsqualitäten (aus einem beliebigen Sinneskreis) verbinden, zu Momenten, Orten und Richtungsschritten werden, welche die Ordner der Welt sind.

Die Inhaltsqualitäten, die wir Inhaltsempfindungen nennen, solange sie unverbunden sind, werden durch ihre Verbindung mit den Ordnern zu Inhaltseigenschaften. Leider fehlen uns für die Inhaltsqualitäten die dieser Umwandlung entsprechenden Bezeichnungen. Blau, Warm, Hart, Sauer usw. bedürfen des Zusatzes von subjektiv oder objektiv, um unzweifelhaft darzutun, ob wir es mit Empfindungen oder Eigenschaften zu tun haben.

Endlich wissen wir, daß alle Qualitäten als Materie einer speziellen Form angehören: die Form der Momente ist die Zeit, die Form der Orte ist das Ausgedehnte, die Form der Richtungsschritte ist die Bewegung. Die Bewegung wird durch die Richtungsebenen zum Raum, der von der fernsten Ebene allseitig umschlossen ist.

Sobald ein Lokalzeichen sich mit einer optischen Inhaltsqualität verbindet und zum Ort wird, tritt es in den Merkraum und zugleich an die Stelle, die ihm von den Richtungsebenen im Wirkraum angewiesen wird. Durch das Zusammenarbeiten beider Räume werden die gesehenen Dinge greifbar.

So bildet sich das reale Gerüst aus, das die Welt trägt. Zur Vollendung der Welt ist, wie gesagt, die Verbindung der Ordnungsqualitäten mit mindestens einem Inhaltszeichen nötig, wodurch das Gerüst zum Träger des Stoffes wird. Die Ausmessung des Stoffes in Raum und Zeit ist allein durch die Ordnungsqualitäten gewährleistet.

Die Inhaltseigenschaften des Stoffes sind gleichfalls die Materie ihrer spezifischen Form und zeigen im Verhalten zu dieser Form Gesetzmäßigkeiten, die keine oder nur geringe rechnerische Auswertung gestatten. Am weitesten geht darin der Ton, dank der Wiederholung der Oktaven in der Tonskala. Viel geringere rechnerische Möglichkeiten bieten uns die Farben in der Farbenskala. Gar nicht rechnerisch verwertbar sind die Gerüche in der Geruchskala. Die Skala des Geschmacks weist nur vier Qualitäten auf, die Skala der Temperatur nur drei, und die Skala des Getastes besitzt gar nur zwei Qualitäten, Hart und Weich.

Die Steigerung der Intensität der einzelnen Inhaltsqualitäten läßt sich durch Einführung der Schwelle rechnerisch meistern. Die Ordnungsqualitäten kennen keine Steigerung der Intensität.

Jeder Stoff enthält prinzipiell mindestens eine Inhaltsqualität aus jeder Skala, wenn auch die Nachprüfung nicht in jedem Falle ausführbar ist.

Die Inhaltsqualitäten werden wir gewahr, indem wir uns passiv der Einwirkung der Außenwelt auf unsere Sinnesorgane überlassen; nur bei Prüfung der Muskelempfindungen müssen wir aktiv werden. Deshalb werden diese Qualitäten prinzipiell von den anderen Inhaltsqualitäten getrennt und als Kraftwirkungen den Stoffen zugeschrieben. Hierbei spielt die Messung der Intensität die Hauptrolle.

Diesem reichen biologischen Ausgangsmaterial trägt die Atomtheorie auch in ihrer neuesten Form als Elektronenlehre nicht genügend Rechnung, da sie sich ausschließlich auf die Ordner stützt und die Inhaltsqualitäten zu unterdrücken trachtet. Das wird besonders deutlich durch die geflissentliche Ablehnung der Gesetzmäßigkeiten, die zwischen den Inhaltsqualitäten und ihren spezifischen Formen oder Skalen obwalten.

Auch bleibt die Tatsache, daß ein jeder Stoff an jeder Stelle mindestens eine Qualität einer jeden Skala enthalten kann, völlig unberücksichtigt, weil sie sich mit der Vorstellung eines Uratoms so schlecht verträgt.

Solange man das Atom zugleich als reales Objekt und als elementaren Baustein für die Objekte betrachtet, wird man nie aus den Widersprüchen herauskommen; faßt man es dagegen als Lokalzeichen auf, das sich mit jedem Inhaltszeichen verbinden kann, so wird man allen Ansprüchen gerecht.

Man muß dann freilich auf den liebgewordenen Glauben an eine absolute materielle Welt mit ihren ewigen Naturgesetzen verzichten und zugeben, daß es die Gesetze unseres Gemüts sind, die unsere menschliche Welt erbauen und erhalten.

Die Lückenlosigkeit des Weltbildes.

Die populäre physikalische Weltanschauung, die von der wirklichen Existenz der Gegenstände ausgeht, übernimmt ohne jedes Besinnen gewisse Axiome, die ihr aus der Erfahrung über die Gegenstände gar nicht zufließen können, und die ihren Ursprung aus der Organisation unseres Gemüts allein herleiten, die jeder Erfahrung zugrunde liegt. An der Spitze dieser Axiome steht die Lehre von der Lückenlosigkeit der Welt, die im direkten Gegensatz zu der Lückenhaftigkeit unserer Einzelerfahrungen steht.

Der Grundsatz der Lückenlosigkeit der Welt entspringt zum Teil der Lehre Kants von den Formen der Erfahrung. Die Formen Raum, Zeit und Bewegung sind ihrem Wesen nach lückenlos und ganz unabhängig von der stets lückenhaften Einzelerfahrung. Es ist aber interessant festzustellen, wie im Einzelfalle die Lücken durch die Formen geschlossen werden.

Ich habe bereits auf die Lücke im Weltbild aufmerksam gemacht, die infolge des blinden Flecks unserer Netzhaut eigentlich auftreten müßte, die aber dadurch ausgefüllt wird, daß die farbigen Flächen der Umgebung ohne weiteres zusammenwachsen.

Noch merklicher ist die Lücke in unserer Momentzeichenreihe, die durch unseren Schlaf entsteht, sie wird durch die reine Form der Zeit ausgefüllt.

Die allgemeine Form der Richtungszeichen — die Bewegung ist gleichfalls prinzipiell absolut lückenlos. Hier spielt dieses Prinzip die größte Rolle, weil hier die tatsächlichen Lücken des Erfahrungsmaterials am augenscheinlichsten sind. Seitdem alle Kräfte in Bewegungen verwandelt worden sind, ist das Prinzip der Lückenlosigkeit der Bewegung zu einer Grundforderung der Physik geworden und hat z. B. als Trägheitsgesetz zur Auffindung höchst wichtiger Zusammenhänge geführt. Die Lehre von der Fortpflanzung des Schalles, des Lichts und der Wärme sind auf ihr aufgebaut.

Die Schwerkraft. Nur der Versuch, die Gravitation als Bewegung zu behandeln, ist bisher mißglückt, weil eine Fortpflanzung der Schwere nicht nachweisbar ist. Was Newton unter dem Apfelbaum entdeckte, war nicht eine bestimmte Eigenschaft der Körper, die wir Schwere nennen — die war lange bekannt, sondern das unsichtbare Band, das alle Objekte mit dem Erdboden verbindet, und das so straff gespannt war, daß es die Äpfel an den Zweigen herabbog und gelegentlich niederriß. Das gleiche Band sah er zwischen dem Mond und der Erde ausgespannt, und er erkannte, daß es die Meeresflut zum Monde emporzog. Dieses Band nannte er eine Fernkraft, die wohl fähig war, Bewegungen auszulösen, ohne selbst eine Bewegung zu sein.

Die unleugbare gegenseitige Anziehungskraft der Massen durch den Raum, die sich aber nur an den Objekten und nicht im Raum kundgibt, im Gegensatz zu allen anderen Naturkräften, hat immer wieder zu Hypothesen Anlaß gegeben, die diese Lücke überbrücken sollten. Bisher ohne Erfolg. Sie ist der stille Kummer jener Physiker, die eine Lücke einer objektiven Kraft im objektiv existierenden Raum nicht zugeben wollen.

Vom biologischen Standpunkt interessiert uns vor allem die Tatsache, daß wir selbst dauernd über die Richtung dieser geheimnisvollen Kraft unterrichtet sind. Wir haben einen besonderen Sinn für die Lage des Zenits. Leider wird dieser besondere Sinn sprachlich nicht von den bekannten Richtungsebenen unterschieden. Nur wenn wir aufrechtstehen, fällt das Oben-Unten des Zenitsinnes mit dem Oben-Unten des Richtungssinnes zusammen. Sobald wir den Kopf neigen, fallen die beiden Oben-Unten bereits deutlich auseinander, denn das Oben-Unten der Richtungsebenen ändert seine Lage mit der Stellung des Kopfes das Oben-Unten des Zenitsinnes aber nicht.

Es ist gelungen, im inneren Ohr kleine Steinchen aufzufinden, die auf Härchen balancieren, und die man für das Sinnesorgan des Zenitsinnes anspricht. Da das Vorhandensein eines solchen die Richtung des Schwerkraft angebenden Sinnes für die ganze Statik des Körpers ausschlaggebend ist, spricht man von einem statischen Sinn. Im übrigen unterscheidet sich die Schwere für unsere Muskelempfindung in keiner Weise von irgendeinem anderen Widerstand. Ob wir einen Nagel aus der Wand ziehen oder ein Gewicht heben, ist für unsere Muskeln dasselbe.

Das Beispiel der Schwere beweist uns, daß es nicht möglich ist, die Lückenlosigkeit des Weltbildes, wie es oft von physikalischer Seite geschieht, allein aus der Bewegung abzuleiten, sondern daß sie aus einem umfassenderen Gesetz unserer Erfahrungstätigkeit entspringt, das wir mit KANT als das Gesetz von Ursache und Wirkung oder als „Kausalität" bezeichnen.

Erst dieser Obersatz, der für alle menschliche Erfahrung gilt, schafft die endgültige Lückenlosigkeit des Weltbildes, indem er uns zwingt, bei jeder Erscheinung nach ihrer Ursache und ihrer Wirkung zu fragen.

Raum, Zeit und Kausalität verbürgen die Lückenlosigkeit des Weltbildes, aber keineswegs seine Vollständigkeit. Um die Vollständigkeit zu erreichen, sind vor allem auch noch die Formen der Inhaltsqualitäten (die Tonskala, Geruchskala usw.) hinzuzurechnen.

Aber auch damit ist die Vollständigkeit nicht erreicht. Denn eine wesentliche Eigenschaft des Weltbildes, die freilich von den Physikern geflissentlich übersehen wird, fehlt vollkommen — die Gruppierung in Einheiten. Die Trennung in räumliche Atomsysteme wird dieser Tatsache in keiner Weise gerecht. Unser Weltbild ist von lauter Einheiten erfüllt. Um Einheiten zu erhalten, bedarf das Gemüt eines besonderen Hilfsmittels, auf das ich gleich zu sprechen komme — des Schemas.

Das Schema.

Drei große Fragen sind es, die uns als Naturforscher bewegen, sobald wir den Dingen der Außenwelt gegenübertreten: das Wie? das Warum? und das Wozu? und meist setzt die Forschung gleich mit einer dieser Fragen ein, indem sie die Welt als gegeben hinnimmt, ohne sich darüber Rechenschaft zu geben, welche subjektive Faktoren die Existenz der Welt überhaupt ermöglichen.

Erst durch KANT sind wir zu der Selbstbesinnung erzogen worden, die Frage nach den subjektiven Faktoren aufzuwerfen, die als die allerdringlichste erscheint, nachdem wir uns von der subjektiven Natur der Welt überzeugt haben.

Die subjektiven Faktoren der Inhalts- und Ordnungszeichen sind uns jetzt geläufig, aber das Band, das sie umschließt, um jene festumrissenen Dinge zu schaffen, die wir allerorten um uns sehen, und an deren Einheit wir nicht zweifeln, liegt so tief in unserem Gemütsorganismus verborgen, daß es besonderer Aufmerksamkeit bedarf, um es überhaupt zu entdecken.

Die Ordnungs- und Inhaltszeichen ließen sich leicht zutage fördern, weil sie in unserem Bewußtsein bei jeder Erfahrung unmittelbar gegeben sind. Das Band um sie zu schlingen ist aber eine Tätigkeit unserer selbst, die wir ganz unbewußt vollziehen können, weil es nur auf das fertige Resultat ankommt, mit dem wir es allein bewußt zu tun haben.

Wir können uns jederzeit davon überzeugen, wie ungenügend unser Wissen selbst bei unseren bewußten Handlungen ist. Wir waren sehr erstaunt, zu erfahren, daß der gleiche Befehl, der linken Hand erteilt, ein durchaus anderes Resultat lieferte wie bei der rechten Hand, als wir die Ziffer 3 schreiben wollten. So genau die Ziffer 3 uns bekannt ist, wenn wir sie zu Papier gebracht haben, so unbekannt ist sie, bevor sie sich in einer Reihe von Bewegungsimpulsen betätigt hat und in einer Reihe von Richtungszeichen ausklingt.

Es ist ganz aussichtslos, irgend etwas über unser Gemüt zu erfahren, bevor es in Tätigkeit gerät. Aber auch von dieser Tätigkeit erfahren wir nur durch Vermittelung der Richtungszeichen etwas Genaueres. Verläuft die Bewegung so schnell, daß die Zeichen nicht einzeln anklingen können, dann erfahren wir nur das fertige Resultat, das bei Benutzung der linken Hand ganz anders ausfällt, als wir es erwarteten.

Analog liegen die Verhältnisse, wenn unser Blick Konturen abtastet und sich dabei bestimmte Folgen von Richtungszeichen nach Art einer Melodie uns einprägen. Die Wiederholung dieser Melodie geschieht stets so schnell, daß die einzelnen Richtungszeichen uns nicht bewußt werden. Die Melodie selbst ist uns, bevor sie sich abspielt, völlig unbekannt. Nur das Resultat wird uns bekannt, und zwar in der Form, daß wir wissen: ein bestimmtes Bekanntes liegt vor.

Bei diesem Vorgang ist die Melodie der Richtungszeichen das Gestaltende, die uns aber nur in der „Gestalt" zum Bewußtsein kommt. Die gestaltende Melodie nannte KANT *ein „Schema"*, und die verborgene Kunst des Gestaltens in unserem Gemüt nannte er den „Schematismus".

KANT vergleicht, indem er hier PLATOS Spuren folgt, das Schema der empirischen Dinge mit einer Art Monogramm, das sich dem Gemüt eingeprägt hat, und das sowohl bei der Gestaltung der Dinge wie beim Entwerfen der Bilder in der Vorstellung den Ausgangspunkt bildet.

Um sich von der Richtigkeit dieser Lehre zu überzeugen, muß man seine Aufmerksamkeit auf die Fälle richten, in denen sich das Schema von den Sinneszeichen trennt, weil hier die Wirksamkeit des Schemas deutlicher wird. Ich entsinne mich, daß ich und zwei andere Naturforscher im Laboratorium von Neapel einmal ein Mikroskop, nach dem wir suchten, nicht sahen, weil einer von uns gesagt hatte, er habe das Mikroskop aufrecht auf den Tisch gestellt. Erst als der Diener, der inzwischen das Mikroskop nach hinten umgelegt hatte, mit dem Finger darauf hinwies, sahen wir es plötzlich vor uns. Die Sinneszeichen, die zum Mikroskop gehörten, waren uns nicht verborgen, wurden aber auf andere Instrumente bezogen, die gleichfalls auf dem Tisch standen. Die Melodie der Richtungszeichen, die das Mikroskop formen sollte, konnte nicht anklingen, weil wir ausschließlich nach der Melodie des aufrechtstehenden Mikroskops an die Gestaltung herangehen wollten. Ohne Melodie konnte das Mikroskop nicht gebildet werden, und so war es eben nicht da. Ohne die subjektive Bedingung des Schemas kann kein Ding in der Welt existieren.

Häufiger sind die Fälle, in denen eine falsche Melodie anklingt und wir infolgedessen einen falschen Gegenstand bilden. Dahin gehören die vielen Täuschungen, denen wir in der Dämmerung ausgesetzt sind. Nachträglich wird man meist feststellen können, daß die Kontur des falschgeformten Objekts mit dem richtigen Objekt in einigen wesentlichen Punkten übereinstimmt und unsere Täuschung darin bestand, daß wir die ersten Takte, die in beiden Melodien die gleichen waren, falsch ergänzt hatten. Häufig entsteht auch in der Dämmerung eine Unsicherheit, welche Melodie anklingen soll.

Am hellen Tage kommen ähnliche Täuschungen bei bewegten Objekten vor, und es lohnt sich der Mühe, diesen Täuschungen eine besondere Aufmerksamkeit zu widmen, dabei wird man die merkwürdigsten Erfahrungen machen. Ich entsinne mich, daß ich einmal ganz deutlich eine große Kröte vor mir über den Weg hüpfen sah, die sich nachträglich in einen platten Stein und eine vorbeifliegende Hummel auflöste.

Ganz besonders beeindruckt hat mich folgende Erfahrung: Ich wollte mich vergewissern, ob ein Boot, das ich zum Übersetzen eines Teiches täglich benutzte, an seiner richtigen Stelle lag, und bog den Zweig eines Strauches, der die Aussicht behinderte, beiseite — da lag das Boot im hellen Sonnenschein vor mir in den bekannten Farben, die eingezogenen Ruder warfen ihre Schlagschatten auf die Bänke wie immer. Und doch, als ich um den Strauch herumging — war das Boot nicht da. Nur die reiche Spiegelung im Wasser hatte ich durch das bereitgehaltene Schema in gewaltsamer Weise benutzt, um das Boot in allen Einzelheiten zu formen.

Um solche Täuschungen experimentell hervorzurufen, lasse man sich unbekannte farbige Bilder vorlegen und werfe den ersten Blick auf sie durch den aufblitzenden Momentverschluß einer Kamera. Dann gebe man sich Rechenschaft von dem, was man gesehen, und man wird beim nachträglichen Betrachten der Bilder erstaunt sein, wie falsch man die bunten Eindrücke kombiniert hat.

Es ist eigentlich bewundernswert, daß uns solche Täuschungen nicht viel häufiger zustoßen, wenn man bedenkt, mit welcher Geschwindigkeit das Auge sich beim Betreten eines fremden Zimmers über die Anwesenheit von hunderterlei verschiedenen Gegenständen vergewissert, wobei unmöglich alle Schemata voll ausklingen können. Zweifellos erleichtern die farbigen Inhaltszeichen die Wahl des richtigen Schemas.

Daß es nicht fertige Erinnerungsbilder sind, die wir benutzen, sondern der Prozeß zur Bilderzeugung selbst, wird besonders deutlich, wenn wir unsere Phantasie spielen lassen, um z. B. in den Blüten der Stiefmütterchen bizarre Menschengesichter zu sehen, für die wir gar kein Vorbild besitzen. Der Mann im Monde ist ein weiteres Beispiel dafür.

Lehrreich ist es, ein Photographiealbum zu durchblättern, um den Eindruck zu studieren, den das plötzliche Anklingen eines Schemas auf uns ausübt. Wenn wir unter all den fremden Gesichtern plötzlich ein bekanntes entdecken, so schnappt etwas bei uns ein, und wir wissen, da ist etwas Bekanntes, oft fällt uns erst später ein, wer der Bekannte ist.

Nicht bloß räumliche Konturen, sondern auch zeitliche Änderungen rufen bei uns die Schemata hervor. Wir können hundert fremde Menschen auf einem Platz versammelt sehen, plötzlich macht einer eine Bewegung, deren Rhythmus auf uns einen besonderen Eindruck macht, und wir wissen genau, das ist ein Bekannter. Oft bleiben wir aber im Zweifel, wer von unseren Bekannten dort steht.

Daraus geht mit Sicherheit hervor, daß es kein Erinnerungsbild sein kann, das plötzlich in uns auftaucht, sondern daß wir uns nur die gleiche Herstellung eines Bildes im Innern wieder vollziehen, was so gut durch das Wort „erinnern" wiedergegeben ist. Manchmal gelingt es nicht, mit Sicherheit das bekannte Bild wiederherzustellen, und der Prozeß bleibt in seinen Anfängen stecken. Das ruft dann ein quälendes Gefühl des Suchens hervor, bis das richtige Bild da ist, was mit Erleichterung wahrgenommen wird.

Aus alledem geht hervor, daß wir uns willkürlich oder unwillkürlich eines von uns selbst geformten geistigen Prozesses bedienen, um die Dinge zu formen, daß aber dieser Prozeß selbst uns vollkommen unbekannt bleibt. Der Prozeß benutzt sowohl Lokal- wie Zeit- wie Inhaltszeichen, beruht aber in der Hauptsache in einer Aufreihung von Richtungszeichen. Da er aber aus dem völlig Unbewußten auftaucht, läßt sich nichts Näheres über ihn angeben, und KANT wird wohl recht behalten, wenn er vom Schematismus sagt, er sei „eine verborgene Kunst in den Tiefen der menschlichen Seele, deren wahre Handgriffe wir der Natur schwerlich jemals abraten und sie unverdeckt vor Augen legen werden".

Vielleicht kommt man dem unbekannten Prozeß am nächsten, wenn man das Schema eine bestimmte Art der Linienführung nennt. Die Linienführung ist ein Ausdruck, der aus der Malerei stammt, die sich am intensivsten mit der Natur der Schemata befassen muß, denn jeder Maler muß die Inhaltszeichen entsprechend einem sicheren Schema auf die Leinwand setzen, um eine überzeugende Wirkung zu erzielen. Deshalb muß er beim Betrachten der Gegenstände ganz genau auf seinen inneren Prozeß lauschen, um ihn bei der Wiedergabe möglichst frei walten zu lassen.

In der Linienführung der großen Meister erkennen wir das Walten ihrer Schemata und gewinnen zugleich die Überzeugung, daß diese Schemata sehr individuell sind und selbst für die gewöhnlichsten Dinge sich stark voneinander unterscheiden.

Unser ganzes Gedächtnis ist wie der Schnürboden eines Theaters mit Kulissen, mit Schematen angefüllt, die gelegentlich auf der Bühne des Bewußtseins erscheinen, freilich nicht in eigener Person, sondern gekleidet in die Inhaltsqualitäten unseres Gemüts.

Leider ist uns der Blick auf eine fremde Bewußtseinsbühne verwehrt — nichts könnte belehrender sein, als die Welt durch fremde Schemata anzuschauen. Aber eines sollten wir nie vergessen: wenn wir unsere Nebenmenschen um uns umherwandeln sehen, so schreiten sie auf unserer Bühne umher, während wir uns auf ihrer Bühne bewegen. Diese Bühnen sind niemals identisch, in den meisten Fällen sogar grundverschieden. Und wir können nicht verlangen, auf der Bühne der anderen die gleiche Rolle zu spielen wie auf unserer eigenen.

Ding und Objekt.

Qualitäten und Schema bauen die Dinge der Außenwelt, wie wir sie in voller Deutlichkeit vor uns sehen. Wir sagen, die Dinge besitzen diese und jene Eigenschaften, und wenn alles in Ruhe bliebe, wäre damit die Welt umschrieben. Aber alles in der Welt ist der Bewegung und Veränderung unterworfen, und alle Dinge wirken gegenseitig aufeinander ein. Dabei offenbaren die Dinge außer den Eigenschaften, die sie in der Ruhe aufweisen, auch andere Eigenschaften, die sie gelegentlich ihrer Tätigkeit aufweisen, und diese Eigenschaften nennen wir „Fähigkeiten".

Sobald man die Gesamtheit der Eigenschaften und Fähigkeiten eines Dinges umschreiben will, spricht man von einem Objekt. Der Besitz von Fähigkeiten charakterisiert das Objekt gegenüber dem Ding. Dieser Unterschied ist ein erheblicher, weil ein Objekt durch seine Fähigkeiten die ganze Wechselwirkung mit anderen Objekten offenbart.

Nun unterliegt die gesamte Wechselwirkung der Objekte einer festen subjektiven Regel, dem sogenannten Gesetz von Ursache und Wirkung oder der Kausalität.

Ohne diese Regel, die sämtliche Änderungen in der Welt umfaßt, wären wir nicht imstande, den Begriff des Objekts festzuhalten, sondern würden ablaufende Reihen von stets geänderten Dingen erleben. Denn tatsächlich sehen wir, da wir die Welt immer nur von Moment zu Moment abgeschlossen vor uns haben, immer nur Dinge vor uns, die von dem vorhergehenden und vom folgenden Moment wie mit dem Messer abgeschnitten sind.

Das Objekt ist als solches nicht sichtbar, weil es durch die Zeit reicht. Es kann auch ein durch Momentzeichen erweitertes Ding genannt werden, wobei seine Fähigkeiten als neue oder veränderte Eigenschaften zum Vorschein kommen. Die festen Beziehungen der veränderten Eigenschaften zu der gleichen Einheit werden durch die Kausalitätsregel geschaffen, die die Veränderung als notwendige Wirkung fremder Ursachen erscheinen läßt. So bildet das Objekt eine höhere Einheit, als es das Ding ist, dank der Kausalitätsregel, die gleichfalls eine Äußerungsform unseres Apperzeptionsprozesses ist.

Die Kausalität zwingt uns, nach einer Ursache für jede Veränderung im vergangenen Moment und nach einer Wirkung im folgenden Moment zu suchen. Sie ist es, die durch die Zeiten hindurch das Band um alles Weltgeschehen schlingt.

In jedem beliebigen Moment beginnend, können wir die Kausalkette der Veränderungen in die Vergangenheit und in die Zukunft hinein verfolgen. Wir sehen dabei, wie sich die verschiedenen Ketten netzartig verknüpfen und schließlich alles und jedes Geschehen in der Welt in ihren Bann hineinziehen.

Kein Wunder, daß die Physik es versucht, alle Zusammenhänge in der Welt ausschließlich durch die Kausalität zu erklären und jede andere Betrachtungsweise ablehnt. Und doch hat sie unrecht, denn die Kausalität ist nicht die einzige Regel, die uns zur Verfügung steht, um die Welt zu ordnen.

Der Stoff.

Den Inhalt der Objekte nennt man Stoff. Der Stoff besitzt, wie das Objekt, Eigenschaften und Fähigkeiten. Die Wissenschaft, die sie erforscht, ist die Chemie. Der Stoff liegt nirgend frei zutage, stets muß ein Objekt zerstört werden, um den Stoff zu gewinnen. Am deutlichsten wird das, wenn wir den Stoff aus einem von uns selbst erbauten Gegenstand gewinnen wollen. Dann müssen wir nicht allein die äußere Form, sondern auch den inneren Aufbau zerstören, um den Stoff zu gewinnen.

Nehmen wir z. B. an, wir zertrümmerten eine alte Lokomotive, um aus ihr das Eisen zu gewinnen, so machen wir alsogleich die Erfahrung, daß außer der Gestaltung der Teile, aus denen sich die Lokomotive aufbaut, auch eine Gestaltung vorhanden ist, die nicht der Lokomotive angehört, sondern dem Eisen selbst. Um diesen Unterschied auch im Wort festzuhalten, wollen wir die Lagerung der Teile im Raum, soweit sie der Lokomotive angehört, das „*Gefüge*“ nennen, die Lagerung der Eisenteilchen im Raum aber als „*Struktur*“ bezeichnen.

Die Verwechslung dieser beiden prinzipiell verschiedenen Gestaltungen hat zu folgenschweren Irrtümern geführt und verführt auch noch heutzutage viele Forscher dazu, sogar das Gefüge der Lebewesen aus der Struktur der Stoffe abzuleiten.

Da die Struktur eigentlich zum Forschungsgebiet der Physik gehört, so reichen sich bei der Untersuchung des Stoffes Physik und Chemie die Hand.

Auch die Chemie ist eine alte Wissenschaft, die im Mittelalter von den mit Unrecht verschrienen Alchymisten sorgfältig gepflegt wurde.

Wer die mittelalterliche Chemie mit der heutigen vergleicht, könnte freilich leicht auf den Gedanken kommen, daß es sich um zwei verschiedene Wissenschaften handelt, und doch suchten sowohl die damaligen Forscher wie die heutigen zu ergründen, welche Eigenschaften und Fähigkeiten den Stoffen zukommen.

Die alten Forscher untersuchten neben der Struktur des Stoffes auch seine übrigen Eigenschaften, indem sie fragten: Welche Farbe hat er?

Wie riecht er? Wie schmeckt er? Welchen Klang hat er? Wie fühlt er sich an? Wie warm ist er? Und wie schwer ist er?

Denn prinzipiell schreiben wir jedem Stoff eine Qualität aus allen Sinnesskalen zu, und wenn sie nicht nachweisbar ist, so nehmen wir nicht an, der Stoff besäße diese Qualität nicht, sondern wir sagen z. B. „Geruch oder Geschmack unmerklich“.

Wenn wir die Sinnesqualitäten in ihren Beziehungen zu den Lokalzeichen betrachten, so können wir, wie ausgeführt, die Lokalzeichen als kleinste Gefäße ansehen, die als Inhalt die Sinnesqualitäten enthalten. Wir durften daher Sinnesqualitäten auch als Inhaltszeichen den Lokalzeichen gegenüberstellen. Erst wenn beide verbunden sind, ist „Stoff“ vorhanden.

Alte und neue Chemie haben das gleiche Bestreben, die Stoffe voneinander zu sondern und sie untersuchen, daher alle zugänglichen Inhaltszeichen der Stoffe unter allen möglichen Bedingungen, um eine möglichst genaue Übersicht aller Eigenschaften und Fähigkeiten eines jeden einzelnen Stoffes zu gewinnen.

Der mittelalterliche Chemiker besah, betastete den Stoff, roch, prüfte seinen Klang und schmeckte ihn. Dann notierte er alle erkundeten Eigenschaften und umschrieb daraufhin den Stoff so genau wie möglich, um ihn von anderen Stoffen zu unterscheiden.

Sehr früh war die Lehre der vier Elemente aufgestellt worden. Aber die Erkenntnis, daß jeder Stoff drei Aggregatzustände besitzt, die durch die Wärme beherrscht werden, lag dieser Lehre nur als Ahnung zugrunde.

Die Unsicherheit bei der Prüfung, besonders der Intensitäten der einzelnen Qualitäten führte allmählich zur Einführung anderer Merkmale, die eine sichere Feststellung ermöglichten. So benutzte man die Ausdehnung der Körper, um der direkten Prüfung der Wärme überhoben zu sein und erfand das Thermometer. Um die Schwere indirekt zu messen, benutzte man die Bewegung der Wage und setzte das Ausgangsgewicht fest.

Zur Prüfung der Härte verwendete man eine Reihe bestimmter Stoffe, von denen jeder den anderen gerade ritzen konnte.

An Stelle der Prüfung des Geruchs und Geschmacks trat das Studium der Verwandtschaft der Stoffe miteinander, die bald Bindungen miteinander eingingen, bald sich voneinander lösten.

So war unmerklich das ganze Studium aus dem Bereich der anderen Sinnesorgane in das des Auges hinübergeglitten. Unsere sämtlichen Apparate beziehen sich auf das Auge, besonders seit die Prüfung des Klanges für die Chemie immer mehr in den Hintergrund getreten ist.

Kein Wunder, daß die Auffassung, von dem, was ein Stoff eigentlich ist, mit der Zeit eine ganz andere geworden ist. Das Studium der Kristallformen, die das sicherste Charakteristikum der Stoffe bilden, hat das meiste dazu beigetragen, daß man jetzt alle Eigenschaften der Stoffe aus einer unsichtbaren Miniaturstruktur erklären will. Es entstand dementsprechend die Stereochemie, die aus der räumlichen Lagerung der Atome die Verwandtschaftsverhältnisse der Stoffe zueinander ableitet. So ist an Stelle der Chemie letzten Endes die Mikrophysik getreten. Das Ideal besteht jetzt darin, alle Qualitäten der Stoffe auf die Lagerung und Bewegung von Atomen oder Atomgruppen zurückzuführen. Das Atom verliert in der letzten Konsequenz dieser Lehre sogar jeden stofflichen Charakter und wird zu einem mathematischen Punkt in einem Wirbel eines allgemein ausgebreiteten kontinuierlichen Mediums, das nicht weiter definiert wird. Damit sind wir wieder bei den reinen Lokalzeichen und Richtungszeichen angelangt.

Gegen diese Zurückführung läßt sich von biologischer Seite nichts einwenden, wenn die Physik sich darüber klar wäre, daß sie letzten Endes auf reinen subjektiven Qualitäten basiert, und daß infolgedessen alle Gebilde, die daraus entstehen, nur subjektive Erscheinungen sein können.

Das ist aber keineswegs der Fall, weil die Physik die ganze Zeit sich in dem Wahne befindet, bei ihrer Zurückführung aller Eigenschaften und Fähigkeiten der Stoffe sich der wahren Realität stetig genähert habe. Wenn sie z. B. bei der steigenden Erwärmung eines Körpers die steigende Intensität der Wärmequalität vernachlässigt und an ihrer Stelle die wachsende räumliche Ausdehnung der Körper setzt und diese allein messend weiter behandelt, so hat sie dabei keineswegs eine der Wärmequalität zugrunde liegende Realität entdeckt, aus der die Wärmequalität abgeleitet werden kann, sondern sie hat bloß als Merkmal für die Veränderung eine parallel gehende Änderung einer anderen Sinnesqualität gewählt, weil diese der Rechnung leichter zugänglich ist als diese. Und wenn es schließlich gelingen sollte, für alle Qualitäten räumliche Merkmale einzusetzen, so ändert das an dem subjektiven Charakter der räumlichen Zeichen gar nichts, und man ist der gesuchten Wirklichkeit nicht um einen Schritt nähergekommen.

Durch die Einstellung der Lokal- und Richtungszeichen für die Inhaltszeichen, sind diese keineswegs aus der Welt geschafft. Wohl aber hat man, und das ist das wirkliche Ziel der ganzen Entwicklung der Chemie gewesen, überall den gleichen *Nenner* eingesetzt, der allein die rechnerische Durcharbeitung ermöglicht.

Objekt und Gegenstand.

Um den Streitfall zwischen Physik und Biologie in das rechte Licht zu setzen, muß man ganz scharf umrissene Ausdrücke wählen. Die Physik behauptet, daß die uns umgebenden Dinge der Natur nur der

Kausalität gehorchen. Solche bloß kausal geordnete Dinge haben wir „Objekte" genannt. Im Gegensatz hierzu behauptet die Biologie, daß es außer der Kausalität noch eine zweite subjektive Regel gibt, nach der wir die Gegenstände ordnen — die *Planmäßigkeit*, die notwendig zur Vollständigkeit des Weltbildes hinzugehört.

Wenn das Hämmerchen eine Klaviersaite trifft und ein Ton erklingt, so ist das eine reine Kausalreihe. Wenn dieser Ton aber einer Melodie angehört, so ist er in eine Tonreihe hineingestellt, die gleichfalls eine Ordnung darstellt, die aber nicht kausaler Natur ist.

Wenn die Axt des Schreiners das Holz in Stangen und Stöcke spaltet, der Bohrer die Stangen durchbohrt und der Hammer die Stöcke in die Löcher treibt, so sind das lauter reine Kausalreihen — das hierbei entstandene Gebilde, die Leiter, ist aber kausal gar nicht zu begreifen, sondern nur durch Kenntnis der planvollen Anordnung der Sprossen zu den Stangen und aller Teile zum Ganzen.

Wir wollen nun diejenigen Objekte, deren Bauart durch bloße Kausalität nicht zu verstehen ist, weil bei ihnen die Teile zum Ganzen im gleichen Verhältnis stehen wie die Töne zur Melodie, *„Gegenstände"* nennen.

Objekte und Gegenstände bestehen beide aus Stoff, aber im Objekt gibt es keine andere Anordnung der Stoffteile, als sie die Struktur des Stoffes mit sich bringt. Im Gegenstand gibt es außerdem ein Gefüge, das die Teile zu einem planvollen Ganzen verbindet.

Äußerlich unterscheiden sich Objekte und Gegenstände gar nicht voneinander. Die gleichen Lokalzeichen und Inhaltszeichen, vom gleichen Schema umschlossen, bilden sie beide; genau wie die Worte einer Sprache dem Kenner der Sprache wie dem Fremden den gleichen optischen Anblick darbieten. Nur kennt der eine die Gesetzmäßigkeit der Zusammenstellung der Buchstaben im Wort, während der andere ohne dies Hilfsmittel den Worten der fremden Sprache verständnislos gegenübersteht. Der eine sieht nur verschiedene Ansammlungen von Buchstaben vor sich, der andere liest Worte.

Dem Biologen von heute werden zweifellos viele Dinge, die ihn umgeben, bloße Objekte zu sein scheinen, wie z. B. ein Sandhaufen oder das Wasser in einem Gefäß. In beiden Fällen lassen sich die Teile nach allen Richtungen miteinander vertauschen, ohne daß dadurch das Ganze irgendwie beeinflußt würde. Wir werden also auch vom biologischen Standpunkt zugegeben, daß es planlose Objekte oder bloße Stoffanhäufungen gibt, in denen wir heute keine Planmäßigkeit zu entdecken vermögen. So wird jetzt allgemein die ganze anorganische Natur als aus lauter Objekten bestehend angesehen, die nur der Kausalregel folgen. Die anorganischen Objekte werden heutzutage durchweg als Stoffe, die durch ein Schema zusammengehalten werden, behandelt, die nur dann planvolle Gegenstände bilden, wenn sie in unseren menschlichen Erzeugnissen Verwertung finden. Der Plan dieser Gegenstände ist ein ausschließlich menschlicher, der Stoff bildet in ihnen nur das verwendete Mittel. Daß in den menschlichen Erzeugnissen ein Plan vorhanden ist, kann selbst von den Physikern nicht geleugnet werden, aber jede andere Art von Planmäßigkeit wird den Dingen der anorganischen Welt einstimmig abgesprochen.

Das war nicht immer so. Nach der Anschauung der Griechen gab es überhaupt nichts Planloses in der Welt. Die ganze anorganische Welt erschien ihnen ebenso als Kunstwerk wie die organische. Sonne, Mond, Planeten und Fixsternhimmel schlossen sich zu einem großen planmäßigen Kunstwerk zusammen, in dem jeder Stoff an seiner ihm bestimmten Stelle war. Das Wasser bewegte sich lebenspendend auf der Erde wie das Blut im Körper. Es gab keinen toten Stoff.

Dies wird einem jeden augenscheinlich, der mit den Augen eines Naturforschers das Museum zu Athen betritt und prüfend die antiken Wasserkrüge betrachtet, die sich prinzipiell von unseren Wassergefäßen unterscheiden. Während unsere Wassergefäße (wenn sie gut sind) deutlich unsere menschliche Hantierung in jeder Einzelheit der Form wiedergeben, treten diese Merkmale bei den antiken Krügen zurück, die eine möglichst vollkommene Bekleidung des Wassers darstellen. Sie erinnern auffallend an gewisse Rhizopodenschalen, mit denen sich das flüssige Protoplasma dieser wunderbaren Lebewesen umhüllt. So gewinnt man den Eindruck, als habe das Wasser selbst in den griechischen Krügen sich seine ihm einzig zusagende Hülle geschaffen, die dann von den Menschen weiter benutzt wird. Es sind diese Krüge in ihrer Vollkommenheit wahre Naturformen in der Kunst.

Die griechische Weltanschauung geht in ihrer Forderung nach Planmäßigkeit weit über die kühnsten biologischen Träume hinaus. Die Sicherheit und Folgerichtigkeit dieser Weltanschauung legt uns aber die Erwägung nahe, ob wir durch die Preisgabe der anorganischen Welt an die Physik nicht viel zu viel Boden den Gegnern kampflos überlassen haben, den wir gelegentlich zurückerobern müssen.

Manche Tatsachen lassen sich schon jetzt in diesem Sinne verwerten. Es ist sicher kein Beweis für die Planlosigkeit der Natur, daß das Wasser bei 4 Grad am schwersten ist, wodurch das Durchfrieren der Binnenseen verhindert und das Tierleben erhalten wird. Ferner kann die Bildung der Schneeflocken keinen Beweis der Planlosigkeit liefern; denn wenn das Wasser in Form von Eiszapfen wie Fliegerpfeile im Winter auf uns niederstürzte, wäre jedes Lebewesen aufs äußerste gefährdet.

Für den Augenblick ist es jedoch nicht ratsam, in dieser Richtung irgendwelche Angriffe zu unternehmen, da uns die Verteidigung viel wichtigerer Positionen obliegt.

Unbestreitbar und unbestritten auch von den Physikern ist die Planmäßigkeit unserer menschlichen Erzeugnisse und Gebrauchsdinge, die unter allen Umständen zu den Gegenständen zu rechnen sind, denn ohne die Kenntnis ihrer Planmäßigkeit könnten wir sie weder erzeugen noch gebrauchen.

Ein selbsterlebter Fall hat mir die Wahrheit dieser Behauptung besonders eindringlich vor Augen geführt: Ein junger, sehr geschickter Neger, den ich als Boy aus dem Innern Afrikas an die Küste mitgenommen, war unfähig, eine kurze Leiter, die vor ihm stand, zu ersteigen, weil er nicht wußte, was für ein Gegenstand das sei. „Ich sehe nur Stangen und Löcher", sagte er. Nachdem ein anderer ihm das Leiterbesteigen einmal vorgemacht hatte, konnte er es sofort nachmachen, denn zu klettern verstand er vortrefflich. Die Leiter war durchaus nicht in Nebel gehüllt, sie stand dicht vor ihm, er konnte sie deutlich sehen und betasten, und doch war sie für ihn kein Gegenstand, sondern ein planloses Objekt, dessen er sich nicht bedienen konnte.

Aus diesem Beispiel erkennen wir deutlich das Bindemittel, das die Teile zum Ganzen vereinigt. Die feste Regel der Tätigkeit des Kletterns brachte sofort Ordnung in das Gewirr von Stöcken und Löchern und formte die Leiter. Erst die Kenntnis der zugehörigen Tätigkeitsregel der „Funktion" ordnet die Teile zum Ganzen. Ohne Kenntnis der Funktion, welche feste Beziehungen setzt, fehlt uns die Kenntnis der Planmäßigkeit, dann erkennen wir die Bedeutung des Gegenstandes nicht. Wir können daher auch statt von der Planmäßigkeit eines Gegenstandes von seiner „Funktionsmäßigkeit" sprechen.

Es wird jedem bei näherem Zusehen klar sein, daß wir mit dem Wort, mit dem wir zu unserer gegenseitigen Verständigung den Gegenstand bezeichnen, seine Funktionsmäßigkeit meinen. So kann man z. B. einen Stuhl auch Sitzgelegenheit nennen, und im Wort Steige für Treppe kommt die Funktion deutlich zum Ausdruck.

Selbst die Bezeichnung der Objekte bedeutet ursprünglich eine Funktion. Fragt man die Kinder, welche Bedeutung sie dem Namen bestimmter ihnen wohlbekannter Objekte unterlegen, so wird man immer auf eine Funktion stoßen, die entweder aus ihrer eigenen Handlung besteht oder aus einer Handlung, die sie dem Objekt zuschreiben. Ein Stein z. B. bedeutet immer etwas, das man werfen kann, eine Wolke etwas, das am Himmel vorbeiwandert usw. Erst die Erwachsenen definieren das Objekt als eine Summe von Eigenschaften und Fähigkeiten und ignorieren die Funktion, um die sich ursprünglich die Eigenschaften kristallisiert haben. Daraus darf man schließen, daß die Welt der Kinder sich noch lediglich aus Gegenständen aufbaut und das Objekt erst ein Erzeugnis späterer Reflexionen ist.

Es ist also für das Verständnis aller Dinge von grundlegender Wichtigkeit, daß man sich von den Beziehungen der Eigenschaften zur Funktion genaue Rechenschaft ablegt. Am lehrreichsten sind dafür solche Beispiele, bei denen ein neuer Gegenstand entsteht oder ein Objekt sich in einen Gegenstand verwandelt.

Wenn ein Knabe sich sogenannte Buttensteine sammelt, um sie über die Fläche eines Sees tanzen zu lassen, so entsteht aus dem allgemeinen Gegenstand „Stein" — dessen Funktion das Geworfenwerden überhaupt ist — ein spezieller Gegenstand, dessen Eigenschaften sich um die spezielle Funktion des „Buttenwerfens" gruppieren. Der Buttenstein ist hart, flach, rund und von bestimmtem Gewicht. Das sind die Eigenschaften, die für diese spezielle Funktion erforderlich sind; die anderen Eigenschaften, die er noch besitzt, wie Farbe, Geruch, Geschmack, Klang, sind „unwesentlich" und werden von der Funktion nicht bestimmt. Vorhanden müssen sie aber sein, da jeder Stoff aus jeder Sinnesskala prinzipiell eine Eigenschaft aufweisen muß. Hieraus geht deutlich hervor, daß wir mit dem viel mißbrauchten Wort „Wesen" eines Gegenstandes immer seine Funktion meinen.

Die für die Funktion notwendigen „wesentlichen" Eigenschaften will ich die *leitenden*, die anderen, die nur von der Natur des Stoffes abhängen, will ich die *begleitenden* Eigenschaften nennen.

In jeder Sprache gibt es gelegentlich Worte, die einen doppelten Sinn haben, je nach dem Zusammenhang, in dem sie stehen. Diese Worte haben, wenn sie allein stehen, keine feste Bedeutung. So gibt es Dinge, die einen doppelten Gebrauch zulassen, und die daher, wenn sie allein stehen, keine feste Funktion besitzen. Sie sind, für sich allein genommen, noch keine Gegenstände, sondern bloße Objekte.

Solange ich eine runde, gewölbte Glasscheibe in der Hand halte, ist diese ein bloßes Objekt. Setze ich sie in einen Fensterrahmen, so wird sie zu einer Fensterscheibe, stelle ich sie aber auf den Tisch, so wird sie zu einer Schale, die ich mit Wasser füllen kann. In jedem Falle ist das Objekt zu einem Gegenstand geworden.

Hierbei ist zu beachten, daß die leitenden und begleitenden Eigenschaften mit der wechselnden Funktion wechseln. Für das Fenster ist die Durchsichtigkeit die leitende, die Wölbung die begleitende Eigenschaft. Für die Schale ist umgekehrt die Wölbung die leitende, die Durchsichtigkeit aber die begleitende Eigenschaft. Die Funktion wirkt wie ein Magnet, der bald diese, bald jene Eigenschaften anzieht.

Nun zeigt es sich, daß die begleitenden Eigenschaften häufig von Nebenfunktionen benutzt werden und auf diese Weise in das Gefüge des Gegenstandes mit eintreten. So wird die Durchsichtigkeit eine Nebenfunktion unserer Trinkschalen, deren Inhalt wir stets mit dem Auge prüfen. Ebenso wird die Wölbung zur Nebenfunktion gewisser Scheiben, die durch ihre Spiegelung an der konvexen Seite die Blicke Neugieriger abwehren.

Die Verwandlung solcher Nebenfunktion in die Hauptfunktion kann man sich leicht vor Augen führen; man braucht sich z. B. nur vorzustellen, wie eine Lokomobile in eine Lokomotive zu verwandeln sei.

Der größte Teil unserer Gebrauchsgegenstände, Maschinen und Apparate zeigt folgenden Aufbau: eine „Hauptfunktion" ist vorhanden, an die sich eine größere oder geringere Zahl von „Nebenfunktionen" anschließt. Stets bleiben trotz der weitgehenden Durcharbeitung des Gefüges noch einige begleitende Eigenschaften übrig, die nicht in das Gefüge mit eintreten, sondern ausgewechselt werden können, ohne dem Gegenstand Eintrag zu tun. Meist gehören sie einem zerstörten Gegenstand an, aus dem der neue Gegenstand gebildet wurde, oder sie gehören dem Stoff an, aus dem man den Gegenstand formte.

Ein Boot z. B. zeigt stets gewisse Eigenschaften des Baums, aus dem man die Bretter gewann, und die für das Boot unwesentlich sind. Ebenso sind alle unsere Gegenstände, die aus Metallen oder anderen Stoffen verfertigt werden, mit Eigenschaften behaftet, die nicht unbedingt zum Gefüge des Gegenstandes gehören, sondern durch die Struktur des Stoffes allein bedingt sind.

Es haftet all unseren Gegenständen etwas Fremdes an, das dem Material allein angehört und nicht in das Gefüge der Funktionen und Nebenfunktionen eingeht.

Das Gefüge selbst zeigt uns überall das gleiche Prinzip, eine Hauptfunktion, die oft nur durch eine Menge Teilfunktionen erreicht wird (man denke, wieviel Funktionen ausgeübt werden müssen, bis ein Automobil sich in Bewegung setzt), und eine große Zahl von Nebenfunktionen, die in der Karosserie zum Ausdruck kommen.

In allen Fällen lassen sich die Eigenschaften eines Gegenstandes restlos in Eigenschaften des Materials und die des funktionellen Gefüges auflösen. Es haftet nie etwas Unerklärbares unseren Gegenständen an, was das Studium der Lebewesen zugleich so schwierig und so reizvoll macht.

Lebewesen.

Das Gefüge unserer menschlichen Gegenstände ist vor allem deswegen so durchsichtig, weil sie alle auf eine uns wohlbekannte menschliche Funktion zurückgehen. Die Leistungen der Gegenstände sind niemals selbständige Leistungen, sondern durchweg nur „Gegenleistungen" unserer menschlichen Leistungen, die sie in irgendeiner Weise unterstützen, verfeinern oder erweitern. Deshalb hegen wir nie einen Zweifel darüber, daß eine Hauptfunktion vorhanden ist, wir kennen die Teilfunktionen und Nebenfunktionen mit Sicherheit, weil wir überall als

Maß und Grundlage die menschliche Leistung kennen, die bis ins kleinste die Ursache aller Gegenleistungen bildet. Die Art, wie die Gegenleistungen sich im Gefüge ausdrücken, wird durch die Eigenschaften des Materials bestimmt, aus dem wir die Gegenstände aufbauen.

Morphologie. Die Sicherheit, daß eine Hauptfunktion das Gerüst bildet, um die sich die anderen Funktionen gruppieren, fehlt bei den Lebewesen, und dieser Umstand mußte sich sehr bald fühlbar machen. In der Tat hat sich aus der bloßen Beschreibung des Gefüges der Lebewesen eine neue Wissenschaft, die „*Morphologie*", entwickelt — eine Wissenschaft, die im Gegensatz zur Funktionslehre keine Übertragung auf die menschlichen Gegenstände gestattet.

Die grundlegenden Prinzipien, nach denen die Einteilung der Lebewesen vorgenommen werden, stammen aus dieser Wissenschaft. Wenn wir die Tiere in fünfstrahlige, vierstrahlige und zweistrahlige (bilateralsymmetrische) und segmentierte Tiere zerlegen, so sind das Gesichtspunkte, die gar nichts mit der Funktion der Tiere zu tun haben.

Sehr früh hat sich bei den Zoologen die Überzeugung ausgebildet, daß man die Einteilung der Tiere nicht nach funktionellen, sondern nach morphologischen Merkmalen durchführen müsse, oder, wie man sich auch ausdrückt, nicht die „Analogie", sondern die „Homologie" der anatomischen Teile soll für die Einteilung maßgebend sein. So wird der Lage der Organe im Tierkörper eine größere Bedeutung zugeschrieben wie ihrer Funktion.

Wollte man die gleichen Gesichtspunkte bei der Einteilung unserer Gebrauchsgegenstände walten lassen, so würde der reine Unsinn daraus entstehen.

Schon aus diesem Grunde ist eine Maschinentheorie der Lebewesen zu verwerfen.

Merkwürdig bleibt, daß die Morphologie vielleicht die unbefriedigendste theoretische Basis von allen Wissenschaften besitzt, wenn man überhaupt von einer Basis sprechen kann. Es ist sicher ganz unzulässig, wenn man von einer Strukturlehre der Lebewesen spricht, die sich an die Strukturlehre der Stoffe anschließen soll. Aus diesem Zusammenwerfen ganz verschiedener Dinge ist es überhaupt erklärlich, daß immer wieder Bestrebungen sich ans Licht wagen, die das Leben als eine Fortführung der Kristallisation deuten wollen.

Es ist nämlich völlig unbezweifelt, daß die morphologischen Regeln sich nur auf das Gefüge und niemals auf das Material beziehen. Man kann sagen: *das Gefüge der Gegenstände wird nur nach funktionellen Gesichtspunkten, das Gefüge der Lebewesen nach funktionellen und morphologischen Gesichtspunkten beurteilt.* Dem trägt die Anerkennung der beiden Prinzipien der Analogie und Homologie auch vollkommen Rechnung. Dabei bezieht sich die Homologie nur auf die Anordnung der Organe zueinander, aber niemals auf das Gefüge innerhalb der Zellen, das ausschließlich funktionell ist.

Die Entdeckung der morphologischen Prinzipien im Bauplan der Tiere wird durch Vergleichung ermöglicht. Betrachtet man nämlich den Bauplan eines einzelnen Tieres für sich allein, so wird man auf den ersten Blick nur funktionelle Prinzipien erkennen können.

Diese Tatsache spricht sich auch darin aus, daß man die Morphologie auch als „vergleichende Anatomie" bezeichnet. Dieses auffällige Verhalten hat man früher ruhig hingenommen, ohne nach einer allzu naheliegenden Erklärung zu suchen. Erst dem *Darwinismus* war es vorbehalten, die Behauptung aufzustellen, die morphologischen Prinzipien seien auf physiologische Prinzipien früherer Generationen zurückzuführen.

Um für diese sehr zweifelhafte Theorie einen handgreiflichen Beweis zu finden, erfand der Darwinismus die „rudimentären Organe", die als Überreste physiologischer Bedürfnisse früherer Jahrtausende in den jetzt lebenden Einzelwesen nachweisbar sein sollten.

Man kann wohl gelegentlich die Wahrnehmung machen, daß gewisse Gebrauchsgegenstände, wenn sie zu anderem Gebrauch umgearbeitet werden, nutzlose Teile aus der früheren Zeit, die nicht weiter störend sind, beibehalten. So werden alte Eisenbahnwagen zu Arbeiterhäusern umgebaut, wobei man die nun unnütz gewordenen Räder nicht entfernt, sondern bloß feststellt.

Auf Grund solcher oberflächlichen Analogie hat man ohne weiteres angenommen, daß es rudimentäre Organe geben könne, die nur eine morphologische, aber keine funktionelle Bedeutung haben. Bisher hat kein einziges dieser Organe einer sorgfältigen Prüfung standgehalten, stets hat man eine ihm eigentümliche Funktion aufdecken können, und so ist es zu hoffen, daß sie bald in der Versenkung verschwinden werden. Es ist auch eine starke Zumutung, der Biologie eine Theorie aufzudrängen, derzufolge eine völlig wertlose Geschwulst — die das rudimentäre Organ vom physiologischen Standpunkt darstellt — sich jahrtausendelang durch alle Generationen hindurch vererben solle.

Abgesehen von dieser modernen Entgleisung, hat aber die Morphologie so merkwürdige, feste Regeln aufgestellt, denen man unbedingt eine besondere Bedeutung zuerkennen muß. Wenn z. B. der Walfisch und die Giraffe, die beide Säugetiere sind, trotz ihrer extrem verschiedenen Halslänge die gleiche Zahl von 7 Halswirbeln aufweisen, der Schwan aber über 20, so ist der Anspruch der Morphologie auf Anwendung ihrer Regeln als Merkmale zur Bestimmung der Verwandtschaftskreise innerhalb des Tierreichs durchaus berechtigt. Die Art des Zusammenhanges zwischen Verwandtschaft und Homologie in Lage wie Zahl der Organe bleibt aber durchaus rätselhaft.

Man kann nicht sagen, daß die Morphologie im Darwinismus eine Erklärung für ihre speziellen Regeln gesucht hat. Sie wurden ihr vom Darwinismus aufgedrängt, weil der Darwinismus die festen morphologischen Regeln zum Stützen seines schwanken Baues bedurfte.

Diese Verbindung mit dem Darwinismus ist der Morphologie nicht zum Segen geworden, denn an Stelle kritischer Prüfung der trockenen Tatsachen sind wilde Stammbaumentwürfe getreten, die die reinen Kreise dieser mit vollem Recht vorsichtigen, zurückhaltenden Wissenschaft gestört haben.

Eines aber muß man festhalten: die Existenz einer morphologischen Wissenschaft der Lebewesen ist keine Selbstverständlichkeit, sondern eine höchst rätselvolle Tatsache, die aus der Analogie mit den leblosen Gegenständen nicht hergeleitet werden kann.

Physiologie. Wenn man unter Physiologie die Lehre der Funktionen der Lebewesen versteht, so besteht die Hauptaufgabe dieser Wissenschaft in der funktionellen Analyse des Gefüges der Organismen. Dabei zeigt sich, daß die Struktur der Stoffe, aus denen die Lebewesen bestehen, restlos in das Gefüge aufgeht, so daß man nirgends feststellen kann, wo das eine anfängt und das andere aufhört.

Hierin finden wir einen weiteren Grund, die Maschinentheorie des Lebens abzulehnen. Denn bei allen Gegenständen, die die Menschen erzeugen, stößt man bei weiterem Abbau stets auf ungefügte Eigenschaften des Stoffes, da wir die mikroskopische Struktur nur sehr unvollkommen zu meistern vermögen.

Eine weitergehende Untersuchung der mikroskopischen Gestaltung der Zellen aller Lebewesen hat die höchst bedeutungsvolle Tatsache zutage gefördert, daß eine jede Zelle aus zwei Teilen besteht, einem gefügten und einem protoplasmatischen Teil. Nur der gefügte Teil der Zelle, der aus dem protoplasmatischen hervorgegangen ist, übernimmt die Funktion der Zelle und damit des Organs. Die protoplasmatische dient der dauernden Erhaltung des Gefüges. Wir werden später auf diese merkwürdige „lebende“ Substanz des Protoplasmas näher eingehen.

Abgesehen vom Protoplasma, kann man von dem gefügten Teil der Zelle sagen, daß er eine ganz vollkommene Maschine darstellt (im Gegensatz zu unseren Maschinen, die immer nur annäherungsweise vollkommen sind), weil keine Eigenschaft des Stoffes vorhanden ist, die nicht völlig in das Gefüge der Maschine aufging, und weil ganz ausschließlich funktionelle Regeln beim Aufbau dieser Mikromaschinen zur Geltung kommen. Im Gegensatz zur Anlage der Organe, die auch morphologische Regeln zum Ausdruck bringen. Mag man Muskel-, Nerven-, Knochen- oder Sinneszellen betrachten, überall hat man das gleiche Bild der Vollkommenheit.

In dieser Hinsicht gibt es keine Entwicklung; das niederste wie das höchste Lebewesen ist in seiner Mikromechanik, in seinem Mikrochemismus gleich vollkommen. Gegenüber dieser Tatsache fallen alle Versuche, die Lebewesen aus einer zufälligen Häufung von Stoffen zu erklären, in nichts zusammen.

Auch von einem zweiten Punkt, über den die Entwicklungslehre einen trügerischen Schein gebreitet, muß man rücksichtslos den Schleier fortreißen. Ebensowenig wie die einzelnen Zellen sind die ganzen Organe mehr oder weniger vollkommen zu nennen. Wenn ein Organ anders gebaut ist wie das andere, so ist das keine technische Fehlerhaftigkeit, sondern es besitzt dann eine andere Funktion.

Ein speziell für eine ganz eng umschriebene Funktion gebautes Organ ist darum noch keineswegs vollkommener oder unvollkommener als ein Organ, das mehreren Funktionen dient. Ein Hühnerfuß ist weder besser noch schlechter als ein Entenfuß, der zur Fortbewegung im Wasser und auf dem Trockenen dient.

Die Minderwertigkeit eines Organs bei einem Individuum gegenüber dem gleichen Organ bei einem anderen Individuum der gleichen Art gehört in die Pathologie und hat nichts mit Entwicklung zu tun.

Trotz dieser Ablehnung der Entwicklungslehre wäre es kindisch, leugnen zu wollen, daß es niedere und höhere Lebewesen gibt. Nur muß man sich darauf beschränken, festzustellen, daß es Tiere mit zahlreicheren, wenn auch nicht besseren Organen gibt, die wir wegen ihres Reichtums an Organen und Funktionen als die „höheren" bezeichnen.

Will man von einer Entwicklung der niederen Tiere zu den höheren sprechen, so muß man sich vor allem klarmachen, welcher Funktion im speziellen Fall das Organ dient, und welche Stellung die Funktion im Gefüge des Ganzen einnimmt, ob es eine Nebenfunktion, ob es eine Teilfunktion oder eine Gesamtfunktion ist, um dann zu der prinzipiellen Frage überzugehen, ob es einen allmählichen Übergang von einer Funktion in die andere überhaupt gibt, und ob eine neue Funktion allmählich entstehen kann.

Wenn wir unsere eigenen Funktionen oder Leistungen prüfen, die in den Gegenleistungen unserer Gegenstände ihr getreues Abbild haben, so werden wir zu dem Schluß kommen, daß jede Ausführung einer Funktion, durch die sie zur Leistung wird, aus einer *selbständigen Folge von Impulsen* besteht, die durchaus eine abgeschlossene Einheit bildet. Will ich gehen, laufen oder springen, so muß ich mir eine ganz bestimmte Impulsfolge erteilen, die die Organe in eine entsprechende Tätigkeit setzt. Baue ich mir eine Treppe für mein Klettern, einen Stuhl für mein Sitzen, so sollte der Gegenstand gleichfalls den Ausdruck einer abgeschlossenen Einheit bieten. Es gibt nun zahllose verschiedene Stühle, die die gleiche Funktion in mehr oder minder vollkommener

Weise unterstützen. Darin zeigt sich weiter die Unvollkommenheit unserer Gegenstände, die keinen Vergleich mit den vollkommenen Organen aushalten. Die Organe hingegen weisen diese Unsicherheit niemals auf — sie können wohl, wie unsere Beine, verschiedenen Funktionen dienen, wie Gehen, Springen, Laufen, und daher nicht bis in jede Einzelheit nur auf eine Funktion eingestellt sein wie der Springfuß des Kängeruhs. Oberflächlich betrachtet, erscheinen sie vielleicht wie unvollkommene Annäherungsversuche an die jeweils ausgeübte Funktion — in Wirklichkeit ist die Vollkommenheit immer erreicht, wenn man die notwendigen Änderungen in Betracht zieht, die die Nebenfunktionen vom Organ fordern.

Wir haben daher nicht das Recht, die verschiedene Ausgestaltung eines Organs mit der allmählichen Vervollkommnung unserer Gebrauchsgegenstände, die sich der Gegenleistung immer nur annähernd gewachsen zeigen, zu vergleichen.

Damit fällt aber ein sehr gewichtiges Beweismittel, das für die allmähliche Entwicklung der Organe ins Feld geführt wird, das besonders überzeugend wirkt, weil die Analogie so handgreiflich scheint.

Die Organe der Tiere sind immer der vollkommene Ausdruck einer oder mehrerer Funktionen, und daher weisen ihre Änderungen immer auf eine Änderung der Funktionen hin. Die Funktionen selbst aber sind immer Einheiten und keiner Variation unterworfen. Es kann wohl eine Funktion die andere mehr oder weniger in den Hintergrund drängen oder auch ganz zum Verschwinden bringen, sie selbst ändern sich nie.

Ich kann z. B. eine halb sitzende, halb liegende Stellung einnehmen, aber mehr oder weniger liegen kann ich ebensowenig wie mehr oder weniger sitzen.

Schema und Funktion.

Man wird jederzeit feststellen, daß die linke Hand, wenn ihr der Befehl erteilt wird, einen beliebigen Buchstaben schnell zu schreiben, während die Augen geschlossen sind, sehr leicht in Spiegelschrift verfällt, was nicht geschieht, wenn man die Feder langsam führt. Durch das Schließen der Augen und durch die Schnelligkeit der Bewegung wird die Kontrolle, die wir sonst über die Bewegungsrichtung ausüben, aufgehoben, und die Folge der Bewegungsimpulse, die für die rechte Hand erlernt ist, ruft in der spiegelbildlich gebauten linken Hand Spiegelschrift hervor. Dieser Versuch ermöglicht uns, die Impulsfolge von den kontrollierenden Schematen der Richtungszeichen zu sondern, die sonst dauernd unsere Bewegungen regeln.

Noch deutlicher wird diese Trennung in den Fällen, in denen, wie bei den Bewegungen unseres Kehlkopfes, die Kontrolle durch das Auge immer fehlt.

Hierbei fällt die Kontrolle durch die äußeren und inneren Richtungszeichen gänzlich fort und bleibt allein dem Ohr überlassen. Denn die Bewegungen der Kehlkopfmuskeln kommen uns nicht durch Richtungszeichen, sondern neben unsicheren Muskelgefühlen nur durch die erzeugten Töne indirekt zum Bewußtsein.

Daraus geht deutlich hervor, daß die Impulsfolge, obgleich sie zu einer festen Einheit verbunden ist, nicht mit dem sensiblen Schema verwechselt werden darf, das als ein Raummonogramm oder eine Melodie von Richtungszeichen angesprochen werden kann.

Es ist ferner auch nicht angängig, anzunehmen, daß das Schema der Buchstaben, das wir uns beim Lesenlernen aneignen (das von den Richtungszeichen der Augenmuskeln stammt, wenn der Blick die Konturen abtastet), direkt auf die Bewegungsmuskeln der Hand übertragen wird. Sondern beim Ausführen der Handbewegungen gewinnen wir ein weiteres Schema, das von den Richtungszeichen der Handmuskeln stammt, und das nun, gemeinsam mit dem Blickschema der Augenmuskeln, die Bewegungen beim Schreiben kontrolliert.

Die Schemata werden wohl beim Bewegen der Muskeln gewonnen, weil die Richtungszeichen dabei ansprechen; mit der Innervierung der Muskeln haben sie aber direkt nichts zu tun. Die sensiblen Schemata sind Hilfsmittel unserer Wahrnehmung, die Impulsfolgen dagegen Direktiven unserer Tätigkeit. Die Impulsfolgen, von denen wir direkt niemals etwas erfahren, erzeugen, wenn sie in Tätigkeit treten, die Funktionen. Ist unser Wissen über die sensiblen Schemata ein äußerst dürftiges, so tappen wir, was die Funktionen betrifft, noch viel mehr im Dunkeln, denn von der Ausübung der Funktionen bei jeder Handbewegung, bei jeder Neigung des Kopfes usw. erfahren wir nur etwas vermittels der sensiblen Schemata, dank der Richtungszeichen, die mit diesen Bewegungen verbunden sind.

Wir haben nicht die mindeste direkte Kenntnis von dem, was wir so ganz selbstverständlich tun. Was wir von all unseren Handlungen erfahren, entspringt einzig und allein den Sinneszeichen, die als Kontrolle unserer Bewegung dienen.

Deshalb ist es auch so ungemein schwierig, den Taubstummen das Sprechen beizubringen, da ihnen die Kontrolle durch das Ohr mangelt und die Kehlkopfmuskulatur keine Richtungszeichen besitzt. Erst mit Zuhilfenahme der Richtungszeichen des Mundes und der Zunge gelingt es, den Taubstummen gewisse Merkmale einzuprägen, die sie bei der Lautbildung verwenden können, während das Lesen- und Schreibenlernen ihnen keine größeren Schwierigkeiten bereitet als allen Normalveranlagten.

Die Taubstummen geben uns eine deutliche Vorstellung von der völligen Hilflosigkeit, in der wir uns befänden, wenn uns die Sinneskontrolle unserer Handlungen geraubt würde. Wir Menschen wären in diesem Fall tatsächlich unfähig, die mindeste geregelte Folge von Bewegungen zu erzeugen.

Dies läßt sich von den Tieren nicht behaupten. Es gibt Tiere, die vollständig festgelegte Bewegungsfolgen ausführen, bei denen die Kontrolle der Sinnesorgane wegfällt. Solche Handlungen können nun durch eine besondere Art der Nervenverknüpfung zustande kommen; dann nennt man sie Reflexe. Werden dagegen geregelte Bewegungsfolgen von einem Tier ausgeführt, die keine Kontrolle der Sinnesorgane besitzen, und die durch keine anatomisch nachweisbare Bauart zwangsmäßig verknüpft sind, so spricht man von *Instinkthandlungen*.

Der Begriff des Instinkts birgt daher die stillschweigende Anerkennung der Funktion als eines selbständigen Faktors neben der Organisation der Tiere.

Während das sensible Schema Regel und Ordnung in die Wahrnehmungen bringt, bringt die Impulsfolge als Erzeugerin der Funktion Regel und Ordnung in die Handlungen.

Der Unterschied zwischen Erfahrungstieren, wie die Menschen, und den Instinkttieren, wie die Vögel und Insekten, beruht hauptsächlich darauf, daß die Instinkttiere angeborene Impulsfolgen für die Funktionen besitzen, die sich ohne weitere Kontrolle fehlerlos abspielen können. Die Erfahrungstiere bedürfen der Schemata, um die richtige Impulsfolge für die Funktionen zu bilden und durch ihre Kontrolle zu erhalten.

Vor jeder einzelnen Handlung muß auch beim Menschen die Impulsfolge für die Funktion fertig vorhanden sein. Wenn sie zu spielen beginnt, beginnt a tempo das kontrollierende Schema mitzuklingen, und bringt dadurch das Funktionieren uns zum Bewußtsein. Jede Abweichung der normalen Funktion wird sofort gemeldet.

Da nun bei uns die Funktionen zweifellos erlernt werden, so sind wir geneigt, anzunehmen, die Funktionen müßten sich irgendwie in dem Gefüge der Nervenverknüpfung des Gehirns festgesetzt haben. Darin könnte auch der Grund gesucht werden, warum sie uns so gar nicht zum Bewußtsein kommen.

Diese Frage ist eine offene; sie ist deshalb von erheblicher Wichtigkeit, weil ihre Beantwortung nicht mehr und nicht minder bedeutet als die Anerkennung eines nichtphysikalischen Naturfaktors im Getriebe des Körpers.

Ich kann sehr gut zugeben, daß die ganze Welt Erscheinung ist, und daß die Dinge in ihr sich aus meinen Sinneszeichen + Schema zusammensetzen, ohne doch annehmen zu müssen, daß die in ihr beobachteten Bewegungsformen anders als durch Kausalität und durch die im Gefüge der Gegenstände festliegende Planmäßigkeit gelenkt würden. Ich müßte dann freilich auch annehmen, daß die Impulsfolgen im Gehirn in irgendeiner Weise durch Nervenstruktur festgelegt wären.

Diese Weltanschauung macht den Menschen zu einer zufällig mit Bewußtsein begabten Maschine, während alle Tiere auch ohne das Bewußtsein auskommen könnten.

Dann hätte auch der Instinkt keinen Platz und müßte, trotz der nicht nachweisbaren nervösen Organisation, als hochkomplizierte Reflexhandlung aufgefaßt werden.

Es kommt alles darauf an, ob man das Leben der Tiere durch das Vorhandensein eines planmäßigen Gefüges analog dem der Maschinen deuten kann. Darüber wird später ausführlich die Rede sein.

Das Gefüge.

Auffallend ist es, daß einerseits die Behauptung, eine Maschine könne als Lebewesen betrachtet werden, allgemeinen Widerspruch erregt, während die umgekehrte Behauptung, man dürfe die Lebewesen den Maschinen gleichsetzen, sehr viele Anhänger zählt. Der Widerspruch, der darin liegt, verliert an Schärfe, wenn man die beiden Behauptungen in anderer Weise ausdrückt. Der Satz: die Maschinen besitzen die Eigenschaften des Lebendigen, wird von uns ohne weiteres abgelehnt werden; dagegen wird der Satz: die Lebewesen besitzen maschinelle Eigenschaften, allgemeiner Zustimmung sicher sein.

Es klingt geradezu lächerlich, wenn man behaupten wollte, eine Lokomotive mit einem optischen Apparat sei eine Art Pferd, während der Versuch, ein Pferd mit einer Lokomotive zu vergleichen, viel Verlockendes an sich hat.

In der Tat ist es unmöglich, aus den Gegenleistungen der Gegenstände, selbst nach sorgfältiger Auswahl und bei feinster gegenseitiger Verschränkung, die Leistungen eines Tieres zu erreichen. Alle Gegenleistungen, auch wenn sie noch so kompliziert gedacht werden, gehen auf eine menschliche Leistung zurück und bleiben daher unselbständig. Um sie zu einem selbständigen Ganzen zu verbinden, müssen wir stets einen Menschen mit seiner Impulsfolge zum Ausgangspunkt wählen.

Dagegen hat die Frage, ob wir nicht ein Lebewesen in lauter selbständige Funktionen auflösen könnten, die im Gefüge des Tieres ihren Ausdruck finden, einen guten Sinn.

Es hat sich gezeigt, daß dieser Weg der Analyse eines Lebewesens sehr große Vorteile zeitigt. Ja, die vergleichende Physiologie stellt mit Recht die These auf, man solle alle Tiere als ein Reflexbündel auffassen, jeden einzelnen Reflexbogen sauber herausarbeiten und dann die zentrale Verbindung aller Reflexbögen studieren. Nur auf diese Weise gelingt es, die zweifellos vorhandenen maschinellen Eigenschaften der Lebewesen voll zur Darstellung zu bringen, und das ist eine besonders wichtige Wissenschaft, die wir eben als Physiologie bezeichnen.

Jedem Biologen aber wird es klar sein, daß damit die Aufgabe der Forschung nicht erschöpft ist; denn ein Reflexbündel ist noch kein Tier, selbst wenn man die ganzen planmäßig geordneten chemischen Wirkungen des Körpers in dessen Aufbau mit hineinbezieht.

Ein Lebewesen besitzt außer den maschinellen auch übermaschinelle Fähigkeiten, die ihm einen ganz anderen Charakter verleihen als den Maschinen, selbst wenn die einzelnen Teile der Maschine mit der gleichen Vollkommenheit gebaut wären wie die Organe eines Lebewesens und ihre Gegenleistungen wahre Leistungen wären, d. h. sich nicht auf menschliche Leistungen bezögen.

Die übermaschinellen Fähigkeiten aller Lebewesen bestehen darin, daß sie die an den Maschinen von den Menschen ausgeübten Tätigkeiten mit einschließen. Sie erbauen ihre Körpermaschine selbst, sie leiten ihren Betrieb selbst, und sie nehmen selbst Reparaturen vor.

Alle drei Fähigkeiten, nämlich Erbauung, Betriebsleitung und Wiederherstellung, scheinen an die Existenz des Protoplasmas gebunden zu sein, das den Maschinen fehlt. Aus dem Protoplasma geht jedes Lebewesen hervor; auch bleibt es in Spuren in jeder Zelle vorhanden und bildet dort jenen Teil der Zelle, der nicht in das maschinelle Gefüge des Ganzen aufgeht. Dabei bleibt das gesamte Protoplasma durch feine Brücken innerhalb des ganzen Körpers im Zusammenhang.

Die anatomisch nachweisbare Existenz des Protoplasmas gestattet uns, eine prinzipielle Teilung zwischen dem maschinellen Gefüge und dem protoplasmatischen Netz, das den ganzen Körper durchzieht, vorzunehmen und alle übermaschinellen Fähigkeiten dem Protoplasma zuzuschreiben.

Ist dies geschehen, so sehen wir, daß in der Tat ein vom Protoplasma befreites Lebewesen eine ideale Maschine darstellt. Es ist dieses kunstreich verflochtene Bündel von Reflexbögen mit seinen tadellos gebauten Rezeptoren und Effektoren eine selbständige Maschine geworden, die mit ihren eigenen Leistungen die Einwirkungen der Außenwelt beantwortet. Diese Leistungen sind aber ganz unveränderlich und vollkommen zwangläufig, und hierin ist dann auch der innerste Widerspruch zwischen Lebenden und Toten aufgezeigt. Wir müßten ein Wesen, das noch, dank seinem Gefüge, alle physiologischen Äußerungen eines Lebewesens zeigte, das aber kein Protoplasma besäße, dennoch als tot bezeichnen.

Das Protoplasma.

Das Protoplasma, wie es sich vom Keim an in allen lebenden Zellen findet, besitzt auch ein maschinelles Gefüge, da es die fundamentalen maschinellen Leistungen der Lebewesen aufweist, die Bewegung, Stoffwechsel, Nahrungsaufnahme, Atmung usw. Eine Hauptleistung, die in der Zellteilung besteht, erfordert sogar einen sehr komplizierten Mechanismus.

Wäre damit die Rolle des Protoplasmas erschöpft, so hätten wir gar nichts gewonnen als eine neue Maschine, die in die große Maschine eingebaut wäre.

Zum Glück hat uns die Natur, indem sie einzellige Tiere, wie Amöben und Infusorien, schuf, die ganz oder zum großen Teil aus Protoplasma bestehen, einen Einblick in die übermaschinellen Fähigkeiten des Protoplasmas tun lassen. Das Studium der Amöben hat uns zweierlei gelehrt: erstens, daß, um eine maschinelle Leistung zu vollführen, ein maschineller Apparat vorhanden sein muß, und zweitens, daß das Protoplasma die Fähigkeit besitzt, die maschinellen Apparate immer wieder neu zu schaffen und wieder aufzulösen.

Das Studium der Infusorien hat ergeben, daß diese Tiere, deren animale Tätigkeit von Dauerapparaten ausgeführt wird, für die vegetativen Apparate noch auf die reine Protoplasmatätigkeit angewiesen sind. Das Innere dieser Tiere besteht noch aus flüssigem Protoplasma, und dieses bildet um jeden Bissen herum eine Blase, die erst Mund, dann Magen, dann Darm und schließlich After wird.

Hier sehen wir deutlich vor Augen, daß die Impulsfolge der Funktionen bereits vorhanden ist, bevor die Organe, die die Funktionen ausüben, überhaupt geschaffen sind, und daß das Protoplasma die Fähigkeit besitzt, die Organe entsprechend dieser Impulsfolge zu gestalten.

Wir sehen ein Organ nach dem anderen in fester zeitlicher Reihenfolge auftreten und, nachdem seine Leistung vorüber ist, wieder verschwinden. Bei den gefügten Tieren sind die Organe dauernd vorhanden, und an die Stelle der zeitlichen Aufeinanderfolge tritt hier die anatomische Verbindung.

Es gibt also eine nichtstoffliche Ordnung, die erst dem Stoff sein Gefüge verleiht — eine Regel des Lebens. Diese Regel tritt erst in die Erscheinung, wenn sie das Gefüge erschafft; dieses formt sie streng individuell, entsprechend den speziellen stofflichen Eigenschaften des jeweiligen Protoplasmatieres.

Wie eine Melodie gesetzmäßig Tonfolge und Rhythmus beherrscht, aber erst bei ihrem Wirksamwerden in die Erscheinung tritt und dann die Klangfarbe annimmt, die ihr die Eigenschaft der einzelnen Instrumente aufzwingen.

Dieses sind einfache und offenkundige Tatsachen und keineswegs nebelhafte Theorien. Sie geben uns auch den Schlüssel zu den drei erwähnten Leistungen des Protoplasmas im höheren Tier: Erbauung, Betriebsleitung und Wiederherstellung. In allen Fällen wird etwas

Neues geleistet, aber gemäß einer bereits vorhandenen Regel und immer spezialisiert nach den Eigenschaften der Organe — nirgends Evolution, immer Epigenese.

Hat uns schon der Begriff des Instinkts darauf hingewiesen, daß wir in der Impulsfolge einen außerhalb des anatomischen Gefüges des Tieres liegenden Naturfaktor anerkennen müssen, der das Funktionieren des Tieres regelt, so werden wir ihn jetzt im Protoplasma aufsuchen, das ganz allgemein diesem Faktor gehorcht. Dabei greift dieser Faktor nicht planlos in das Gefüge des Lebens ein, sondern genau so planmäßig wie unsere Impulsregeln unsere eigenen Handlungen lenken.

Diese Analogie gewährt uns den ersten Hinweis auf die Natur dieses rätselhaften Faktors, der sich in jedem Protoplasma vorfindet, und der seinem Wesen nach eine Regel ist.

Rückblick.

Wir haben in diesem der Synthese gewidmeten Kapitel gesehen, wie mit Hilfe der Schemata die räumlichen Dinge körperhaft geformt werden, wie mit Hilfe der Kausalität die zeitlich ausgedehnten Objekte einheitlich zusammengefaßt werden, wie mit Hilfe der Planmäßigkeit die Gegenstände entstehen. Wir haben ferner die Planmäßigkeit erforscht und gefunden, daß ihr immer eine Funktion zugrunde liegt. Die Funktion selbst haben wir, indem wir auf unsere eigenen Handlungen zurückgingen, auf die Impulsfolge zurückgeführt, die uns indirekt durch unsere eigenen Qualitäten zum Bewußtsein kommt.

Wir haben endlich feststellen hönnen, daß die Impulsfolge auch die Tätigkeit des Protoplasmas regelt, und sich dadurch als selbständige Naturkraft äußert, wobei sie Organe mit differenziertem Gefüge hervorbringt und wieder verschwinden läßt. Ist das Gefüge einmal vorhanden, so kann die Tätigkeit zwangmäßig im Rahmen des Gefüges ablaufen.

Da aber das Gefüge durch die Impulsfolge planmäßig gebaut ist, so ist auch seine Wirkung in der Außenwelt zugleich planmäßig und zwangläufig.

Die Frage nach der Planmäßigkeit beschäftigt die Biologie die Frage nach der Zwangläufigkeit die Physiologie.

Fünftes Kapitel

Die Welt der Lebewesen.

Allgemeines.

Nachdem wir uns im allgemeinen über die Eigenschaften der Lebewesen klar geworden sind, soll es unsere Aufgabe sein, die Betätigung dieser Eigenschaften zu untersuchen.

Jedes Tier ist ein Subjekt, das dank seiner ihm eigentümlichen Bauart aus den allgemeinen Wirkungen der Außenwelt bestimmte Reize auswählt, auf die es in bestimmter Weise antwortet. Diese Antworten bestehen wiederum in bestimmten Wirkungen auf die Außenwelt, und diese beeinflussen ihrerseits die Reize. Dadurch entsteht ein in sich geschlossener Kreislauf, den man den *Funktionskreis* des Tieres nennen kann.

Die Funktionskreise der verschiedenen Tiere hängen in der mannigfachsten Weise miteinander zusammen und bilden gemeinsam die Funktionswelt der Lebewesen, in die die Pflanzen mit inbegriffen sind. Für jedes einzelne Tier aber bilden seine Funktionskreise eine Welt für sich, in der es völlig abgeschlossen sein Dasein führt.

Diese Funktionswelt gilt es jetzt zu zergliedern. Die Gesamtheit der Reize, die auf das Tier einwirken, bildet eine Welt für sich. Im Zusammenhang des ganzen Funktionskreises betrachtet, bilden die Reize bestimmte Merkmale, die das Tier, wie einen Bootsmann die Seezeichen, dazu veranlassen, eine Steuerung seiner Bewegungen auszuführen. Die Summe der Merkmale bezeichne ich als *Merkwelt.*

Das Tier selbst bildet bei Ausübung der Steuerung eine Welt für sich, die ich als *Innenwelt* bezeichnen will.

Die Wirkungen, die das Tier auf die Außenwelt ausübt, ergeben die dritte Welt, die *Wirkwelt.*

Wirkwelt und Merkwelt bilden aber ein in sich zusammenhängendes Ganzes, das ich als *Umwelt* bezeichne.

Der ganze Funktionskreis, der Innenwelt und Umwelt umschlingt (die wiederum in Wirkwelt und Merkwelt zerfällt), bildet ein planmäßig gebautes Ganzes, indem jeder Teil zum anderen gehört und nichts dem Zufall überlassen bleibt.

Wird dieser Kreis an irgendeiner Stelle unterbrochen, so ist dadurch das Dasein des Tieres gefährdet.

Es ist nicht möglich, die Biologie eines Tieres zu schreiben, wenn man nicht seine Funktionskreise völlig umschritten hat. Alle Teile in demselben sind gleich wichtig, so verschiedenartig sie sein mögen. Den Zusammenhang dieses lückenlosen Ganzen darf man nicht aus den Augen verlieren, wenn man sich mit den einzelnen Teilen näher befaßt.

Die Funktionskreise.

Wie wir den Funktionskreis in einzelne Sektoren zerlegt haben, so trennen wir die Gesamtheit der Funktionskreise in einzelne Kreise oder Kreisgruppen, die biologisch streng voneinander geschieden bleiben.

Der erste ist der Kreis des *Mediums.* Er ist dadurch gekennzeichnet, daß das Medium selbst keinen Reiz auf das Tier ausübt, daß dagegen das Verlassen des Mediums sofort reizauslösend wirkt, der eine Steuerung veranlaßt und das Tier wiederum in das Medium zurücklenkt. Das Medium ist also derart gestaltet, daß es selbst keine Merkmale besitzt, die das Tier aufnehmen kann: so wirkt das Wasser nicht auf den Fisch, wohl aber die Luft, sobald er an die Oberfläche kommt. Für die Luftbewohner ist umgekehrt das Wasser ein Reiz, die Luft aber nicht. Es darf dabei nicht vergessen werden, daß Wirbel und Strömungen in beiden Medien als Reize dienen. Nur im Wasser oder in der Luft können die Tiere leben; auch wenn sie sich unter der Erde befinden, muß eine Verbindung mit dem einen oder dem anderen Medium hergestellt sein.

Der Erdboden und alle festen Körper bilden immer Hindernisse im Medium und wirken daher immer als Merkmale. Daher sind die meisten Tiere mit Bewegungsorganen ausgestattet, um diese Hindernisse zu überwinden, während nur ein Bruchteil Organe besitzt, die zur Bewegung in den freien Medien von Luft und Wasser dienen.

Das Medium ist in vielen Fällen durch besondere Merkmale räumlich eingeengt, die das Tier in einer bestimmten *Heimat* festhalten. So bilden für Schnecken und Krebse und ebenso für Insekten dunkle und helle Flächen Marken, die ihre Steuerung beeinflussen. Dazu kommt bei den Bilateraltieren die ungleiche Ausbildung beider Seiten, die eine Bewegung in Kreisform begünstigt.

Neben dem Funktionskreis des Mediums können wir die Funktionskreise der *Nahrung* und des *Feindes* unterscheiden. In beiden Fällen erhält das Tier einen Reiz, der von den Merkmalen der Nahrung (sei sie pflanzlicher oder animalischer Art) oder vom Feinde ausgeht, der mit verschwindenden Ausnahmen immer ein Tier ist. Auf den Nahrungsreiz erfolgt eine Steuerung in die Richtung auf die Nahrung zu, darauf treten bei der Berührung neue Merkmale auf, die taktiler oder chemischer Art sind, und die zur Steuerung der Freßwerkzeuge dienen. Hierbei treten oft mehrere Kreise auf, die zum Nahrungskreis gehören. Auf den Feindesreiz hin erfolgt entweder eine Steuerung der Bewegungsorgane, die vom Feinde fortführt, oder eine Steuerung der Verteidigungsorgane, welche den Feind vertreibt. In beiden Fällen verschwinden die Feindesmerkmale.

In manchen Fällen geht, wie bei vielen Krebsen, der Funktionskreis des Feindes durch die Augen, der Funktionskreis der Nahrung und die Geruchsorgane.

Als vierter Funktionskreis tritt der *Geschlechtskreis* auf, der im Prinzip dem Nahrungskreise gleicht, nur daß die Steuerung nicht die Freßapparate, sondern die Geschlechtsapparate in Tätigkeit setzt.

Alle Kreise schneiden sich, nachdem sie in der Merkwelt weit voneinander ablagen, in dem Steuerorgan der Innenwelt, um dann in der Wirkungswelt wieder auseinanderzustreben.

Die biologische Behandlung der Funktionskreise verlangt, daß wir auch den außerhalb des Körpers in der Umwelt verlaufenden Teil des Kreises gleichfalls unter dem Gesichtspunkte der Planmäßigkeit betrachten. Und dies ist uns neu und ungewohnt. Wir sind gewohnt, die außerhalb des Subjekts liegenden Dinge rein nach Kausalitätsregeln zu behandeln. Dadurch werden wir aber dem biologischen Gefüge nicht gerecht, das sich durch den ganzen Kreis hindurch erstreckt.

Wollen wir selbst einen lückenlosen maschinellen Funktionskreis bauen, der, in dem wir z. B. eine automatische Lokomotive mit einem optischen Apparat versehen, der von den Merkmalen der grünen und roten Einfahrtszeichen erregt wird, und daraufhin die Steuerung der Lokomotive beeinflußt, so müssen wir auch die Umwelt, d. h. in diesem Falle den Schienenstrang ebenso planmäßig bauen wie die Lokomotive selbst.

Die Tiere sind nun derart in die Natur hineingebaut, daß auch die Umwelt wie ein planmäßiger Teil des Ganzen arbeitet.

Man kann das folgendermaßen ausdrücken: Wo ein Fuß ist, da ist auch ein Weg. Wo ein Mund ist, da ist auch Nahrung. Wo eine Waffe ist, da ist auch ein Feind.

Der letzte Satz spricht eine oft mißverstandene Tatsache aus, daß nämlich auch der Kampf in die allgemeine Planmäßigkeit mit hineingehört. So ist der Kampf ums Dasein im Gegensatz zur Lehre DARWINS keineswegs bloß eine Ursache in der Kausalreihe, sondern ein Glied der allgemeinen Planmäßigkeit des Lebens.

Aber nicht nur die bewehrten, auch die unbewehrten Lebewesen stehen im Kampf. Ihr Schutz bildet entweder die Schnelligkeit oder die Zahl. So werden, was am meisten in die Augen fällt, sehr viel mehr Eier gelegt, als Junge ausschlüpfen, weil die überwiegende Anzahl Eier stets den Feinden zum Opfer fällt. Hier sehen wir deutlich, daß eine neue Planmäßigkeit eingreift, die wie bisher nicht betrachtet haben — das ist die Planmäßigkeit der Art, auf die wir später zu sprechen kommen.

Fürs erste haben wir uns nur mit der Planmäßigkeit des Individuums zu befassen.

Eines wird aus der bisherigen Behandlung des Problems klar geworden sein, daß die Biologie sich nur um die Planmäßigkeit zu kümmern hat und die Erforschung der Kausalität nur insofern in Frage kommt, als sie zur Erforschung der Planmäßigkeit mit beiträgt. Wir betrachten alle Dinge, die im Funktionskreis eines Tieres eine Rolle spielen, nur vom Gesichtspunkt der Funktion aus. Wir haben es daher ausschließlich mit Gegenständen zu tun und niemals mit Objekten. Der Stein, den ein Käfer erklettert, ist nur ein Käferweg und gehört nicht in die Mineralogie. Seine Schwere, seine stofflichen Eigenschaften, wie das Atomgewicht oder die chemischen Valenzen, sind uns ganz gleichgültig. Das sind alles begleitende Eigenschaften, die wir übersehen können, weil uns nur die leitenden Eigenschaften der Form und der Härte interessieren.

Im Körper des Subjekts spielt die physikalische und chemische Kausalität eine viel größere Rolle, weil hier der Unterschied zwischen leitenden und begleitenden Eigenschaften soweit sie den Stoff betreffen, wegfällt, da alle stofflichen Eigenschaften in das Gefüge des Lebewesens mit aufgenommen sind. Deshalb ist man sicher, wo man den Chemismus oder die physikalischen Eigenschaften eines Tieres auch anpacken mag, immer auf eine Lebenseigenschaft zu treffen; aber erst die Einfügung der gefundenen Eigenschaften in den Funktionskreis krönt die physiologische Tätigkeit. Auch die zahlreichen Lösungen mechanischer Probleme, die das Tier uns in seiner Wirkungswelt bietet, haben nur als Glied der Funktionskette biologische Bedeutung.

Wir sind, wenn wir einen Funktionskreis durchschreiten, vollkommen sicher, daß wir überall auf neue planvolle Einrichtungen treffen werden, wir sind aber keineswegs sicher, daß wir überall auf eine maschinelle Einrichtung stoßen werden. Wir wissen bereits, daß das Protoplasma dazu berufen ist, eine zwar planmäßige, aber übermaschinelle Rolle zu spielen.

Da die Planmäßigkeit sowohl für die körperlichen Dinge wie für die geistigen Vorgänge das oberste Gesetz ist, deren unmittelbarer Ausdruck die Apperzeption ist, so sind viele Forscher geneigt, die planmäßige Steuerung, die die Haupttätigkeit der Innenwelt ausmacht, aus der Physiologie in die Psychologie, aus dem Körper in das Gemüt des Tieres zu verlegen.

Dagegen gibt es einen prinzipiellen Einwand: wir wollen doch die ganze Funktionswelt des Tieres, die wir erforschen, als unser Erlebnis und nicht als ein Erlebnis des Tieres behandeln. Es sind unsere Merkmale, die auf das Tier einwirken. Wir beobachten die Steuerung. Es ist unsere Apperzeption, die die Planmäßigkeit erkennt. Wollten wir den Standpunkt plötzlich wechseln und vom Gemüt des Tieres aus den Vorgang betrachten, so verlören wir den Zusammenhang der Erscheinungen, auf den es uns vor allem ankommt. Dann wären wir plötzlich von Erscheinungen des Tieres umgeben, die mit den unseren in gar keinem Zusammenhang stehen. Denn die Einheit der Erscheinungen beruht lediglich in der Einheit unserer eigenen Apperzeption.

Eine andere Frage ist es, ob eine fremde Apperzeption sich als objektiver Naturfaktor in unserer Erscheinungswelt äußern kann. Diese Frage ist von DRIESCH bejaht worden — er nennt die fremde Apperzeption um die dauernde Verwechslung der fremden Psyche mit unserer Psyche zu vermeiden, sobald sie zum Naturfaktor wird, ein *Psychoid*. Nach DRIESCH, dem wir die grundlegende Wendung in den Lehren der modernen Biologie verdanken, trifft die Psyche des Beobachters bei der Untersuchung eines fremden Subjektes auf die Wirkungen des Psychoids. Diese Wirkungen treten dann als übermaschinelle Faktoren in die Funktionskreise ein.

Der Bauplan.

Ein wirkliches Verständnis für die Aufgaben der Merkmale kann man erst gewinnen, wenn man sich darüber Rechenschaft gegeben hat, welche Rolle ihnen im Zusammenspiel des gesamten Organismus zugewiesen ist.

An der Untersuchung der lebenden Organismen sind drei Wissenschaften beteiligt, die Physiologie, die Psychologie und die Biologie. Alle drei geben eine verschiedene Definition des Organismus. Die Physiologie behandelt ihn als Maschine, die Psychologie als beseelte Maschine und die Biologie als autonome Maschine. Alle drei stimmen also darin überein, dem Organismus die Eigenschaften einer Maschine zuzuschreiben.

Das ist ein überaus wichtiges Zugeständnis. Denn damit sind alle Theorien, die den Aufbau eines Lebewesens, aus den anorganischen Gesetzen der Physik, der Chemie und der allgemeinen Mechanik ableiten wollen, von vorne herein abgewiesen. Denn es ist unmöglich mit allen Hilfsmitteln der Physik und Chemie, selbst bei genauester Kenntnis der Gesetze der allgemeinen Mechanik, wie dem Hebelgesetz, dem Gesetz der kommunizierenden Röhren usw. eine spezielle Maschine zu konstruieren, wenn man jenen immateriellen Faktor außer Acht läßt, der den Kern aller Maschinen, mögen sie selbst lebendig sein, oder die Erzeugnisse lebender Menschen sein, ausmacht — nämlich den „Bauplan". Ohne Berücksichtigung des Bauplanes kann es keine spezielle Mechanik geben d. i. die Lehre vom Aufbau der Maschinen und Mechanismen.

Selbst der Darwinismus, der die Baupläne der Organismen aus einer Wechselwirkung mit den Faktoren der Außenwelt ableiten will, verlöre ohne die Anerkennung der in den jetzt lebenden Organismen wirksamen Baupläne, die Voraussetzung seines ganzen Lehrgebäudes.

Vom Bauplan, der, wie bereits hervorgehoben, ein durchaus immaterieller Faktor ist, müssen alle Wissenschaften ausgehen, die sich mit den Gesetzen der speziellen Mechanik befassen. Aus diesen sind erst die Gesetze der allgemeinen Mechanik abstrahiert worden, um festzustellen, an welche allgemeine Grundbedingungen sämtliche Mechanismen, ohne Ausnahme gebunden sind.

Unter einem Bauplan versteht man zweierlei, einmal die räumlich gegebene Anordnung der Teile in einem Ganzen, wie sie in den Krystallen verwirklicht ist, und wie sie in der reinen Morphologie, die sich auf die Untersuchung der Anordnung homologer Organe beschränkt, die führende Rolle spielt. Zweitens versteht man unter Bauplan den Betriebsplan einer Maschine und den Funktionsplan eines Lebewesens, worin nicht die Form allein, sondern auch die Leistungen der einzelnen Teile und ihre Einfügung ins Gesamtgetriebe zur Anschauung gebracht wird.

Erst der Bauplan ermöglicht die Ausführung einer Gesamtleistung und diese besteht immer in einer Einwirkung auf die Außenwelt. Die Außenwelt unserer Maschinen, die samt und sonders nichts anderes sind als Fortsetzungen unserer menschlichen Organe, ist daher nie etwas anderes als ein Ausschnitt unserer menschlichen Welt.

Ganz anders liegen die Dinge bei den Lebewesen. Die Gesamtleistung ihres Organismus bezieht sich immer auf Faktoren ihrer eigenen Umwelt, in die uns der unmittelbare Einblick versagt ist. Wir können nur feststellen, daß die Umwelt der Tiere ebenso weit von der unseren abweicht wie ihr Bauplan von dem unsrigen. Es bleibt uns daher nichts anderes übrig, als die Faktoren in den verschiedenen Umwelten der Tiere mit Hilfe ihres uns bekannten Bauplanes aufzusuchen. Dann wird es uns klar werden, daß die Hundewelt sich aus Hundedingen und die Fliegenwelt sich aus Fliegendingen aufbaut.

Es wäre völlig aussichtslos, die ungeheure Menge verschiedener Beziehungen zwischen den vielgestaltigen Tieren zu den vielgestaltigen Dingen ihrer Umwelten unter einen Hut zu bringen, wenn wir nicht diese Beziehungen auf einige allen Tieren gemeinsame Leistungen, wie Fortbewegung, Nahrungsempfang, Kampf mit dem Feinde, Geschlechtsgemeinschaft und wenige mehr zurückführen könnten. Da, wie wir sahen, sämtliche Leistungen in einen Funktionskreis eingebaut sind, der Tier und Objekt umschließt, ist es möglich, ein gemeinsames Schema zu entwerfen, nach dem alle Baupläne der Tiere und die von ihnen abhängigen Umwelten erbaut sind.

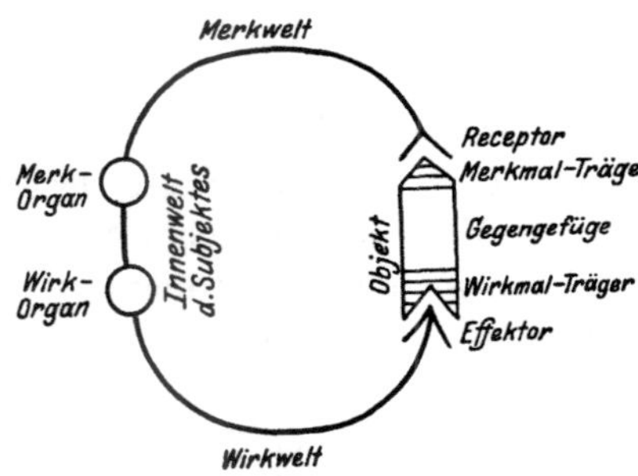

Abb. 3. Schema des Funktionskreises.

Abbildung 3 gibt dieses allgemeine Schema wieder. Wir sehen, wie das Subjekt Tier mit seinen Rezeptoren und Effektoren das Objekt umfaßt. Die Eigenschaften des Objektes, die auf die Rezeptoren einwirken, bilden die „Merkmalträger“ für das Subjekt. Unter ihrem Einfluß setzt das Subjekt seine Effektoren in Tätigkeit, die ihrerseits bestimmten Eigenschaften des Objektes ihre Wirkmale aufprägen. Diese werden dadurch zu „Wirkmalträgern“ des Subjektes. Merkmalträger und Wirkmalträger werden durch das Gegengefüge des Objektes zusammengehalten, das den Funktionskreis abschließt.

Die Wirkungen, die von den Merkmalträgern zu den Rezeptoren übergehen, spielen sich in der „Merkwelt" des Subjektes ab. Die Wirkungen der Effektoren auf die Wirkmalträger des Objektes spielen in der „Wirkwelt" des Subjektes. Die Übertragung der Wirkungen von den Rezeptoren auf die Effektoren vollzieht sich in der „Innenwelt" des Subjektes. Von dieser Übertragung soll jetzt die Rede sein.

Auch hierbei wird uns ein Schema, Abbildung 4, gute Dienste leisten. Wir sehen 3 Arten von Rezeptoren: 1. Tast-, 2. Geruchs-, 3. Gesichtsrezeptoren, die ihre zentripetalen Nerven je einem „Merknetz" des Merkorgans zusenden. Jedes Merknetz steht in nervöser Verbindung mit einem „Wirknetz" des Wirkorgans, das seinerseits zentrifugale Nerven den Muskelgruppen bestimmter Effektoren zusendet. So entsteht, wenn man das Schema in die dritte Dimension erweitert, die charakteristische Form von paarweis zusammengehörigen Pyramiden oder Kegeln, die mit ihren Spitzen aneinanderstoßen. Was diese Form für den Aufbau des gesamten Nervensystems zu bedeuten hat, wird uns sogleich klar werden, wenn wir uns die Tatsache vor Augen führen, daß alle Reize, die die Rezeptoren eines Tieres treffen, zugleich grundsätzlich gleich und grundsätzlich verschieden sind. Grundsätzlich gleich sind alle Reize deshalb, weil jeder Reiz der Außenwelt von allen Rezeptoren in die gleiche Nervenerregung verwandelt wird. Grundsätzlich verschieden sind die Reize deswegen, weil jede Erregung durch eine andere Nervenperson dem Merkorgan zugeführt wird, sobald er einen anderen Rezeptor getroffen hat. Alle Reize werden an der Peripherie erst analysiert und dann erfolgt im Zentrum die Synthese. Dies drückt sich im Schema deutlich aus, wo ganze Gruppen rezeptorischer Nerven einem gemeinsamen Netz im Merkorgan zugeführt werden.

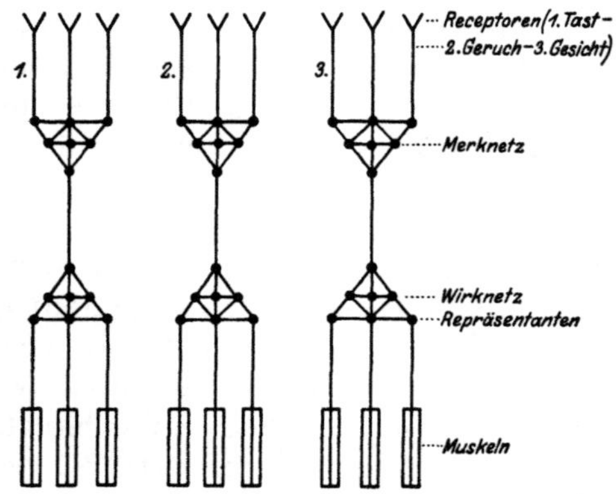

Abb. 4.

Durch verschiedene Verwendung dieser beiden sich widersprechenden Möglichkeiten steht es der Organisation des Tieres prinzipiell frei, jede nur denkbare Kombination von Eindrücken in Merkmale zu verwandeln. Sie kann beispielsweise sämtliche rezeptorischen Nerven in ein Netz zusammenfließen lassen, dann gehen alle Unterschiede, die durch das Vorhandensein der verschiedenen Nerven geschaffen sind, wieder verloren. In diesem Falle werden alle Eindrücke das gleiche Merkmal liefern.

Andererseits steht es der Organisation frei, die Verschiedenheit der Nervenpersonen festzuhalten und sie in planmäßiger Kombination zu verwenden, dann werden zahlreiche und komplizierte Merkmale geschaffen.

Hieraus ersieht man, daß die Zahl und die Zusammensetzung der Merkmale ein Werk der Organisation des Tiersubjekts ist.

Für das im Schema wiedergegebene vereinfachte Beispiel, etwa eines Käfers, wird angenommen, daß alle von den Tastorganen stammenden Nerven in einem gemeinsamen Merknetz für das Tasten zusammenfließen, ebenso die von den Geruchsorganen und die von den Augen stammenden Nerven in je einem Geruchsnetz und einem Sehnetz vereinigt werden. In diesem Falle besäße das Tier nur drei verschiedene Merkmale. Wir nehmen weiter an, daß auf Reizung der Tastorgane der Käfer läuft, auf Reizung der Geruchsorgane frißt und auf Reizung des Auges fliegt. Dies drückt sich im Schema dadurch aus, daß die Muskeln der Beine von den Nerven eines Wirknetzes fürs Laufen, die Muskeln der Freßorgane und der Flügel ebenfalls von einem entsprechenden Wirknetz versorgt werden.

Bezeichnen wir den ganzen Apparat, der ein Merknetz mit den dazu gehörigen Rezeptoren zusammenfaßt als ein „Merkwerk" und den Apparat, der ein Wirknetz mit den dazu gehörigen Muskelgruppen vereinigt als ein „Wirkwerk", so haben wir bereits die allgemeinen Grundzüge eines jeden Bauplanes aufgezeigt. Überall finden wir, wenn wir den Handlungen eines mehrzelligen Tieres nachspüren, die Gliederung in Merk- und Wirkwerke durchgeführt, die es dem Tier ermöglicht, verschiedene Reize der Außenwelt mit verschiedenen Handlungen zu beantworten.

Es ist aber durchaus nicht nötig, daß die Merkwerke die gleiche Ausbildung erfahren wie die Wirkwerke. Niedere Tiere zeigen oft eine reiche Ausgestaltung ihrer Wirkwelt gegenüber einer dürftigen Merkwelt. So sind bei den Seeigeln, die durch zahlreiche und vielgestaltige Wirkwerke in ihren Zangen und Stacheln ausgezeichnet sind, an ganz einfache Merkwerke gebunden, die die Reize der Außenwelt nicht nach Qualitäten, sondern nur nach Intensitäten zu verwerten vermögen.

Da ein jeder Funktionskreis eine in sich abgeschlossene Einheit bildet, die sich qualitativ von den anderen Funktionskreisen unterscheidet, ist es angezeigt, ihnen in der Vorstellung verschiedene Farben zu verleihen. Dadurch erleichtert man sich auch den Überblick über jeden Bauplan eines Tieres.

Die Erregung.

Wer in das Getriebe einer Dampfmaschine einen Einblick gewinnen will, wird sich vor allen Dingen mit den Eigenschaften des Dampfes bekannt machen müssen. Ebenso werden wir, um ein Verständnis für das Getriebe der Merk- und Wirkwerke zu gewinnen, versuchen müssen, jenes Agens herauszuholen, das alle einzelnen Teile der Werke in Tätigkeit versetzt — die Erregung.

Alle äußeren Reize, denen ein Tier ausgesetzt ist, treffen zunächst auf seine Rezeptoren, denen die doppelte Aufgabe obliegt, den Reiz nach eigener Wahl abzublenden oder in Nervenerregung umzuwandeln, man kann sie daher auch als Transformatoren ansprechen. Ihre Wirkungsart wird am deutlichsten durch einen Vergleich ersichtlich. Wir können Holz zum Brennen bringen 1. durch andauerndes und starkes Aneinanderreiben zweier Hölzer, 2. durch leichtes Reiben eines Schwefelholzes an jeder beliebigen Fläche, 3. durch leichtes Reiben an einer ganz bestimmten Reibfläche, wie bei den schwedischen Zündhölzern.

Ganz ähnlich ist die Verrichtung der Rezeptoren. Entweder sie verwandeln alle starken und andauernden Reize in Nervenerregung, oder sie setzen die Schwelle für alle Reize stark herab, oder sie vollziehen eine ganz bestimmte Auslese unter den Reizen.

Jeder durch das Eingreifen der Rezeptoren wirksam gewordene Reiz ändert den Tätigkeitszustand im zentripetalen Nerven, der den Rezeptor mit dem Merkorgan verbindet. Den Tätigkeitszustand eines Nerven nennen wir „Tonus".

Vom Tätigkeitszustand wissen wir nur, daß er sich im positiven oder negativen Sinn ändern kann, was sich bequemer durch Zu- oder Abnahme des Tonus ausdrücken läßt, weil sich im Wort Tonus der Begriff der Spannung verbirgt, die zu- oder abnehmen kann. Die Zunahme des Tonus nennen wir Erregung, seine Abnahme Hemmung. Sowohl Erregung wie Hemmung können in den nervösen Bahnen weiter geleitet werden.

Es gibt zwei Arten von Erregung, die Jordan als „statische" und „dynamische" Erregung unterschieden hat. Um diesen Unterschied auch anschaulich festzuhalten, kann man die Nerven mit Röhren vergleichen, in denen sich ein Fluidum, etwa Wasserdampf, befindet. Die dynamische Erregung würde sich darin äußern, daß intermittierende Druckwellen in den Röhren entlang eilen. Die statische Erregung hingegen würde in einer gleichmäßigen Zunahme des Druckes im Röhrensystem bestehen. Bisher ist es nur gelungen, die dynamische Erregung durch feinste elektrische Meßinstrumente der Forschung zugänglich zu machen, und die Existenz elektrischer Schwankungswellen nachzuweisen.

Die dynamische Erregung erlischt in einem Nerven, wie zu erwarten war, sofort, sobald man ihn von seiner Reizquelle abtrennt. Dagegen müßte in diesem Fall die statische Erregung weiterbestehen bleiben. In der Tat hat sich bei vielen niederen Tieren zeigen lassen, daß die Erregung weiterbesteht, nach Abtrennung des Nerven. Leider ist es nicht gelungen, diese statische Erregung im Nerven mit Hilfe des Elektrometers nachzuweisen.

Beide Erregungsarten können durch Herabsetzung des Tonus, der sich in ihnen auswirkt, gehemmt werden.

Das gesamte Nervensystem besteht nur aus drei anatomisch unterscheidbaren Elementen: 1. den Nervenbahnen, 2. den Nervennetzen, 3. den Ganglienzellen. Die Bahnen dienen der isolierten Leitung, die Netze der Vereinigung der Erregungen. Beide genügen, wie BETHE zeigen konnte, zur Auslösung eines Reflexes. Die Aufgabe der Ganglienzellen scheint in der Wirkung auf den Tonus zu bestehen, der in ihnen gesammelt, gesteigert, vermindert, erzeugt oder vernichtet wird. Außerdem dienen sie der Steuerung, um die Erregung bald in diese, bald in jene Bahnen zu lenken.

Die Mechanik der Wirkwerke.

Unser Bestreben, die Baupläne der Tiere mechanisch zu begreifen, ist durch die Auffassung des Tonus, als eines einem Fluidum ähnlichen Faktors, bedeutend erleichtert worden. Es handelt sich nun darum, den Zusammenhang zwischen den Muskeln (als den Bewegungselementen) und den ihnen zufließenden Erregungen und Hemmungen darzulegen, um feststellen zu können, inwieweit die Leistungen der Wirkwerke mechanisch faßbar sind und wie weit nicht.

Die Tätigkeit der Muskeln äußert sich im Tragen und Heben von Lasten. Das Tragen ist eine einfache Sperrleistung, während beim Heben noch eine Bewegungsleistung hinzukommt. Beide Leistungen sind bei niederen Tieren häufig auf zwei verschiedenen Muskelarten, den Sperr- und den Bewegungsmuskeln verteilt. Aber auch bei den Tieren, die nur eine Muskelart besitzen, lassen sich beide Leistungen experimentell trennen. Am menschlichen Armmuskel kann man zeigen, daß jede Last erst ausbalanciert wird, wie das Gewicht auf einer Wage, (Sperrleistung) und hierauf gehoben wird (Bewegungsleistung).

Man kann ferner zwei Arten von Sperrung unterscheiden, die „maximale“ und die „gleitende“ Sperrung. Die maximale ist auf irgendein bestimmtes maximales Gewicht eingestellt und sperrt bis zu dieser Grenze alle leichteren Gewichte. Die gleitende Sperrung dagegen steigt und sinkt entsprechend der Zu- oder Abnahme des getragenen Gewichtes. Die gleitende Sperrung geht immer mit einer Änderung des Stoffwechsels

Hand in Hand, während die maximale Sperrung keine Steigerung des Stoffwechsels in Anspruch nimmt.

Die maximale Sperrung kann von der statischen Erregung allein aufrechterhalten werden, während die gleitende Sperrung immer von dynamischen Erregungswellen abhängig ist.

Solange man den Muskel allein oder nur in Verbindung mit seinem motorischen Nerven untersucht, hat man nur den Torso eines Organes vor sich. Vollständig wird der Bewegungsapparat erst, wenn man das dazu gehörige Nervenzentrum (motorisches Ganglion) hinzunimmt. Dieses Zentrum steht in wechselseitigem Tonusaustausch mit der Muskelfaser und hat die Aufgabe, seinen Gefolgsmuskel im Getriebe des intrazentralen Wirknetzes zu vertreten. Ich habe es deshalb den „Repräsentanten" genannt.

Stellt man sich vor, daß der Tonusdruck des Muskels sich mit dem seines Repräsentanten in gegenseitigem Austausch befindet, so kann man es wohl verstehen, daß ein im Repräsentanten herrschender hoher Tonusdruck den Gefolgsmuskel von dem wechselnden Tonusdruck im Wirknetz abschließt und ihn, sozusagen „ausklinkt" oder „refraktär" macht. Andererseits wird ein niederer Tonusdruck im Repräsentanten den Weg zum Muskel öffnen und ihn „einklinken" — ja die Tonuswellen im Wirknetz auffangen und dem Muskel zuleiten.

Da jede langsame Dehnung des Muskels den Tonus herabsetzt, ist es verständlich, daß für alle Muskeln, deren Repräsentanten an ein einfaches Wirknetz angeschlossen sind, ein allgemeines Erregungsgesetz zur Geltung kommt, das besagt: In allen einfachen Nervennetzen fließt die Erregung den gedehnten Muskeln zu.

Die Bedeutung dieses Gesetzes kommt erst zum Vorschein, wenn man sich daran erinnert, daß die allermeisten Muskeln paarweis gegeneinander arbeiten, und jeder Agonist seinen Antagonisten dehnt und von ihm gedehnt wird. Das rhythmische Arbeiten aller Muskeln, die der Fortbewegung des Tieres dienen, von den Seeigeln bis hinauf zum Menschen gestatten die Zurückführung auf diese einfachste mechanische Vorstellung.

Neben dem durch wechselseitige Dehnung erzeugten Antagonismus der Muskeln zeigt sich bald ein Antagonismus ihrer Repräsentanten, für den uns eine anschauliche, mechanische Vorstellung fehlt. Er besteht darin, daß mit der Erregung des Agonisten eine Hemmung des Antagonisten unmittelbar verbunden ist, auch wenn die Dehnung des Antagonisten verhindert wird. SHERRINGTON, der den nervösen Antagonismus bei den Wirbeltieren entdeckt hat, bezeichnet ihn als „reziproke Innervation".

Auf die einfache Vorstellung des Tonusaustausches zwischen den im Wirknetz angeschlossenen Repräsentanten, der bald in Wellenform (dynamisch) bald gleichförmig (statisch) vor sich geht, lassen sich die meisten nervösen Erscheinungen in den Wirkwerken zurückführen. Ich denke dabei an die Erscheinung des „Tonustal" und der „Reflexspaltung". Das Tonustal bezeichnet diejenige Stelle im Wirknetz, an der alle Erregungen vorzugsweise zur Wirkung kommen. Es ist meist am Vorderende des Tieres gelegen. Die Reflexspaltung besteht in einer entgegengesetzten Wirkung des gleichen Reizes, der nach einer Seite hin die Muskeln erregt, nach der anderen hemmt. Die dabei in Anwendung kommenden nervösen Vorrichtungen, sind uns freilich unbekannt, es liegt aber kein Grund, sie nicht für mechanisch vorstellbar zu halten.

Jordan hat auf die merkwürdige Tatsache hingewiesen, daß bei vielen Mollusken der Tonus durch die führenden Zentren, die dem allgemeinen Wirknetz übergeordnet sind, dauernd vernichtet wird. Diese Tiere werden nicht durch Erregungen, sondern durch Hemmungen gesteuert.

Sämtliche soeben besprochenen Einrichtungen gehören der allgemeinen Mechanik der Wirkwerke an. Um sie auf den einzelnen Fall anzuwenden, müssen sie in einen speziellen Bauplan eingegliedert werden. Ist dies geschehen, so erhalten wir einen leidlichen Einblick in das Getriebe der Wirkwerke, das für die einfacheren Leistungen der Tiere ausreicht.

Anders liegen die Verhältnisse bei den komplizierten Handlungen, die zur Herstellung planvoller Gebrauchsgegenstände der Tiere führen. Ich erinnere an den Nestbau des Webervogels, an die Herstellung des Netzes der Kreuzspinne und den Tütenbau des Trichterwicklers. In all diesen Fällen fehlt ein äußerer Zwang, ja selbst eine dem zu erzeugenden Gegenstand entsprechende Anordnung von Merkmalen in der Umwelt, die dem Tier als Wegzeiger für die Bautätigkeit dienen könnte.

Es muß daher die strenggegliederte Herstellungsweise der Gebrauchsgegenstände dem Bauplan der Wirkwerke aufgebürdet werden. Jetzt zeigt sich folgendes schwierige Problem: wodurch wird das einfache Wirknetz befähigt, einen derart verwickelten Mechanismus zu tragen?

Der Bauplan ist an sich ein immaterieller Faktor, das Wirknetz ein materieller. Wie wir beim Hausbau sahen, braucht der Bauplan nicht von Anfang an im Baumaterial zu liegen, sondern kann als zeitliche Regel die Raumgestaltung der einzelnen Stockwerke nacheinander beherrschen. Wir sind, wenn wir diesen Vergleich festhalten, nicht gezwungen, in das Wirknetz einen der sehr verwickelten Folge von Bauhandlungen entsprechenden materiellen Mechanismus hineinzuverlegen.

Hier wird man sich für die physiologische oder die biologische Auffassung des Bauplanes zu entscheiden haben. Der Physiologe, der den Bauplan nur aus der vorhandenen Raumgestalt abzulesen vermag, wird sich schwer dazu entschließen, den Bauplan als eine autonome, das Material beherrschende Bauregel im Sinne des Biologen anzuerkennen.

Der Psychologe wird gleich mit der Erklärung bei der Hand sein, wir hätten es hier mit einem angeborenen Gedächtnis der Tiere zu tun. In der Tat ist das menschliche Gedächtnis, biologisch betrachtet, durch die in ihm verwirklichte Anordnung immaterieller Faktoren charakterisiert. Somit könnte man versucht sein, auch bei den in Frage stehenden Tieren von einem angeborenen Gedächtnis zu reden. Aber Vorsicht ist geboten, weil die psychologische Forschungsmethode — das Einfühlen der biologischen Forschungsrichtung zuwiderläuft. Diese schlägt den entgegengesetzten Weg ein und sucht das menschliche Gedächtnis vom gleichen Standpunkt des außen stehenden Beobachters zu behandeln, wie die analogen Erscheinungen bei den Tieren.

Der Biologe wird sich daher damit begnügen, von einer Impulsfolge zu reden, die in das Wirknetz eingreift und hier einen zwar bestimmten, aber nicht überdauernden Wegebau von Erregungsbahnen veranlaßt, der den jeweils erforderlichen Mechanismus für den gerade in Aktion tretenden Teil der Bauhandlung darstellt.

Um die Gesichtspunkte zu finden, nach denen die Entscheidung über die vorliegende Alternative zu fällen ist: ob die Bauhandlungen der Tiere von einem im Wirknetz fertig eingebauten Mechanismus abhängen oder von einer autonomen Regel, die den Mechanismus dauernd auf und wieder abbaut, braucht man nur einen Schriftsatz heranzuziehen, der in dem einen Fall durch den Abdruck festverbundener Lettern, im anderen Fall durch das Abspielen freier Lettern mittels der Schreibmaschine hergestellt wird. Im ersten Fall wird der Abdruck bei jeder Wiederholung sich immer gleich bleiben, ohne Rücksicht auf die äußeren Umstände, wie die Liniierung und die Größe des bedruckten Papieres. Im anderen Fall richtet sich der Schriftsatz stets nach der Größe und den anderen Eigenschaften des Papieres.

Nun zeigen die Tiere, deren Bautätigkeit wir beobachten, stets eine weitgehende Schmiegsamkeit gegenüber den Objekten der Außenwelt, die ein fester Mechanismus niemals hergeben könnte. Dagegen kann die Impulsfolge bei ihrem Bauen nervöser Bahnen im Wirknetz sehr wohl vom Merknetz her beeinflußt werden, was der Bauhandlung die erforderliche Schmiegsamkeit verleihen würde.

Die Mechanik der Merkwerke.

Die Fähigkeit, sich äußeren Umständen anzuschmiegen, besitzen nur solche Maschinen, deren inneres Gefüge frei beweglich ist. Plastische Leistungen können nur von plastischen Maschinen ausgeführt werden. Plastische Maschinen, die automatisch arbeiten, kennen wir nicht, weil jede echte Mechanik zwangläufig ist. Wo eine Umstellung der Teile in einer Maschine stattfindet, ist immer ein Lebewesen vorhanden, das die Umstellung vornimmt.

Die innere Umstellung resp. Umgestaltung der Teile, welche die Vorbedingung für jede plastische Handlung bildet, habe ich in den Wirkwerken als ein Bauen neuer Bahnen näher zu präzisieren versucht. Daß wir uns mit dieser Vorstellung auf dem richtigen Wege befinden, zeigen uns die Versuche PAWLOWS, der die Plastik der Merkwerke in genialer Weise zur Anschauung brachte.

PAWLOW wählte als Reagenz ein ganz einfaches Wirkwerk, dessen Leistungen quantitativ meßbar waren, nämlich die Speichelsekretion des Hundes. Nachdem er festgestellt hatte, welche Reize es sind, die beim Fressen des Hundes in der Mundhöhle auftreten und die Speichelsekretion veranlassen, versuchte er diese durch Reize hervorzurufen, die den Freßakt begleiten oder ihm unmittelbar vorangehen, und fand nun, daß jeder beliebige Reiz, der den Freßakt begleitet, nach kurzer Zeit die Fähigkeit gewinnt, die Speichelsekretion, auch ohne Verabreichung von Futter, hervorzurufen. Es gelang PAWLOW, Hunde auf akustische, optische, Geruchs-, Geschmacks-, Wärme- und Kältereize, ja selbst auf Schmerz so zu dressieren, daß sie eine deutliche Speichelsekretion zeigten.

Die auf die normalen Freßreize auftretende Speichelsekretion bezeichnete PAWLOW als den „unbedingten Reflex“, während alle auf andressierte Reize eintretenden Sekretionen „bedingte Reflexe“ nannte.

Das grundlegend Neue an diesen Versuchen ist nicht die Erforschung der Reflexe, sondern der „Reflexbildung“.

Typisch für alle bedingten Reflexe ist die Bildung des akustischen Reflexes. PAWLOW konnte zeigen, daß, wenn ein beliebiger Grundton während der Fütterung erzeugt wurde, nach einigen Wiederholungen eine Speichelsekretion zu erzielen war, und zwar, wenn irgendein Ton erklang. Sehr bald aber wurde die Wirkung auf die dem Grundton benachbarten Töne beschränkt. Nun ließ PAWLOW, während diese Töne erklangen, das Futter weg, worauf die Sekretion verschwand. Auf diese Weise gelang es ihm, die Wirkung auf den Grundton immer mehr einzuengen und festzustellen, daß die Unterscheidungsfähigkeit für Töne bei den Hunden feiner ist als bei uns.

PAWLOW führte diese Reflexbildung auf das Einfahren neuer Bahnen in der Großhirnrinde zurück. Die Bahnungen sind erst allgemein, werden jedoch durch Hemmungen immer mehr isoliert.

Wenn wir uns ein anschauliches Schema dieser Vorgänge entwerfen wollen, dann brauchen wir nur von einem Merknetz in ein anderes eine Verbindungslinie zu ziehen. Erst wird die neue Bahn Anschluß an das gesamte Netz B finden, und daher für alle Erregungen, die von sämtlichen Rezeptoren in B. ausgehen, zugänglich sein, nach und nach sich immer mehr isolieren, und zum Schluß nur die Erregungen eines einzigen Rezeptors in sich aufnehmen (Abb. 5). Das gesamte Merknetz A, das als eine lebendige Einheit aufzufassen ist, wächst unter besonderen Umständen in das Merknetz B hinein. Ein Vorgang, der an die Pseudopodienbildung der Amöben erinnert.

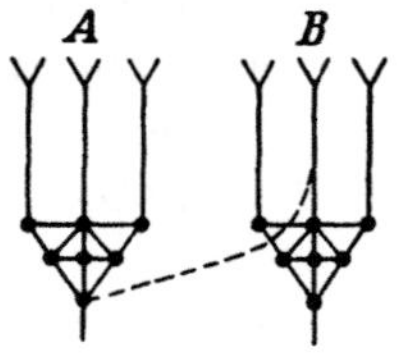

Abb. 5. Schema des Auswachsens eines Merknetzes *A* in das Nachbarnetz *B* (gestrichelte Linie).

Pawlow hat in seiner Polemik gegen die psychologische Deutung der Reflexbildung sicher recht, denn es ist unmöglich, sich in die Bahnbildungen einzufühlen, aber er hat sicher unrecht, wenn er keinen Unterschied zwischen Reflex und Reflexbildung macht und auch diese für mechanisch erklärbar hält.

Sehr wichtig werden die Pawlowschen Reflexbildungen, wenn man sie zur Aufklärung von Merkmalbildungen verwertet. Dann stehen den unbedingten oder primären Reflexen, die sich im primären Netz abspielen, primäre Merkmale gegenüber, und den bedingten oder sekundären Reflexen, die sich im sekundären Netz abspielen, entsprechende sekundäre Merkmale.

Der Ausbau neuer Bahnen bedeutet daher eine Anreicherung der vorhandenen primären Merkmale durch sekundäre. Der erfahrene Hund, der zahlreiche sekundäre Merkmale besitzt, die ihm ein reiches Beutefeld sichern, wird seine Nahrung viel schneller finden als der unerfahrene, dem nur die unmittelbaren Merkmale seiner Nahrung zugänglich sind, der aber kein Beutefeld, das der Nahrungssuche dient, besitzt.

Bei denjenigen Tieren, deren nervöses Schwergewicht in den Wirknetzen ruht (sei es, daß die rezeptorischen Nerven — wie bei den Aktinien — direkt an die allgemeinen Wirknetze angeschlossen sind, sei es, daß — wie bei den Insekten — die Instinkthandlungen an eine im Wirknetz auftretende Impulsregel gebunden sind), ist vom Erwerb sekundärer Merkmale nicht die Rede. Und nur die Neuerwerbung von Merkmalen kann als „Erfahrung" angesprochen werden.

Erst, wo sich selbständige Merknetze finden, kann in der von Pawlow entdeckten Weise Erfahrung gesammelt werden. Auf dieser Grundlage kann allein eine brauchbare Lehre von den Erfahrungen der Tiere aufgebaut werden. Auch Erfahrung ist Wachstum und Wachstum kann niemals mechanisch erklärt werden, sondern weist immer auf übermechanische Faktoren, auf Impulse hin.

Über die eigentliche Mechanik der Merkwerke sind wir weit weniger aufgeklärt. Wir können zwar annehmen, daß den primär vorhandenen Reizgruppen primär vorhandene Merknetze entsprechen, über deren Bau wir aber nur Vermutungen aussprechen können. Wir werden annehmen, daß dem Mosaik der Sehelemente ein Mosaik von Ganglienzellen im zentralen Netz entspricht. In dieses zentrale Sehmosaik werden bei den niederen Tieren, die nur helle und dunkle Flächen unterscheiden können, entsprechende Erregungsinseln verlegt, die vermittels der ihnen angeschlossenen Wirknetze Flucht- oder Annäherungsbewegungen auslösen. Wenn die Flächen im Netzhautbild wandern, werden die Erregungsinseln mitwandern. Und die hierbei auftretende neue Erregung wird planmäßig zugehörige Wirkwerke in Tätigkeit setzen.

Bei Tieren, die bereits auf einzelne Formen reagieren, werden wir annehmen, daß diesen Formen anatomische Schemata im Zentralnervensystem entsprechen, und daß diese mit dem Sehmosaik in Beziehung stehen, um beim Auftreten ähnlicher Formen im Netzhautbild anzuklingen. Darauf werden je nach dem, ob diese Formen dem Feind oder der Beute angehören, verschiedene Wirkwerke einsetzen.

Die Hypothese anatomischer Merkschemata als mechanisches Hilfsmittel des Zentralnervensystems ist aber nur so lange zulässig, als es sich um die Unterscheidung weniger und unveränderlicher Raumgestalten in der Merkwelt handelt. Sobald in der Merkwelt neben den primär gegebenen noch sekundär erworbene Formen auftreten, wird man auf das Eingreifen von Impulsfolgen schließen müssen, die allein eine Plastizität der Handlungen ermöglichen.

So finden wir in den Merkwerken wie in den Wirkwerken mechanische und biologische Faktoren im Wettstreit miteinander.

Reizquelle — Erregungsstelle — Merkmal.

Wenn auf dem Klavier ein Dreiklang angeschlagen wird, dann eilen von dieser Reizquelle drei verschiedene Luftwellen gemeinsam unserem inneren Ohr zu, um dort von drei Resonnatoren in drei unter sich gleiche Erregungswellen verwandelt zu werden, die jedoch in drei isolierten Nervenbahnen weiterfließen. Die physikalischen Wirkungen, die zu Reizen werden, werden im Sinnesorgan zerlegt. Anstatt der einen Reizquelle treten hier drei verschiedene Erregungsstellen auf.

Sobald die drei Erregungswellen auf ihren getrennten Bahnen im zentralen Merknetz eintreffen, geschieht hier folgendes: 1. jede Nervenperson, d. h. das sensorische Ganglion mit seiner afferenten Nervenfaser, erzeugt die ihr spezifisch zugehörige Sinnesqualität — den Ton; 2. die Sinnesqualitäten werden zu einer Einheit, dem Dreiklang verbunden; 3. diese immaterielle Einheit, die wir Merkmal nennen, wird hinausverlegt, aber nicht an die Erregungsstellen im Sinnesorgan, sondern an die Reizquelle im Raum.

Dies geschieht so zwangläufig, daß auch bei direkter Reizung des inneren Ohres das Merkmal in den äußeren Raum hinausverlegt wird, obgleich sich dort gar keine Reizquelle befindet.

Das Gleiche läßt sich ohne weiteres auch für das Auge beweisen. Man braucht nur durch einen seitlichen Fingerdruck auf das geschlossene Auge die Netzhaut mechanisch zu reizen, so tritt an der entgegengesetzten Seite nahe der Nasenwurzel eine Lichterscheinung im Raume auf. Auch hier wird die Erregungsstelle ignoriert und das Merkmal an den Ort im Raume verlegt, wo im normalen Lauf der Dinge sich die Reizquelle befindet.

Im Plan unserer Organisation spielen mithin sowohl materielle wie immaterielle Faktoren ihre festumschriebene Rolle. Es lösen physikalische Wirkungen, dann physiologische Erregungen und schließlich psychische Qualitäten sich nacheinander ab.

Wenn wir zwar bei den Tieren, deren Selenleben uns verschlossen bleibt, nichts über die Empfindungsqualität der in ihren Merknetzen erzeugten Sinneszeichen aussagen können, so können wir doch feststellen, daß (wie bei uns Menschen) ihre Handlungen 1. nicht von unterschiedslos in einem Merknetz zusammengeflossenen Erregungen abhängig sind, sondern von gegliederten Merkmalen, die ihren Aufbau einzelnen Merkzeichen der erregten Nervenpersonen verdanken. 2. werden diese so entstandenen Merkmale nicht an die Erregungsstellen im Sinnesorgan, sondern in den Raum an die Reizquelle verlegt.

Wir haben keinen Grund anzunehmen, daß die Organisation der Tiere mit anderen Faktoren arbeitet wie die menschliche, und werden als Biologen zu diesen Tatsachen Stellung nehmen müssen.

Im Gegensatz zu den Lebewesen besitzen die Maschinen keine Merkzeichen und daher auch keine Merkmale. Damit ist die Maschinentheorie des Lebendigen abgewiesen.

Aus dem Bau der Sinnesorgane und aus den Reaktionen der Tiere auf äußere Reize können wir auf das Auftreten der immateriellen Sinneszeichen schließen. Da wir diese aber nicht zu erkennen vermögen, können wir sie nur, wenn sie hinausverlegt sind, in ihrer Form als Merkmale untersuchen. Da es sich dabei nicht bloß um fremde Inhaltsmerkmale, sondern auch um uns fremde Ordnungsmerkmale handelt, waren wir gezwungen, vor allen Dingen die Merkräume und Merkzeiten der Tiere aufzusuchen, in deren Rahmen sich die aus fremden Sinneszeichen aufgebauten Inhaltsmerkmale befinden.

Es handelt sich also, kurz gesagt darum: aus den Objekten, die den einzelnen Tiersubjekten gegenüberstehen, diejenigen Eigenschaften herauszuholen, die dem jeweiligen Tiersubjekt als Merkmalträger dienen, und sie dem Tiersubjekt entsprechend zu gruppieren, um die Merkmale zu gewinnen, welche im Merkraum und in der Merkzeit des Tiersubjektes eingebettet sind.

Johannes Müller.

Wenn wir die Gesamtleistung unseres Körpers überblicken, so treten materielle und immaterielle Faktoren unvermittelt neben und nacheinander zutage. Zwar sind sie einem gemeinsamen Plane eingeordnet, aber es bleibt doch recht unbefriedigend, daß die einzelnen Glieder des Planes so schlecht zueinander passen. Es hat daher niemals an Versuchen gefehlt, die materiellen und immateriellen Faktoren des Lebensplanes auf einen gemeinsamen Nenner zu bringen und den biologischen Elementarbaustein zu entdecken, der sowohl den physiologischen wie den psychologischen Ansprüchen gerecht würde, die an ihn gestellt werden.

Den bedeutendsten Versuch in dieser Richtung hat JOHANNES MÜLLER vor 100 Jahren unternommen, und dabei das bahnbrechende Gesetz der „spezifischen Energie“ entdeckt, das grundlegend für die gesamte Sinnesphysiologie geworden ist. Aber MÜLLER ist schwer zu verstehen, und er ist deshalb auch vielfach mißverstanden worden. Vor allen Dingen hat man immer nur die eine Seite seines Gesetzes in Betracht gezogen, die sich auf die spezifischen Energien der Sinne bezieht, und die andere Seite, die von den spezifisch-mechanischen Energien handelt, unbeachtet gelassen.

MÜLLERS Ausdrucksweise entstammt der vormechanischen Periode des verflossenen Jahrhunderts, in der das Wort Energie keineswegs die jetzige rein physikalische Bedeutung besaß, die seine Anwendung nur auf leblose Dinge gestattet. Bei MÜLLER bedeutet Energie noch Lebensenergie, und ist rein vitalistisch aufzufassen.

MÜLLER beginnt seine Ausführungen mit der Darlegung der Autonomie des Lebendigen. Er schreibt: „Es gibt Veränderungen in der Natur, in welchen das Ursächliche weder seine Wirksamkeit auf das Veränderte überträgt, wie in den mechanischen Veränderungen, noch mit der Wirksamkeit des Veränderten zu einem verschieden Tätigen vereinigt, wie in den chemischen Veränderungen, sondern wo das Ursächliche in dem, auf was es wirkt, immer nur eine Qualität des letzteren zur Erscheinung bringt, die dem Wesen nach unabhängig ist von der Art der Ursache.

Die Dinge, die sich so gegen ihre Ursachen als gegen Reiz verhalten, sind die organischen Wesen.“

Weder einen einfachen Gebrauchsgegenstand wie eine Glocke, noch eine komplizierte Maschine wie ein Auto vermag man durch Anwendung beliebiger Reize in Tätigkeit zu versetzen, sondern nur durch die in ihrer Bauart vorgesehene äußere Ursache. Weder wird eine Glocke anschlagen noch ein Auto in Fahrt geraten, wenn ich sie mit Säuren oder Alkalien begieße, oder wenn ich einen elektrischen Strom durch sie hindurch sende, oder sie abkühle oder erwärme.

Ganz anders verhalten sich die Organismen. MÜLLER schreibt: „Es ist gleichviel, wodurch der Muskel gereizt wird, durch Galvanismus, durch chemische Agentien, durch mechanische Irritation, durch innere organische Reize ... auf alles, was ihn reizt, affiziert, reagiert er sich bewegend, die Bewegung ist also die Affektion und die Energie des Muskels zugleich. Es ist gleichviel, wodurch man ein Auge reizt, mag es gestoßen, gezerrt, gedrückt, galvanisiert werden, oder die ihm sympathisch mitgeteilten Reize aus anderen Organen empfinden, auf alle diese verschiedenen Ursachen, als gegen gleichgültige und nur schlechthin reizende, empfindet der Lichtnerv seine Affektion als Lichtempfindung, sich selber in der Ruhe dunkel anschauend."

Daraus geht hervor, daß MÜLLER die Auffassung des lebendigen Organismus als eines Mechanismus von vornherein ablehnt. Der Organismus ist für ihn weder eine Maschine, noch eine beseelte Maschine, noch eine autonome Maschine, sondern überhaupt keine Maschine, dagegen ein Wesen sui generis, das nicht nur als Ganzes lebendig ist, sondern auch aus lauter lebendigen Teilen besteht. Für ihn ist die Muskelsubstanz genau so lebendig wie die Sehsinnessubstanz, nur wird sie von einer anderen Lebensenergie beherrscht.

Die Schwierigkeit unzweideutiger Ausdrucksweise lag für MÜLLER auch darin, daß damals das Elementarorgan aller Organismen, die Zelle, noch nicht erkannt worden war. Setzen wir diese in den Gedankengang MÜLLERS ein, so können wir sagen: Jede Körperzelle ist ein lebender Baustein, der gar nicht in einem toten Mechanismus aufgehen kann, sondern nur in einem lebenden Organismus seine Eigenschaften zur Entfaltung bringen wird.

Alle Grundbegriffe, wie Zelle, Organ und Organismus, haben mit der Zeit eine mechanistische Färbung angenommen, so daß die ihnen ursprünglich zugrunde liegende vitale Bedeutung fast verlorengegangen ist. Um diese wieder hervorzuholen, ist es nötig, vor allem dem Elementarbaustein, der Zelle, einen Namen zu geben, der ihre Lebensqualität unzweifelhaft zum Vorschein bringt. Am nächsten läge es, von „Subjekt" oder „Individuum" zu sprechen. Nur sagt das eine zuviel, das andere zuwenig. Gewiß ist jede Zelle ein Unteilbares, ein Individuum, dessen Teile nur kurze Zeit überleben, aber nicht dauernd lebensfähig bleiben. Damit ist jedoch die wesentliche Lebenseigenschaft nicht hervorgehoben. Subjekt sagt dagegen zuviel, denn es setzt immer ein Objekt voraus, das von ihm abhängig ist. Ob das der Fall ist, muß bei den einzelnen Zellen noch untersucht werden.

Ich schlage deshalb vor, die lebende Zelle ein „Autonom" zu nennen. Die Eigengesetzlichkeit, d. h. die Abhängigkeit von einer eigenen Regel, ist ein wesentliches Kennzeichen des Lebendigen, und die bestimmende Regel wird von der spezifischen Lebensenergie diktiert. Sie äußert sich entweder in einem Merken der rezeptorischen oder in einem Wirken der effektorischen Zellen der Muskeln und Drüsen. Man kann daher die rezeptorische Zelle ein Merkautonom nennen und die effektorische Zelle als ein Wirkautonom bezeichnen.

Wenn man MÜLLER genau interpretiert, dann muß man nicht bloß jedem Merkautonom ein spezifisches Merkzeichen, sondern auch jedem Wirkautonom sein spezifisches Wirkzeichen zuschreiben. Auf den Menschen angewendet, werden wir sagen können, daß einerseits die Autonome unserer Merknetze im Gehirn je ein Sinneszeichen tragen, und daß andererseits die Autonome unserer Wirknetze wenn auch nicht ein Willenszeichen, so doch ein Richtungszeichen für die willkürlich ausgeführte Bewegung besitzen.

Warum wir bei den Tieren Merkzeichen annehmen müssen, ist im vorigen Kapitel auseinandergesetzt worden. Der Beweis, warum wir auch Wirkzeichen bei ihnen voraussetzen müssen, ist deshalb schwieriger zu führen, weil sie sich nicht in Merkungen, sondern in Wirkungen äußern, die wir durchweg mechanisch zu deuten gewohnt sind. Nun ist aber jede Tierhandlung, wie Laufen, Schwimmen, Fressen, eine in sich geschlossene Einheit oder Ganzheit, die nicht bloß aus einer beliebigen Wiederholung der gleichen Bewegungen besteht, sondern Anfang und Ende hat, d. h. sie besitzt ein Ziel, das, wie später ausgeführt wird, immer das gleiche ist, nämlich die Vernichtung jenes Merkmals, durch das sie ausgelöst wurde.

Ein Hund z. B. läuft nicht bloß, sondern er läuft entweder vor einem Feinde fort, bis das Merkmal Feind verschwunden ist und andere Merkmale auftreten, oder er läuft einer Beute, sagen wir, einem Hasen nach, bis das Merkmal Beute, beim Ergreifen des Hasen, vom Merkmal Nahrung verdrängt wird.

Es führt jede Handlung von Merkmal zu Merkmal, d. h. von einem immateriellen Faktor zum nächsten, der immer in der Zukunft liegt.

Wenn ein Affe auf das optische Merkmal eines Apfels mit der Hand zugreift, so tritt beim Ergreifen des Apfels das Tastmerkmal des Apfels auf. Daraufhin wird der Apfel zum Munde geführt. Dort treten Geschmacksmerkmale auf, die das Fressen veranlassen. So wird jede Bewegungsfolge von Merkmalen umgrenzt. Diese Merkmale werden von verschiedenen Eigenschaften der Reizquelle getragen, daher der Ausdruck Merkmalträger. Die Reizquelle Apfel verändert sich nicht, das Merkmal Apfel aber läßt planmäßig seine Teilmerkmale abrollen, von denen jedes seine spezielle Teilhandlung bedingt. Auf diese Weise kommt die Gesamthandlung zustande.

Nun ist die Gesamthandlung durchaus nicht zwangläufig festgelegt. Es können, wenn Hindernisse zu beseitigen sind, neue Merkmale mit neuen Bewegungsfolgen einspringen und die Gesamthandlung verändern. Dies schließt jede mechanische Deutung aus. Dagegen ist die Veränderlichkeit der Handlung wohl verständlich, wenn die im Merknetz auftretenden Merkzeichen auf die Wirkzeichen in den Wirknetzen einen Einfluß ausüben, der wohl planmäßig aber nicht zwangläufig ist. Man kann diesen Einfluß dadurch dem Verständnis näher bringen, daß man jedem Funktionskreis die gleiche Tönung zuschreibt. Auf das Beispiel vom Affen und dem Apfel angewandt, ließe sich dies folgendermaßen ausdrücken: das optische Merkmal des Apfels gehört dem blauen Funktionskreis an und ist deswegen blau. Blau sind die dazu gehörigen Merkzeichen, aber blau sind auch die zentralen Wirkzeichen sowie die peripheren Wirkzeichen jener Muskelgruppe, die das Zugreifen ausführen. Dagegen sind die Tastmerkmale mit ihren Merkzeichen und die zentralen wie peripheren Wirkzeichen für das Heranholen dem roten Funktionskreis angeschlossen und daher rot. Desgleichen seien sämtliche Faktoren, die dem gelben Funktionskreis des Fressens angehören wie dieser gelb. Dann ist die Gesamthandlung, die aus drei Funktionskreisen aufgebaut ist, blau — rot — gelb.

Es wäre dann nur noch nötig, daß die gleich getönten Autonome sich ihre Verbindungsbahnen, soweit sie noch nicht vorhanden sind, ausbauen, um die Handlung planmäßig ablaufen lassen.

Auf diese Weise kann man die Lehre MÜLLERS, in der von ihm eingeschlagenen Richtung weiter ausbauen, und dem von ihm gesteckten Ziele, die Psychologie in Physiologie (die nach ihm auch die immateriellen Naturfaktoren umfassen soll, also eigentlich Biologie ist) zu verwandeln näher kommen.

Das Psychoid.

Werfen wir einen Blick zurück auf die Ergebnisse der PAWLOWschen Versuche, so haben wir hier das Entstehen einer neuen Reaktionsbasis (um mit DRIESCH zu reden) in den Merknetzen deutlich vor Augen. Diese neue Reaktionsbasis, die aus sekundären Merkmalen besteht, entsteht dank der Einwirkung äußerer Reize. Sie kann sich im Laufe der individuellen Lebensgeschichte des einzelnen Tieres durch Hinzutreten neuer Merkmale immer weiter ausgestalten. Wir haben daher das Recht mit DRIESCH von einer „historischen Reaktionsbasis“ zu reden, die durch wiederholte äußere Erfahrungen entsteht und ihren Einfluß auf die Handlungen der Tiere ausübt.

„Alles Handeln,“ schreibt DRIESCH, ist eine Zuordnung zwischen individualisierten Reizen und individualisierten Wirkungen, verlaufend auf einer historisch von außen geschaffenen Reaktionsbasis.“ In unwiderleglicher Weise führt DRIESCH näher aus, daß es völlig unmöglich ist, irgendeinem Mechanismus eine historische Reaktionsbasis zuzuschreiben. Eine solche kann nur erwachsen, wie ich gezeigt habe, und ein Wachsen gibt es bei den Maschinen nicht.

Es beruht, wie man schon hieraus ersieht, das Handeln zum Teil auf immateriellen Faktoren. Das große Verdienst DRIESCHS ist es, diese Faktoren unter einem gemeinsamen Begriff zusammen gefaßt und ihm einen Namen gegeben zu haben. Er schreibt: „Ich kann von meiner ‚Psyche' sprechen, aber in diesem Sinne ‚gibt' es keine Seelen im Bereich desjenigen Phänomens, welches räumliche Natur heißt. Ich schlage daher den sehr indifferenten Namen ‚Psychoid' für das elementare in der Handlung entdeckte Agens vor."

Mit diesen Worten ist das Leib-Seelenproblem, wie es den Biologen beschäftigt, blitzartig erleuchtet: räumlich getrennte Autonome und psychisch verbundene Merk- und Wirkzeichen bilden gemeinsam das Psychoid.

Worin besteht nun die Tätigkeit des Psychoids? Wie wir uns erinnern, gehen von dem Objekt, das dem jeweiligen Tiersubjekt als Reizquelle dient, physikalische Wirkungen aus, die von den Rezeptoren in Erregungswellen verwandelt und auf isolierten Bahnen den Autonomen der Merknetze zugeführt werden. Jedes erregte Autonom antwortet mit seinem Merkzeichen. Diese räumlich isoliert auftretenden aber selbst unräumlichen Merkzeichen zu Merkmalen zusammengefaßt in den Merkraum hinaus zu verlegen, ist eine Tätigkeit des Psychoids.

Die Merkmale, die den Funktionskreisen einer Handlung angehören, die eine bestimmte Form besitzen und im Merkraum lokalisiert sind, wollen wir ein „Merkding" nennen. Das Merkding darf aber niemals mit dem als Reizquelle dienenden Objekt verwechselt werden. Sonst sind Irrtümer unvermeidlich.

Wenn die Spinne, von der VOLKELT berichtet, eine Fliege im Netz anders behandelt wie außerhalb des Netzes, so bedeutet das nichts anderes, als daß eine Fliege als Reizquelle etwas total anderes ist, wie eine Fliege als Merkding in der Spinnenwelt. Die Spinne kann die Einzelheiten des Fliegenkörpers nicht unterscheiden. Für sie ist die Fliege, die im Netz zappelt, ein dunkler Fleck, verbunden mit Tastreizen, kurz gesagt, ein zupfender Fleck, das bedeutet aber Beute. Außerhalb des Netzes ist das Merkding Fliege ein bewegter Fleck und das bedeutet Feind. Wenn wir den Beutekreis anders tönen wie den Feindeskreis, so ist die Fliege im ersten Fall blau, im zweiten rot.

Das Merkding ist sowohl seiner Form wie seinem Inhalt nach ein Erzeugnis des Psychoids. Die Zahl der Merkdinge ist in einfachen Merkwelten eine sehr beschränkte. Ein jedes von ihnen gehört einem anderen Funktionskreise an, dessen Tönung es annimmt.

Kaum ist das Merkding entstanden, so wird ihm vom Psychoid ein Wirkding von gleicher Tönung beigesellt. Wie die Merkzeichen von der Tätigkeit der Rezeptoren abhängen, so hängt umgekehrt die Tätigkeit der Effektoren von den Wirkzeichen ab. In den Wirkwerken sind die gleichgetönten Gruppen zentraler Autonome, die zu einem Wirknetz zusammengeschlossen sind, mechanisch mit peripheren Gruppen von Muskelautonomen verbunden. Wenn das noch nicht der Fall ist, wie bei den Instinkthandlungen der Insekten, bauen sich die zentralen Autonome ihre Bahnen zu den peripheren Autonomen gleicher Tönung. Auch dies gehört zu den Obliegenheiten des Psychoids.

Genau wie das Objekt als Reizquelle dem Merkding gegenüber steht, dem es als Träger seiner Merkmale dient, so steht daselbe Objekt als Handlungsempfänger dem Wirkding gegenüber, bereit, seine Wirkmale zu tragen. Zugleich verbindet es Merkmale und Wirkmale miteinander. Diese Verbindung ist nötig, damit der Funktionskreis sich schließt. Die Schließung ist dann vollendet, wenn das Merkding durch das Wirkding vernichtet wird. Wenn das Merkding überdauerte, würde das Psychoid ohne aufzuhören, in Form von erfolglosen Bewegungen Wirkmale ins Leere hinauszustoßen.

Das Psychoid ist als ein höchst eigenmächtiger Spiegel dem jeweiligen Objekt gegenübergestellt. Seine Aufgabe besteht darin, das Objekt einem seiner subjektiven Funktionskreise einzuordnen, wodurch es zum Feinde, zur Beute usw. werden kann. Dabei verfährt es in der Auswahl derjenigen Eigenschaften, die als Merkmal- oder als Wirkmalträger dienen sollen völlig willkürlich, d. h. nur nach seinen subjektiven Gesetzen.

Da uns der Einblick in den Psychoidspiegel der Tiere verwehrt ist — nur seine räumlich gebundene Materie ist uns zugänglich — müssen wir die Eigenschaften, die er in seinem Spiegelbilde verwertet am Objekt aufsuchen. Und dies muß für jede Tierart gesondert vorgenommen werden. Erstaunlich ist es immer, dabei festzustellen, zu wieviel verschiedenen Merkdingen und Wirkdingen das gleiche Objekt das Material hergeben muß.

Autonom und Mechanisator.

Für gewöhnlich wird man auf die Frage: wo der Bauplan einer Maschine oder eines Lebewesens eigentlich stecke? zur Antwort erhalten: „In ihrer Gestalt.“ Dies ist ebenso richtig und ebenso falsch, wie die Annahme der Formplan einer Münze stecke in ihrer Gestalt. Gewiß steckt er darin, aber er ist doch erst durch die Einwirkung des Prägestockes gestaltgebend in das Material hineingekommen. Die Gestalt ist niemals etwas anderes als das Erzeugnis eines Planes im indifferenten Stoff, der auch eine andere Gestalt hätte annehmen können.

Der Beweis, daß es sich bei allen Gewebszellen der Tierkörper ebenso verhält, verdanken wir jenen glänzenden Entdeckungen SPEMANNS, die der Ontologie eine neue Grundlage gegeben haben.

Hier genügt es, die Tatsache festzustellen, daß jede Gewebszelle im Keimling eine indifferente Protoplasmazelle gewesen ist, die an einem bestimmten Zeitpunkt der Keimgestaltung den Anstoß erhielt, der für die Richtung, die ihre innere Ausbildung einschlug, entscheidend war. Es liegt in der Hand des Experimentators, sie einem anderen Anstoß auszusetzen, der ihr eine andere Gestaltbildung aufzwingen wird. Daraus ersehen wir, daß es ebenso viele differenzierte Anstöße oder „Impulse" geben muß, als verschiedene Gewebsarten im Tierkörper vorhanden sind.

Das Ausgangsmaterial ist für alle Gewebszellen des Keimlings das gleiche, nämlich Protoplasma und Kern. Wahrscheinlich ist der Kern der Angriffspunkt des Impulses, der schon vorher als das autonom regierende chemische Zentrum der Zelle anzusprechen ist. Das Protoplasma ist ein im Stoffwechsel befindliches Schaumgebilde, dessen Stoffwechsel durch die vom Kern ausgesandten Fermente an chemischen Zügeln gehalten wird, und das ohne diese Zügelung sich totlaufen würde.

Auf das autonome Zentrum der Zelle trifft nun der differenzierte Impuls, oder besser gesagt, eine differenzierte Impulsfolge, die den Kern veranlaßt, den Stoffwechsel im Protoplasma so zu führen, daß bestimmte Produkte im Zelleibe ausgeschieden werden, die gemeinsam einen funktionierenden Mechanismus bilden.

Die in sich geregelte Impulsfolge stellt den aktiven Bauplan dar, der hier ganz deutlich aus dem alle Möglichkeiten bietenden Fermentbündel im Kern eine bestimmte Auslese trifft, und den erwählten Fermenten eine bestimmte Reihenfolge aufzwingt. Man kann den Kern auch ein Fermentklavier nennen, auf dem die in der Impulsfolge verwirklichte Baumelodie sich selbst abspielt.

Auf diese Weise entsteht jedes Zellautonom, dessen Innenbau einen Mechanismus darstellt. Aber dieser Mechanismus besitzt eine Eigentümlichkeit, die ihn von allen bekannten Mechanismen weit abrückt: er besteht weiter, trotz dauerndem Stoffwechsel. Auch dieser Stoffwechsel würde sich unweigerlich totlaufen, wenn er nicht vom Kern aus im Gleichgewicht erhalten würde. Wie allbekannt, vermag das Zellgleichgewicht, wenn es gestört wurde, sich von selbst wieder herzustellen. Dies ist wiederum eine übermechanische Fähigkeit, denn keine einzige Maschine vermag den kleinsten Fehler wieder auszugleichen.

Deshalb sind wir wiederum gezwungen, nach einem immateriellen Faktor zu suchen, der dem Leben allein angehört. Ich schlage vor, diesen Faktor, dessen Aufgabe darin besteht, den in der Zelle vorhandenen Mechanismus in Form zu erhalten, den „Mechanisator" zu nennen.

Da alle Körperzellen durch feine Protoplasmabrücken miteinander verbunden sind, kann man sagen, es bestehe neben dem aus Protoplasmaprodukten aufgebauten mechanischen Körpergefüge noch als Rest des einst den ganzen Keimling ausfüllenden Protoplasmaleibes ein zartes protoplasmatisches Grundgewebe, eingeschmiegt in den Mechanismus des Körpergefüges. Dieses Grundgewebe steht unter dem Einfluß des Mechanisators und dient überall dazu, die durch Stoffverbrauch oder Verletzungen entstandenen Lücken im mechanischen Gefüge wieder auszufüllen.

Werfen wir jetzt noch einen Blick auf die vom Mechanismus in der einzelnen Zelle vollführte Leistung, so ist mit Sicherheit anzunehmen, daß sie zwangläufig ist wie in allen Mechanismen. Nur über einen Punkt bestehen erhebliche Meinungsverschiedenheiten. Auf der einen Seite steht wohl die Gesamtheit der heutigen Forscher, die annehmen, daß die Auslösung der Leistung der Zellmechanismen mechanisch vor sich geht. Auf der anderen Seite steht JOHANN MÜLLER, der hier einen biologischen Faktor einsetzt, weil nur die organischen Substanzen auf alle Reize in gleicher Weise antworten.

Es ist nun außerordentlich schwer, von einem im MÜLLERschen Sinne wirkenden Faktor eine Vorstellung zu gewinnen. Vielleicht gelingt es auf folgendem Wege. Jeder Maschinenbauer baut nicht bloß eine Maschine, sondern immer eine Maschine, die in Gang kommt. Was hülfe uns das schönste Auto, das nicht liefe, weil ihm der richtige Anstoß fehlt? Es ist daher vom Maschinenbauer der vom Fahrer ausgeübte Hebeldruck im Bauplan immer mit vorgesehen. Erst durch den Hebeldruck wird das Bauziel erreicht und ein laufendes Auto geschaffen.

Ganz dasselbe gilt für die Zellmaschinen. Eine Muskelfaser z. B. ist erst dann ein vollendeter Bewegungsapparat, wenn sie sich verkürzt, und dazu bedarf sie eines Anstoßes. Dieser Anstoß ist als notwendiger Faktor in der Baumelodie mit vorgesehen und kann, wie bei dem Pseudopodienbau der Amöben, nach Abklingen der zum Bau nötigen Impulsreihe als „letzter Impuls" unmittelbar folgen und den fertiggestellten Bewegungsapparat des Pseudopodiums ganz fertig machen, indem er ihn in Bewegung setzt. Er kann aber auch, wie im Muskel, latent bleiben, um auf jeden äußeren Anstoß in Aktion zu treten und die Verkürzung auszulösen. Dann wäre der letzte Impuls der gesuchte MÜLLERsche Faktor.

Es ist aber grundsätzlich durchaus möglich, daß die Baumelodie eine Zellmaschine herstellt, die wie die menschlichen Maschinen durch einen äußeren mechanischen Faktor direkt in Tätigkeit versetzt wird. Im Muskel freilich scheint MÜLLERS biologischer Faktor notwendig zu sein. Er wäre als besonderer „Leistungsimpuls" anzusprechen.

Und nun zeigt sich eine überraschende Übereinstimmung zwischen Leistungsimpulsen und dem, was wir bisher Merk- oder Wirkzeichen genannt haben. Der Inhalt unserer eigenen Merkzeichen ist uns bekannt, und dieser hat, gleichgültig, um welche Qualität es sich handelt, immer die Form eines Befehls oder Impulses. Wenn ich behaupte, der Himmel sei blau, so tue ich das, weil die von mir hinausverlegten Merkzeichen der fernsten Ebene den Befehl geben: „Sei blau!"

Das Gleiche gilt auch für alle Richtungszeichen, mögen sie als Merkzeichen oder als Wirkzeichen auftreten. Wenn meine Wirkzeichen meinen Augenmuskeln befehlen: „Nach rechts", so befehlen die durch die Verschiebung der optischen Bilder der Netzhaut erzeugten Merkzeichen: „Nach links", und das Ergebnis ist „Ruhe".

Nun brauchen keineswegs alle Wirkzeichen auch Richtungszeichen zu sein, aber die Wirkzeichen der Autonome in unseren Wirknetzen sind es, weil sie gleichzeitig zur Kontrolle unserer Bewegungen dienen. Wir geben mittels eines Wirkzeichens einen Raumbefehl, dessen Inhalt ein Richtungszeichen ist. Den Raumbefehl greifen die gleichgetönten Muskelgruppen auf und bringen ihn zur Ausführung.

Von den übrigen Autonomen unseres Körpers kennen wir die Wirkzeichen nicht. Hier müssen wir uns darauf beschränken, von Leistungsimpulsen zu reden. Sehr interessant ist es, trotz dieser Einschränkung die Knochenbildung zu beobachten. Die Leistung der Osteoblasten besteht in einer Kalkausscheidung. Diese wird beim Säugetier vor der Geburt von der Baumelodie des Osteoblasten mit beherrscht. Später werden die Leistungsimpulse durch äußeren Druck und Zugreize ausgelöst, wodurch die Kalkablagerung in den Kraftlinien gewährleistet wird.

Die Lehre von der Autonomie der Zellen führt uns in das schwierigste Gebiet der Biologie, das von der Wechselwirkung zwischen materiellen und immateriellen Faktoren handelt, mitten hinein. Sie weist uns auf den immateriellen Faktor der Bewegungsmelodie hin, die die innere Gestaltbildung beherrscht. Sie zeigt, daß auch zur Erhaltung des ausgebildeten Zellmechanismus ein weiterer Faktor nötig ist, der Mechanisator. Sie löst aus der Impulsfolge, die die Baumelodie verwirklicht, den letzten Impuls als Leistungsimpuls ab, der das Werk vollendet, indem er es in Tätigkeit versetzt. Schließlich klärt sie uns über die Identität der Merk- und Wirkzeichen mit den Leistungsimpulsen auf.

Da die Leistungsimpulse ganz ausgesprochenermaßen Teile eines Planes sind, den wir im lebenden Körper aufzusuchen bestrebt sind, geben sie uns die Möglichkeit an die Hand, auch bei den Tieren, deren Merk- und Wirkzeichen uns unerkennbar sind, an Stelle einer psychischen Qualität einen ebenfalls immateriellen Faktor einzusetzen, den wir als außenstehende Beobachter wie ein objektives Glied des Lebensgefüges behandeln können.

Die einfachen Merkwelten.

Es gibt festsitzende und durch ihre Leibesbeschaffenheit unangreifbare Tiere wie die Schwämme, die mit einem einzigen Merkmal auskommen. Sie können ihr Medium nicht verlassen und besitzen keine beweglichen Waffen. Ihre Geschlechtsprodukte werfen sie einfach ab. So fallen für sie drei Funktionskreise fort, die einer besonderen Steuerung und besonderer Merkmale bedürften. Nur der Nahrungskreis ist vorhanden. Dabei geht aber kein Merkmal von der Nahrung aus, die mit dem Seewasser durch den Körper hindurchgestrudelt und von den Verdauungszellen abgeführt wird. Nur die schädlichen Stoffe besitzen alle das gleiche Merkmal, Säuren z. B. üben einen chemischen Reiz, Sandkörner einen mechanischen Reiz aus, die Reize werden vom Tiere nicht getrennt, sondern rufen den gleichen Reflex hervor. Es ist daher nur ein einziges Merkmal in der Merkwelt der Schwämme vorhanden.

Das Infusor Paramaezium kommt für den Kreis des Mediums und der Nahrung mit dem gleichen Merkmal aus — weil alle Reize, die von allen Gegenständen ausgehen, die das Tier bei seinem rastlosen Schwimmen treffen können, es immer wieder dazu bewegen, das Steuer umzulegen und in einer neuen Richtung davonzueilen. Nur die Fäulnisbakterien, die seine Nahrung bilden, rufen keinen Reiz hervor. Bei ihnen landet das rastlose Tier. Auf sanfte Berührung (zweites Merkmal) stellt es seine Bewegungswimpern still und treibt durch die Mundwimpern die Nahrung in sein flüssiges Innere.

Der Feindeskreis besitzt ein besonderes Merkmal, da das Infusor auf Angriffe seines Feindes, d. h. Didium nasutum eine Art Gallertsalve abgibt. Ein Merkmal des Geschlechtskreises ist auch vorhanden, das die Kopulation einleitet.

Ich verweise für weitere Beispiele auf mein Buch: Umwelt und Innenwelt der Tiere. Nur die Muschel Pecten Jacobaeus sei noch erwähnt, deren Augen als Merkmal die langsame Bewegung jedes beliebigen Gegenstandes aufnehmen, aber jeden Bildeindruck ohne Wirkung läßt.

Die höheren Stufen der Merkwelten.

Sobald die Umrisse der Körper als Merkmale auftreten, ändert sich das Bild der Merkwelt von Grund aus, denn nun beginnt das Nebeneinander im Raum eine ausschlaggebende Rolle zu spielen. Bei niederen Tieren, wie bei den Seeigeln und Muscheln, wird wohl auch ein Reiz, der von links kommt, anders beantwortet als ein Reiz, der von rechts kommt, indem einmal die effektorischen Organe der rechten Körperseite, das andere Mal der linken Seite antworten.

Aber das Merkmal selbst bleibt sich dabei gleich und zeigt in seiner Zusammensetzung keinerlei räumliche Differenzierung. Erst wenn räumliche Unterschiede im Merkmal selbst auftreten, kann man von einer höheren Stufe der Merkwelt sprechen. Die Augen der Insekten besitzen die Fähigkeit, bestimmte räumliche Anordnungen der auf ihrer Netzhaut auftretenden Bilder in schematischer Form dem Zentralnervensystem zu übermitteln, worauf wir bei der Behandlung der Innenwelt der Tiere zurückkommen. Bei der Untersuchung der Merkwelten genügt es, festzustellen, welche Umrisse und mit welchem Grad der Genauigkeit die Umrisse als Merkmale verwendet werden.

Bemerkenswert ist es, daß die Umrisse nicht durch Blickbewegungen des Insektenauges abgetastet werden, sondern von der stillstehenden Retina ausgehen. Es ist für uns sehr schwer, festzustellen, inwieweit unser unbewegtes Auge Umrisse verwertet. Jedenfalls handelt es sich bei stillstehender Netzhaut immer nur um Flächen und nicht um Körper.

Es ist sehr wichtig, aber auch sehr schwierig, mit voller kritischer Besonnenheit diese Versuche bei den Tieren anzustellen. Noch stecken wir in den ersten Anfängen. Es verdient aber hervorgehoben zu werden, daß es nur die deutschen Forscher sind, die sich der Schwierigkeit ihrer Aufgabe bewußt bleiben. Die amerikanischen Versuche sind allzu naiv, um ernst genommen zu werden. Warum etwa ein Dreieck oder ein Kreis als Grundlage der ersten Versuche für Formwahrnehmung dienen sollen bei einem Tier, das, wie z. B. die Biene, die Aufgabe hat, die Umrisse der Blumen zu unterscheiden, ist nicht einzusehen und zeugt, wie von Fritsch bereits hervorgehoben, von einem völligen Mißverstehen der biologischen Probleme.

Die Erforschung der Merkmale kann nur dann mit Erfolg gelingen, wenn man die verschiedenen Antworten eines Tieres innerhalb seines normalen Lebens analysiert hat, denn die verschiedene Antwort gibt uns den sichersten Aufschluß über die Verschiedenheit der Merkmale.

Kreis und Dreieck sind planimetrische Symbole, die aus unseren subjektiven Richtungszeichen aufgebaut werden, und haben gar nichts mit den etwa erkennbaren Umrissen von Gegenständen zu tun, die für bestimmte Funktionskreise bestimmter Tiere von Wichtigkeit sind und dort als Merkmale Verwendung finden.

Wenn es für ein Insekt von Wichtigkeit ist, einen ganz bestimmten Feind schon von weitem zu merken, so kann der Fall eintreten, daß einzig und allein der Umriß dieses Feindes als Merkmal dient und sonst kein einziger Umriß auf der Welt, mag er uns auch noch um vieles einfacher erscheinen.

Es ist dabei zu beachten, daß die große Sicherheit, mit der fliegende Insekten Zweigen und Blättern ausweichen, noch gar kein Kennzeichen bildet, daß die Umrisse dieser Gegenstände als Merkmale dienen — sie wirken alle, welche Gestalt sie auch aufweisen mögen, immer nur als gleiches Merkmal, nämlich als Hindernis.

Von den Formen- und Farbenzeichen der Beutegegenstände, der Feinde oder der Männchen in der Brunstzeit hat man auszugehen, wenn man verläßliche Auskunft über die Formwahrnehmung gewinnen will. Denn nur in diesen Fällen erhält man eine eindeutige Antwort durch die speziellen Reaktionen der Tiere.

Es ist, wie schon hervorgehoben, keineswegs notwendig, daß die Merkmale eines Tieres sich in jedem seiner Funktionskreise zu der gleichen Höhe erheben müssen.

Meist wird im Kreise des Feindes eine bloße Bewegung als Merkmal dienen, während im Kreise der Beute bereits die Umrisse als Merkmale dienen können. Auf dieser Verschiedenheit beruhen die Differenzen, die zur Zeit zwischen den Forschern bestehen, von denen die einen die Existenz von Farben in den Merkwelten der niederen behaupten, die anderen leugnen.

Bei vielen Krebsen scheinen die Merkmale des Beutekreises nur chemischer Art, die des Feindeskreises dagegen optischer Art zu sein.

Eine bedeutungsvolle Erweiterung erfahren die Merkwelten durch das Auftreten von Merkmalen für die Bewegung der eigenen Gliedmaßen. Nur bei den Wirbeltieren sind sensible Nerven in den Muskeln mit Sicherheit nachgewiesen. Und erst mit ihrem Auftreten kann von einem neuen Funktionskreis die Rede sein, der durch den eigenen Körper geht.

Wir wissen aus den Versuchen an Wirbeltieren, denen die sensiblen Wurzeln des Rückenmarkes durchschnitten wurden, einiges über diesen Funktionskreis. Sicher ist, daß erst mit dem Auftreten des bewegten eigenen Körpers als besonderem Merkmale eine sichere Scheidung des Subjekts von der Außenwelt in der Merkwelt Platz greifen kann, die den niederen Tieren vollkommen abgeht, weil bei ihnen das eigene Subjekt keine Merkmale besitzt, da ihnen, wie wir später sehen werden, auch der Schmerz abgesprochen werden muß.

Die höchste Stufe der Merkwelt wird erreicht, wenn die Gegenstände selbst zu Merkmalen werden. Leider ist diese Frage von den amerikanischen Forschern in einer unzureichenden theoretischen Denkweise in Angriff genommen worden, welche die erzielten Resultate völlig wertlos macht. Wer wird, wenn er die leiseste Vorstellung davon besitzt, was ein Gegenstand ist, sofort an das schwierigste Problem herangehen, indem er ein Tier einem menschlichen Gebrauchsgegenstand gegenüberstellt?

Ein Gegenstand wird durch eine menschliche Funktionsregel gebildet, die die verschiedensten Sinnesqualitäten zu einer Einheit zusammenfaßt. Wie soll ein Tier einen Gegenstand überhaupt als Merkmal aufnehmen, wenn die Funktionsregel nicht ihm, sondern dem Beobachter angehört?

Voraussetzung für die Existenz von Gegenständen in der Merkwelt eines Tieres bildet die Fähigkeit des Tieres, eigene Funktionsregeln für sein Handeln zu bilden. Dazu müssen erstens die eigenen Bewegungen als Merkmale Verwertung finden, und zweitens müssen die eigenen Bewegungen durch Regeln zu bestimmten Handlungen zusammengefaßt werden. Dann erst darf man vermuten, daß diese Regel sich mit anderen Merkmalen verbindet und den Gegenstand formt.

Wenn man beispielsweise einem Affen, der seine eigenen Bewegungen sehr wohl kennt, und dessen Bewegungen sich zu Handlungen geschlossen haben, eine Leiter hinstellt, an der er emporsteigt — so darf man annehmen, daß die Leiter für ihn ein Gegenstand zum Klettern, wenn auch keine Leiter im menschlichen Sinne geworden ist, weil das Klettern der Affen sich durchaus vom Klettern der Menschen unterscheidet. Aber wie soll der Affe, der einem Riegel oder einer Türklinke gegenübergestellt wird, diesen Gegenstand überhaupt formen? Da er keine geschlossenen Handlungen für das Türöffnen kennt und daher keine Regel für diese Handlung besitzen kann.

Auch wo geschlossene Handlungen vorliegen, bleibt die Verbindung ihrer Funktionsregeln mit den Merkmalen immer ein höchst schwieriges Problem. Am leichtesten scheint die Verbindung der Funktionsregeln der Handlung mit dem Medium zu sein, das so gut wie keine Merkmale besitzt. Man kann sich vorstellen, daß für einen Fisch das Wasser als das Schwimmbare zum reinen Ausdruck der Funktionsregel wird, die sich nur durch den Einfluß des Wasserdruckes auf die Seitenorgane mit den dadurch erzeugten Merkmalen verbindet, die unseren Qualitäten der Dichtigkeit entsprechen. Aber es ist völlig ungewiß, ob ein Fisch die Funktionsregel, die seine Schwimmbewegung beherrscht, in irgendeiner Form zu seinem Merkorgan bringt.

Auf diesem Gebiet bleibt noch alles zu tun übrig. Es ist aber äußerst wichtig, daß nicht durch willkürliche Versuche und dilettantische Fragestellung der Weg zu einer wirklichen Erkenntnis verbaut wird.

Zum Glück ist es Koehler gelungen, in seinen sehr verheißungsvollen Untersuchungen an Schimpansen die ersten Grundlinien zu ziehen, die als Aufriß für den zukünftigen Bau dieses Teils der Biologie dienen können.

Koehler konnte nachweisen, daß ein Schimpanse, der jenseits eines Gitters eine Banane liegen sieht, die sich außer Reichweite befindet, einen bereitliegenden Stock benutzt, um die Banane heranzuziehen. Wird der Stock entfernt, so benutzt der Affe jeden beweglichen Gegenstand, der er durch das Gitter schieben kann, um der Banane habhaft zu werden. Die Form, Farbe und Konsistenz der Hilfsmittel ist ganz gleichgültig — es kommt nur ihre mögliche Leistungsfähigkeit in Betracht. Die Funktion bildet auch hier den Gegenstand. Koehler spricht bezeichnenderweise von einer „Stockwerdung“ eines Strohbündels, eines alten Schuhes und dergleichen mehr.

Erst später tritt auch das optische Bild gegenstandbildend auf, wenn der Affe die Blätter eines Zweiges abrupft, um diesen stockähnlicher zu machen.

Sehr interessant ist es, daß anfangs der Anblick des Ziels durchaus notwendig ist, wenn der Stock benutzt werden soll. Liegt der Stock hinter dem Affen, so wird er in den ersten Versuchsreichen nicht benutzt. Solange der Affe die Banane sieht, sieht er den Stock nicht, und umgekehrt sieht er den Stock, so ist die Banane seinem Gesichtskreis entschwunden, und damit fehlt das Motiv zur Stockbildung. Später überdauert das Merkmal der Banane den momentanen Eindruck, und der Stock wird in jeder Lage aufgenommen und benutzt.

KOEHLER weist mit Nachdruck darauf hin, daß jede Handlung als eine Einheit aufzufassen sei, die immer nur im Hinblick auf das Ziel als ein Ganzes zu verstehen ist. Sein Bestreben ging darauf hin, die Teilhandlungen, die eine Gesamthandlung ausmachen, zu ändern und zu vervielfachen. So mußte ein Affe erst mit einem kurzen Stock den langen herbeiziehen, ehe er mit diesem die Banane erreichen konnte. Hierbei zeigten sich bereits die Grenzen der individuellen Veranlagung, die auf angeborenen Unterschieden beruhten. Es standen, um mich meiner Ausdrucksweise zu bedienen, den verschiedenen Affen verschieden lange Impulsfolgen zur Verfügung.

Die Frage nach der „Einsicht" der Affen, die KOEHLER aufwirft, geht über den Rahmen der Biologie hinaus.

Der Schmerz.

Eines der stärksten Merkmale bildet der Schmerz. Er ist das Merkmal des eigenen Körpers und hat vor allem die Aufgabe, die Selbstverstümmelung zu verhindern. Deshalb setzt er stets eine starke Hemmung, die den Ablauf einer begonnenen Handlung, welche den Körper schädigt, unter allen Umständen verhindert.

Dies ist besonders bei den Fleischfressern nötig, denn die Ratten z. B. fressen ihre eigenen Beine ohne weiteres auf, wenn die sensiblen Beinnerven durchschnitten sind.

Viele Tiere besitzen nun die Selbstverstümmelung als eine in ihrer Organisation begründete Einrichtung, die dazu dient, gefährdete Gliedmaßen zu opfern, um den ganzen Körper zu retten. Bei ihnen könnte der Schmerz als Reflexhemmung nur störend wirken und ist dementsprechend als nicht vorhanden anzusehen.

Es läßt sich ferner in manchen Fällen direkt zeigen, daß selbst da, wo keine Selbstverstümmelung eintritt, der Schmerz nicht vorhanden ist, weil selbst bei Schädigung des Körpers keine Hemmung ausgelöst wird. So kann man der großen braunen Libelle das eigene Hinterende zwischen die Kiefer schieben und beobachten, daß sie ihren eigenen Körper zu verzehren beginnt.

Die meisten niederen Tiere sind so gebaut, daß sie niemals in Gefahr geraten, ihren eigenen Körper zu schädigen. Wo das doch der Fall ist, wie bei den Seeigeln, habe ich nachweisen können, daß eine besondere Einrichtung vorhanden ist, die ich *Autodermophile* genannt habe, und die bei diesen Tieren den Schmerz vertritt. Die Haut dieser Tiere sezerniert einen Stoff, der den normalen Reflex des Zufassens der Zangen verhindert.

Die Amöben vermögen die Pseudopodien des eigenen Körpers von dem anderer Individuen zu unterscheiden. Worauf das beruht, ist nicht festzustellen. Bei ihnen liegen die Verhältnisse umgekehrt wie bei den übrigen Tieren. Da sie kein Gefüge besitzen, das durch Selbstfressen zerstört werden könnte, sind sie im Gegenteil darauf angewiesen, ihr eigenes Protoplasma stets wieder einzuschlucken. Daher würde bei ihnen der Schmerz ihre ganze Existenz in Frage stellen.

Es spielt der Schmerz keineswegs die völlig sinnlose Rolle, die ihm meistens zugeschrieben wird, wonach er die ganze Lebwelt in ein Tal des Jammers und der Qual verwandelt. Er ist nur dort vorhanden, wo er im Plan des Organismus einen Platz hat und dementsprechend nötig und nützlich ist.

Die Stimmung.

Neben der mechanischen Organisation tritt immer deutlicher eine chemische Organisation zutage, die im wesentlichen von den inneren Drüsen des Körpers beherrscht wird. Es sind die von ihnen ausgesandten Botenstoffe oder Hormone dauernd am Werk, um eine chemische Stimmung zu erzeugen, die einerseits im Tonus der Muskulatur, andererseits in der wechselnden Schwelle bei der Aufnahme äußerer Reize zum Ausdruck kommt. Es wird, worauf Brock hingewiesen hat, die labile Gleichgewichtslage des Subjektes in seiner Umwelt immer wieder hergestellt.

Am deutlichsten tritt uns die Stimmung bei den Aktinien entgegen. Ja, man kann sagen, daß kein Lebewesen derart von Stimmungen abhängig ist wie eine Seerose. Die enormen Schwankungen ihres Muskeltonus sind ein getreues Abbild ihrer Stimmungen. Eine Seerose in hohem Tonus ist ein völlig anderes Tier wie in niederem Tonus, nicht allein in ihren Handlungen, sondern auch in ihrer Gestalt, die vom Binnendruck des Wassers und vom Muskeldruck der Wände abhängt. Eine hungrige Seerose reißt mit ihren Tentakeln das Futter an sich, und eine Seerose, die unverdauliche Nahrung enthält, stülpt sich um wie ein Handschuh und verweigert jegliche Nahrung.

Es ist sicher, daß das völlig veränderte Benehmen der Tiere im Hunger- und Sättigungszustand auf Veränderung der Erregbarkeit der Zen-

9*

tralorgane, die dem Nahrungskreis angehören, beruht. Eine tote Sardine ist für einen satten Haifisch gar nicht vorhanden, weil in diesem Zustand seine Reizschwelle zu hoch ist. Erst der Hungerzustand setzt die Reizschwelle herab, und die Sardine erscheint in der Merkwelt des Haifisches.

Welchen Einfluß die innere Sekretion auf das ganze Geschlechtsleben höherer Tiere ausübt, haben die merkwürdigen Versuche STEINACHS erwiesen.

Die chemische Organisation hat den Zweck, die Steuerung des nervösen Zentralapparats gegenüber den Einflüssen der Merkmale weitgehend zu regulieren. Eine direkte Reizung des Nervensystems durch die Hormone tritt dagegen in den Hintergrund. Es wird meist nur eine Art „chemischer Stimmung“ erreicht, die in äußerst planvoller Weise dafür sorgt, daß je nach den Bedürfnissen des Körpers der eine Funktionskreis vor dem anderen zur Geltung kommt, indem seine Merkmale stärker oder allein wirksam sind. So tritt in der Brunstzeit der Beutekreis und sogar der Feindeskreis gegenüber dem Geschlechtskreis zurück, dessen Merkmale dann vor allen anderen wirksam werden. Das tritt zu jener Zeit ein, da auch das Hochzeitskleid von vielen Tieren angelegt wird, dessen Farbe und Zeichnung als entscheidende Merkmale auf die Steuerung wirken.

Zahlreich sind die Beispiele für die Umstimmung des Steuerapparats, bei denen aber der Beweis, daß es sich um eine chemische Umstimmung handelt, nicht erbracht ist. Das Bekannteste ist Schlafen und Wachen. Bei den Seeanemonen konnte BOHN feststellen, daß die Flut und Ebbe als innere Umstimmung noch andauerte, als die Tiere in das stille Aquarium bereits übertragen waren. Das merkwürdigste Beispiel einer einmaligen Umstimmung im Jahre bietet der Palolowurm, der zur Zeit der Geschlechtsreife in einer bestimmten Mondnacht sich teilt und an die Oberfläche des Meeres kommt.

Die kontrollierte Handlung.

Die einfachste Handlung ist der Reflex. Er wird meist der Leistung eines Mechanismus gleichgesetzt. In der Tat verläuft der uns bekannteste Reflex des Lidschlusses völlig zwangläufig, auch wird er nicht wie die anderen Handlungen durch ein Merkmal ausgelöst. Der Reiz, der ihn auslöst, wird nicht zum Merkmal. Ihm gleicht die Abfolge von Handlungen, die sich in unserem Verdauungskanal abspielen. Sie sind nach KESTNER als eine Kette von Reflexen anzusprechen. Der Speiseballen wird durch aufeinanderfolgende Eingriffe vom Mund bis zum After etappenweise umgestaltet. In jeder neuen Gestalt sendet der Speiseballen neue Reize aus, auf die die Organe der nächsten Etappe eingestellt sind. So gewinnt man den Eindruck eines sehr vollkommenen aber durchaus zwangläufigen Mechanismus.

In Wahrheit haben wir es hier mit einer Reihe sehr spezialisierter Wirkautonome zu tun, die aber nicht durch Merkautonome unterbrochen ist. Es ist zweifelhaft, ob wir mit immer erneuter Reizung letzter Impulse rechnen müssen. Möglicherweise haben wir es hier mit maschinellen Auslösungen zu tun, die keines immateriellen Faktors bedürfen.

Eine Kontrolle der Reflexe ist niemals vorhanden. Selbst die Instinkthandlungen verlaufen ohne jede Kontrolle. Erst die plastischen Erfahrungshandlungen besitzen eine Kontrolle, indem die Wirkungen, die sie auslösen, zu Merkmalen des handelnden Subjektes werden, wie beim Singen eines Liedes.

Die wichtigste Kontrolle aber wird bei all unseren Körperbewegungen durch die Richtungszeichen ausgeübt, die bei der Innervierung unserer Muskeln auftreten.

Wie Abb. 6 zeigt, schiebt sich ein neuer Kreis, der innerhalb des eigenen Zentralorgans verläuft, zur Unterstützung des äußeren Funktionskreises ein und verbindet das Handlungsorgan mit dem Merkorgan. Auf diese Weise fügt sich die eigene Handlungsregel den von außen angeregten Merkmalen ein und dient nun der Merkregel als Gerippe, an die sie die äußeren Merkmale angliedert.

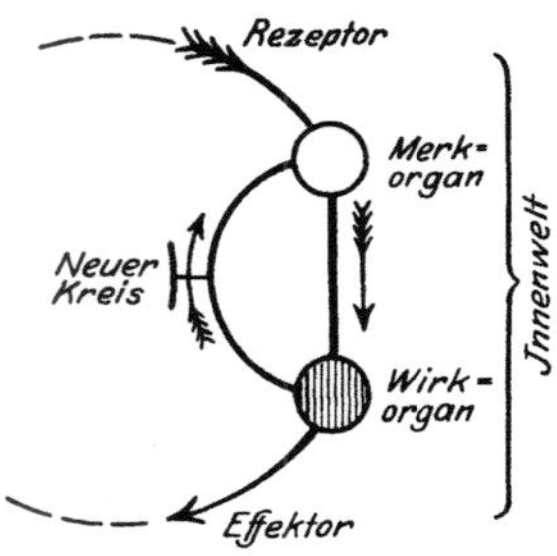

Abb. 6.

Nun erst entstehen in der Merkwelt wirkliche Gegenstände, die eine Funktionsregel besitzen. Bei den einfacheren Tieren waren nur Objekte in der Merkwelt vorhanden. Sobald die Bewegungen der eigenen Gliedmaßen in das Merkorgan eintreten, wird eine Kontrolle der eigenen Handlungen möglich. Aber solange nicht die vom Wirkorgan stammende Handlungsregel zur Formung von Gegenständen benutzt wird, existieren in der Merkwelt nur Objekte.

Die Objekte sind, wie wir wissen, bereits hochgefügte Einheiten, die sowohl räumlich wie zeitlich ausgedehnt sind. Aber Gegenstände entstehen in der Merkwelt erst, wenn die eigene Handlungsregel des Subjekts ihnen eine Funktion erteilt, die alle Eigenschaften und Fähigkeiten in der Weise planmäßig zusammenfaßt, daß sie einer inneren Regel gehorchen müssen, die wir die Funktionsregel der Gegenstände nennen. So übertragen wir Menschen unsere eigene Funktionsregel auf die Gegenstände, wie wir ihnen die von uns selbst geformten Merkmale übertragen.

Dies sind allgemeine Gesetzmäßigkeiten, wie sie sich aus dem Bau eines jeden Subjektes ergeben. Daher ist es ganz unzulässig, die menschlichen Funktionsregeln, die wir wie etwas Selbstverständliches allen

Gegenständen zugrunde legen, die unsere Merkwelt erfüllen, auf die Merkwelten der Tiere zu übertragen. Erst müssen wir die Handlungsregeln der Tiere kennenlernen, ehe wir an die Frage der Gegenstandsbildung bei den Tieren herantreten können. Unsere Gegenstände verschwinden, wenn wir als Beobachter den Tieren den Rücken drehen, und nur die dem Tier gehörigen Gegenstände umgeben es dauernd.

Somit dienen die in den Autonomen des Wirknetzes auftretenden Richtungszeichen einer doppelten Aufgabe. Erstens dienen sie zur Kontrolle für die Bewegungen des Subjektes, und zweitens werden sie genau wie die Richtungszeichen des Merknetzes dazu benutzt, um Schemata zu liefern, die hinausverlegt und mit anderen Sinneszeichen verknüpft, zu Gegenständen werden, die außer dem Merkschema auch ein Wirkschema, d. h. eine Handlungsregel des Subjektes enthalten.

Eine nur gesehene Leiter ist für einen Menschen, der nie eine Leiter erstiegen hat, ein bloßes Objekt, das aus den Richtungszeichen des Merknetzes aufgebaut ist. Sobald sie mit den Richtungszeichen des Wirknetzes verbunden werden kann, d. h. wenn sie einmal erstiegen worden ist, ist sie etwas Neues geworden, nämlich der Ausdruck der Handlungsregel des Subjektes d. h. ein Gegenstand.

Dem außenstehenden Beobachter scheinen alle Dinge, die mit einem fremden Subjekt in Beziehung treten, Gegenstände zu sein. So ist ein Stein, den ein Käfer erklettert, immer ein Käferweg. Es ist aber gar nicht gesagt, daß der Stein in der Merkwelt des Käfers ein „Weg“ ist. Dazu kann er nur durch die zu einem Schema verbundenen Richtungszeichen der Laufbewegungen gemacht werden. Und ob diese vorhanden sind, ist sehr fraglich.

Die Fügung.

Es gibt eine ganze Anzahl von Gebrauchsgegenständen, deren Gefüge nicht die volle Gegenleistung zum Ausdruck, sondern die stets anderer Gegenstände bedürfen, um eine Funktion wirklich auszuüben. Nehmen wir z. B. einen Kistennagel, so gehört zu seiner Gegenleistung, die unsere Leistung des Zusammenhaltens der Kiste unterstützt, erstens der Hammer, für dessen Schlag der Kopf des Nagels die geeignete Form zeigt, und zweitens das Holz der Kiste, dessen Konsistenz dem Nagel das Eindringen ermöglicht, ihn aber schwer wieder entläßt.

Das Gefüge des Nagels ist also nicht, wie das Gefüge der Leiter, ausreichend, um eine Gegenleistung auszuüben. Es ist noch der Hammer und das Holz erforderlich, damit sie zur Geltung komme. Wollen wir den planmäßigen Zusammenhang zwischen verschiedenen Gegenständen, die nicht dauernd körperlich verbunden sind, mit einem besonderen Wort bezeichnen, so werden wir von *Fügung* sprechen. Im Gegensatz zum Gefüge, das einen dauernden funktionellen Zusammenhang nach einer Regel bezeichnet, bedeutet Fügung einen nur zeitweilig auftretenden funktionellen Zusammenhang, der gleichfalls einer Regel unterworfen ist.

GRABER hat die Effektoren die Werkzeuge der Tiere genannt. Man könnte diesen Ausdruck gelten lassen, wenn nicht die Beziehungen zwischen Werkzeug und Material meist viel zu allgemein wären, um dem außerordentlich engen Zusammenhang gerecht zu werden, der sich im Funktionskreis offenbart.

Im Funktionskreis sind alle Teile, auch wenn sie nicht miteinander verwachsen sind, wie im Organismus, dennoch vollkommen für einander gearbeitet, da sie zeitweilig ein wirkliches Gefüge bilden, und diese Erkenntnis ist es, die bei der Betrachtung der Wirkungswelt der Biologie völlig andere Wege weist als der Physiologie.

Um die verschiedene Stellung der beiden Wissenschaften kurz zu charakterisieren, kann man sagen, die Physiologie betrachtet die Effektoren der Tiere wie Gebrauchsgegenstände des Menschen in ihrer Beziehung zur Welt, die Biologie betrachtet die Effektoren der Tiere wie Gebrauchsgegenstände des Menschen, die erst durch Einfügung in die Umwelt zur planmäßigen Wirkung kommen. Wir haben bei Betrachtung der Innenwelt der Tiere Merkregel und Wirkregel zu unterscheiden gelernt. Alle beide bilden nur Teile der allgemeinen Planmäßigkeit, die sich im ganzen Bau und in allen Handlungen der Tiere ausspricht. Wir sehen, daß die Organe ineinander gefügt sind wie die Teile einer Maschine und sprachen deshalb von Gefüge. Es ist nun zweifellos, daß dieses ganze Gefüge gleichfalls einer Regel unterstellt ist. Es ist die Gefügeregel im dauernden anatomischen Gefüge so offenkundig gegeben, daß man nicht weiter auf sie einzugehen braucht. Dagegen muß die Fügungsregel aufgesucht werden, während die Effektoren bei ihrem Handeln mit den Dingen der Außenwelt ein zeitweiliges Gefüge bilden.

In der Tat handelt es sich in der Wirkungswelt um ein derartiges zeitweiliges Gefüge, das immer nur dann sichtbar wird, wenn das Tier in einem seiner Funktionskreise tätig ist. Am deutlichsten zeigt sich die Fügung, die die Effektoren der Tiere mit dem Medium verbindet. Schon der bloße Augenschein belehrt uns, ob wir es mit einem Luft-, Wasser- oder Landtier zu tun haben. Die Flossen, die Flügel und die Füße tragen unzweideutig den Stempel ihrer Bestimmung. Je mehr der Funktionskreis auf ein eng umschriebenes Medium eingeschränkt ist, um so deutlicher kann man an den Effektoren ihre Fügung erkennen. Wir unterscheiden Saugfüße, Springfüße, Lauffüße und Kletterfüße, die uns einen ganz sicheren Anhalt geben, um das Medium der Landtiere in weitere Unterabteilungen zu zerlegen. Bei den Parasiten entdecken wir Klammerfüße, die ganz genau den Geweben ihrer Wirte, die ihnen das Medium liefern, eingefügt sind.

Ebenso unzweifelhaft ist die Fügung im Geschlechtskreise. Die gegenseitige, bis in alle Einzelheiten gehende Differenzierung der Geschlechtsorgane beider Geschlechter ist besonders lehrreich bei den Schmetterlingen ausgebildet. Ebenso bildet das Studium der sekundären Geschlechtsorgane eine immer neue Quelle der überraschendsten Belehrung, über eine geradezu wunderbare Fügung. Denn hier handelt es sich nicht um ein anatomisches Ineinandergreifen paarweise gebauter Effektoren, sondern um eine Fügung, die die Effektoren des einen Geschlechts mit den Rezeptoren des anderen Geschlechts verbindet. Es gibt Schmetterlingsweibchen, die einen bisher weder chemisch noch physikalisch nachweisbaren Stoff produzieren, den FABRE nur dadurch hat feststellen können, daß der Platz, auf dem das Weibchen gesessen hat, die Wirkung besaß, die Männchen auf viele Meilen im Umkreise heranzulocken.

Alle nur erdenklichen Wirkungen optischer, akustischer, taktiler Art finden Verwendung im Geschlechtsleben der Tiere, um die sogenannte geschlechtliche Selektion durchzuführen, d. h. es existiert überall eine ganz unerhört feine Fügung, die die Verbindung beider Geschlechter, wenn auch nur auf kurze Zeit, gewährleistet.

Ein bisher nicht erwähnter Funktionskreis verbindet Eltern und Kinder bei den höheren Tieren. Es braucht nur an die allgemein bekannten Beispiele der Brutpflege erinnert zu werden, um auch hier die Existenz der Fügung außer Frage zu stellen.

Nur auf ein besonders lehrreiches Beispiel sei hier eingegangen: Das Kuckucksweibchen legt, wie ich mich an der sehr umfangreichen Eiersammlung von BALDAMUS überzeugen konnte, in die fremden Nester immer solche Eier, die der Färbung der fremden Eier in einem gewissen Grade entsprechen. Das beweist, daß die effektorischen Organe des Kuckucks auf die Merkorgane der fremden Vögel eingepaßt sind, um die fremden Vögel zu veranlassen, die Brutpflege zu übernehmen.

Es handelt sich dabei nicht um eine Wirkung auf unsere menschlichen Merkorgane, die gar nicht getäuscht werden, denn wir unterscheiden auf den ersten Blick das Kuckucksei. Dagegen werden die Singvögel vollkommen getäuscht und übernehmen die Pflege des Fremdlings. Das gibt uns ein Mittel an die Hand, die Merkwelt der Singvögel in wirklich zuverlässiger Weise zu bestimmen.

Wird man daraufhin auch bereitwillig zugegen, daß die Fügung, die den Kuckuck und den Singvogel verbindet, für den Kuckuck vollkommen ist, so wird man um so entschiedener ableugnen, daß sie für den Singvogel eine Vollkommenheit darstelle.

Wir stoßen hier auf eine bereits berührte Frage, die entschieden werden muß, bevor wir in der Betrachtung der Fügungen weiterschreiten.

Die Vollkommenheit.

Jetzt kommen wir auf ein Problem zu sprechen, das besonders im Funktionskreis des Feindes eine große Rolle spielt, wenn sich Angreifer und Angegriffene gegenüberstehen. In all diesen Fällen kann man die Behauptung aufstellen, die Vollkommenheit sei wenigstens für den einen der beiden Gegner nicht erreicht, denn der Unterliegende beweist durch sein Unterliegen, daß er nicht vollkommen für den Kampf ausgerüstet war. Selbst wenn beide ausgesprochenermaßen für den Kampf ausgerüstet erscheinen und durch ihre Effektoren in den Feindeskreis vollkommen eingefügt sind, so kann diese Fügung für einen der beiden Teile keine vollkommene sein, wenn dieser Teil unterliegt.

Ist aber selbst in diesen Fällen die so planmäßig scheinende Fügung eine unvollkommene, so ist eben die Planmäßigkeit der Natur keine vollkommene, und dann hat man das Recht, auch Zweifel in die Vollkommenheit des Gefüges der Tiere überhaupt zu setzen. Dann scheint die Vorstellung berechtigt, die überall in der Natur Unvollkommenheit sieht. Dann sinkt die Planmäßigkeit der Natur zu einem bloßen Schein herab, und das, was wir als solche bewundern, könnte sich als ein Spiel des Zufalls entpuppen — wie es tatsächlich der Darwinismus annimmt.

Nicht ohne Grund hat DARWIN den Kampf an die Spitze seiner Ausführungen gesetzt, weil hier eine deutliche Lücke in der Vollkommenheit der Planmäßigkeit vorhanden zu sein scheint.

Die Grenzen des Organismus. Diese Lücke ist jedoch nur eine scheinbare und stammt aus einer falschen Definition. *Vollkommenheit ist nicht Allmacht, sondern bedeutet nur die richtige und lückenlose Ausnutzung aller vorhandenen Mittel.* Die Benutzung nicht vorhandener Mittel kann man auch von dem denkbar vollkommensten Wesen nicht verlangen. Damit ist zugegeben, daß ein jedes Tier, auch wenn es alle seine Mittel vollkommen ausnutzt, nicht mehr leisten kann, als es ihm seine Mittel erlauben. Es sind einem jeden Tier in seinen Leistungen durch seine Mittel Grenzen gesetzt. Die Summe aller Mittel, die einem Tier zur Verfügung stehen, wie Bauart, Stoff, Kräfte, Größe usw., d. h. die Gesamtheit aller Eigenschaften und Fähigkeiten bilden den Organismus. Jeder Organismus hat dementsprechend seine bestimmten Grenzen. Er kann nicht zugleich groß und klein, zugleich schwer und leicht, schnell und langsam sein usw. Er kann nicht zugleich vierstrahlig und zweistrahlig gebaut sein. Sein Körper kann nicht zugleich gegliedert und ungegliedert, seine Nervenzentren können nicht zugleich koordiniert und subordiniert, zentralisiert und dezentralisiert sein. Eine Biene kann nicht eine Eidechse, ja sie kann nicht einmal eine Wespe sein. Sie kann auch nicht zugleich zwei verschiedenen Arten angehören, sie kann eben nur sie selbst sein innerhalb ihrer von der Natur gesteckten Grenzen.

Ein jeder Organismus kann nur er selbst sein. Aber in sich selbst ist er vollkommen, weil er, wie wir wissen, im Gegensatz zu unseren Gegenständen, die aus Struktur und Gefüge bestehen, nur aus Gefüge besteht. In ihm ist restlos jedes Mittel ausgenutzt. Daher darf man die grundsätzliche Behauptung aufstellen: *ein jedes Lebewesen ist prinzipiell absolut vollkommen.*

Aber jedes Lebewesen kann im Kampfe mit einem Widersacher unterliegen, weil diesem andere Mittel in seiner Organisation zu Gebote stehen.

In den Tropen gibt es zwei Insekten, die durch ihr Gift gelegentlich den Menschen sehr lästig werden können: der Hundertfuß und die Vogelspinne. Als einmal auf unserem Eßtisch in Daressalam ein Hundertfuß erschien, ergriff ich ein Messer und schnitt ihn mitten durch. Der Erfolg war, daß jetzt zwei Hundertfüße in entgegengesetzter Richtung davonliefen. Ein Schnitt, der die Vogelspinne mitten durchteilt, erledigt sie sofort. Hierin zeigt sich also der Hundertfuß der Vogelspinne überlegen. Setzt man aber beide Tiere in ein Glas, so kann man sehr schön beobachten, wie die Vogelspinne den Hundertfuß, vom hinteren Ende aus beginnend, langsam auffrißt. Die Bewegung des Gegners, der mit seinem Kiefer überall hinschnappt, stört die Spinne gar nicht. Sobald sich das giftige Kieferpaar einem der behaarten Beine der Spinne nähert, wird dieses aufgehoben und anderswohin gesetzt. Zu einem auf das Ziel losgehenden Angriff ist das aus lauter gleichwertigen Gliedern bestehende Koordinationstier ganz unfähig und muß dem höher zentralisierten Nervensystem des Gegners unterliegen.

Wer aus solchen Beispielen schließen wollte, daß die Überlegenheit im Kampf an die höhere Differenzierung gebunden sei, wird sofort eines Besseren belehrt, wenn man ihm das Leben eines Malariaparasiten schildert. Dieses winzige einzellige Tier besitzt die Fähigkeit, nicht nur sich den total verschiedenen Gewebesäften von Mücke und Mensch anzupassen, sondern vermag sich auch in der Anatomie dieser unter sich so verschiedenen Wirte zurechtzufinden.

Aber auch in diesem Fall besitzt der Überlegene irgendwelche Mittel chemischer Art, die über die Grenzen des unterliegenden Organismus hinausgehen.

Es läßt sich ohne genaue Prüfung gar nicht sagen, welches Tier dem anderen überlegen sein wird. Bald siegt die Stärke, bald Gift, bald Schnelligkeit, bald Langsamkeit, bald das höhere Nervensystem, bald der härtere Panzer, bald der feinere Chemismus usw.

Aber in jedem Fall dürfen wir annehmen, daß jedes Tier bis zu den äußersten Grenzen, die sein Organismus ihm setzt, durchgearbeitet ist, das nicht nur sein Gefüge alle vorhandenen Mittel benutzt, sondern daß auch seine Fügung im Funktionskreis, die ihm seine Nahrung sichert und seinen Feind abhält, vollkommen ist.

Es ist ebenso billig wie laienhaft, sich über die Unvollkommenheit der Natur aufzuhalten, wenn man die Grenzen der Organismen nicht beachtet. Aber es ist kein Zeichen wissenschaftlicher Vertiefung. Leider hat selbst HELMHOTZ durch einen nicht vorsichtig gewählten Vergleich dieser Auffassung Vorschub geleistet.

Ich glaube, jetzt das Mißverständnis aus dem Wege geräumt zu haben, und wir können in der Betrachtung der Fügungen weiterschreiten.

Die Fügung im Feindes- und im Beutekreis.

Ohne einige Kenntnis der wirklichen Vorgänge in der Natur ist es unmöglich, sich ein richtiges Bild von der Fügung zu machen, die ebenso wie die Kenntnis des Gefüges nur aus der Anschauung gewonnen werden kann und niemals durch logische Erörterungen. Ich setzte deshalb zwei typische Fälle hierher, die die gegenseitige Beziehung von Feind und Beute erläutern sollen, und die ein eindringliches Bild von der Fügung geben.

Es gibt Fälle, in denen Beute und Feind einander gewachsen sind. Nur wenn die Waffen des Angreifers durch ebenbürtige Waffen des Angegriffenen abgewehrt werden, kann man von einem wirklichen Kampf sprechen. Dann entscheidet der augenblickliche Zustand, der dem einzelnen Individuum seine Grenzen zieht, ob der Angreifer oder der Angegriffene aus dem Kampf als Sieger hervorgehen wird.

Einen solchen Kampf kann man beobachten, wenn der Seestern *Asterias* den Seeigel *Strongylocentrotus* anfällt. Der Seestern verfügt über kräftige Saugfüße, die von einem giftigen Schleim bedeckt sind. Sie sind geeignet, die feste Schale des Seeigels zu packen und die Muskeln der Stacheln zu lähmen, während die fünf Arme sich um den runden Leib des Gegners schlingen. Worauf der häutige Magen aus dem Munde hervorquillt und sich dicht der Oberfläche der Beute anschmiegt und seine Verdauungstätigkeit außerhalb des eigenen Körpers beginnt.

Sehr merkwürdig ist das Benehmen des Seeigels. Für gewöhnlich genügt ein dichter Wall von Stacheln, um feindliche Annäherungen abzuweisen. Aber die langen Saugfüße dieses Feindes können die kurzen Stacheln nicht abhalten. Dafür springt ein ganz anderer Verteidigungsapparat ein. Sobald die Saugfüße des Seesternes sich dem Seeigel nähern, senken sich die Stacheln herab, und es springen giftgeschwollene dreizinkige Zangen hervor, die bis dahin schlaff herabhingen. Die Zangen schlagen sich in die Saugfüße von Asterias ein und lösen sich dabei von ihrer Unterlage, um, dauernd im Feind verankert, ihm ihre volle Giftladung zu versetzen.

Ist der Seeigel frisch und hat er noch nicht allzu viele Giftzangen verloren, so gelingt es ihm, den Seestern in die Flucht zu schlagen. Andernfalls bleibt der Seestern Sieger.

Die Fügung ist sowohl beim Seeigel wie beim Seestern unbestreitbar, und die Grenzen, die beiden Organismen gezogen sind, sind derart, daß man nicht von vornherein sagen kann, wer siegen wird. Die Grenze wird durch den augenblicklichen Gesundheitszustand der Tiere bestimmt. Der Seeigel, der sich in schlechter Leibesbeschaffenheit befindet, wird unterliegen, während der gesunde und kräftige, der im Vollbesitz seiner Waffen ist, auf den Sieg rechnen kann, besonders wenn der Seestern gesättigt ist und daher der Angriff nur schwächlich erfolgt.

Ein anderes typisches Beispiel verdanken wir den ausgezeichneten Untersuchungen von J. FABRE. Ich denke an den Kampf zwischen der Dolchwespe und der Goldkäferlarve. Die Dolchwespe packt die Goldkäferlarve an der Rückseite des Brustgliedes mit den Kiefern und krümmt ihren Körper seitlich um die Larve herum, wobei ihr Stachel sorgsam die Bauchseite abtastet, bis sie an die Stelle kommt, unter der der Ganglienknoten liegt. (Welches Merkmal den Stachel leitet ist unbekannt.) Dann sticht sie mit ihrem hohlen Seziermesser einmal zu und bestreicht den Ganglienknoten mit einem milden Gift, das die Beute lähmt, ohne sie zu töten. Die Abwehrbewegungen der Larve sind gänzlich unfähig, den Feind dauernd abzuschütteln.

Hier ist die Fügung im Beutekreis der Wespe sehr fein ausgearbeitet, was deswegen möglich ist, weil die Wespe ausschließlich auf diese eine Beute angewiesen ist. Wie ein Geldschrankschlüssel viel genauer durchgearbeitet ist als ein Dietrich, der alle möglichen Schlösser öffnen soll.

Der Organismus der Goldkäferlarve ist diesem feinen Fügungsapparat der Wespe nicht gewachsen. Seine Grenzen sind zu eng. Es liegt in Wirklichkeit kein Kampf vor, sondern nur eine Überwindung der Beute, sobald diese von der Wespe aufgetrieben worden ist. Natürlich besitzt die Larve andere Abwehrmittel, die ihr Verstecken vor dem Feinde begünstigen.

Solche Abwehrmittel besitzen die zu jeder Verteidigung unfähigen Eier der Seetiere, die frei abgelegt werden. Sie sind entweder glashell und daher sehr schwer sichtbar oder mit einer Gallerte überzogen oder von einem Panzer geschützt oder tief im Sande verborgen usw.

Zu diesen Hilfsmitteln der Individuen kommt noch die große Zahl der Eier, die aber zu den Hilfsmitteln der Art gerechnet werden muß und in einem späteren Kapitel besprochen wird.

Die subjektive und objektive Vernichtung der Merkmale.

Faßt man die Ergebnisse der Handlungen in sämtlichen Funktionskreisen zusammen, so kann man sagen, daß der Erfolg aller Handlungen darin besteht, das jeweilige Merkmal, welches die Handlung veranlaßte, zu vernichten, wodurch automatisch die Handlung zum Abschluß gebracht wird.

Die Vernichtung der Merkmale geschieht auf zweierlei Weise, die sich prinzipiell voneinander unterscheiden. Ein Beispiel wird für das Verständnis gute Dienste leisten:

Eine Biene, die ein kleines Tröpfchen Honig findet, saugt es auf und fliegt dann davon. Hier ist es klar, daß das Merkmal des Honigs, nämlich sein Duft, der die Handlung des Saugens veranlaßte, verschwinden muß, wenn das Tröpfchen aufgezehrt ist. Dies ist eine objektive Vernichtung des Merkmals.

Ist dagegen eine größere Menge Honig vorhanden. so bricht trotzdem die Biene nach einer Weile ihre Saughandlung ab und fliegt fort, wobei sie den Rest Honig übrigläßt. Hier war das Merkmal objektiv nicht vernichtet worden, warum brach also die Biene ihre Handlung ab? Nun ist beobachtet worden, daß eine Biene, wenn man ihr den Hinterleib während des Saugens vorsichtig wegschneidet, ruhig weitertrinkt, während ihr der Honig hinten wieder hinausfließt. In diesem Falle bricht sie die Handlung nicht ab, sondern die Biene trinkt ohne Unterbrechung weiter wie Münchhausens Pferd. Es fehlt ihr die Sättigungshemmung.

Wir kennen den Vorgang der Sättigungshemmung nicht in allen Einzelheiten, aber wir haben nach unseren Erfahrungen über die Innenwelt der Tiere alle Ursache, anzunehmen, daß entweder durch den Reflexmechanismus oder indirekt durch den Chemismus im Merkorgan eine Schwelle errichtet wird und dadurch auf subjektivem Wege das Merkmal vernichtet wird.

Die subjektive Vernichtung des Merkmals spielt im Geschlechtskreise die Hauptrolle und führt dort zum Abschluß der Kopulation. Am schlagendsten zeigt sich dies bei der Kopulation der Gottesanbeterin. Hier beginnt das Weibchen sofort nach erfolgter Ejakulation das Männchen aufzufressen. Es springt dabei, sobald das Männchen als geschlechtliches Merkmal verschwunden ist, sofort der Nahrungskreis ein, und das Männchen liefert nur noch ein Beutemerkmal. Viele andere Insekten zeigen das gleiche Verhalten; sowohl Spinnen- wie Raubkäferweibchen fressen nach vollzogener Kopulation die Männchen auf, wobei ihnen die Männchen nur schwachen Widerstand leisten, weil bei ihnen das Weibchen niemals als Beutemerkmal dient.

So interessant die subjektive Vernichtung der Merkmale ist, so müssen wir sie doch bei Behandlung der Wirkungswelt ausschalten, in der sich nur objektive Vorgänge abspielen.

Drastisch ausgedrückt, schlägt beim Weibchen, dank der veränderten Stimmung das erotische Merkmal in ein gastronomisches um. Dann wird die Steuerung umgelegt und andere Effektoren treten in Tätigkeit. Es springt somit ein anders getönter Funktionskreis ein.

Ich habe am Beispiel des apfelfressenden Affen gezeigt, daß auch jede einzelne Teilhandlung mit der Vernichtung ihres Merkmals endet, und eine Reihe verschieden getönter Funktionskreise einander ablösen.

Wie labil die Merkwelt bei allen Tieren ist, die plastischer Handlungen fähig sind, hat BUYTENDYK am Verhalten einer hungrigen Kröte zeigen können. Wurde ihr ein Regenwurm zugeworfen, den sie verzehrte, so warf sie sich gleich danach auf alle länglichen Dinge von der gleichen Größenordnung wie z. B. Zündhölzer, um sie zu verspeisen. Wirft man der Kröte statt des Wurmes eine Spinne vor, so wird sie nachträglich spinnenähnliche Dinge wie Moosstückchen zu fressen versuchen. In beiden Fällen werden die vergeblichen Freßversuche bald aufgegeben. Ähnlich den PAWLOWschen Hunden bildet die Kröte sogleich sekundäre Merkmale aus, um ihr Beutefeld zu erweitern. Die sekundären Merkmale werden aber wieder vernichtet, wenn der von ihnen ausgehende Funktionskreis unvollendet bleibt.

Merkding, Wirkding und Gegengefüge.

Vereinigt man sämtliche merkmaltragende Eigenschaften eines Objektes zu einer Einheit — dem Merkding und alle wirkmaltragenden Eigenschaften des gleichen Objektes zu einem — Wirkding, so bleibt noch ein Rest an Eigenschaften übrig, die das Gegengefüge bilden, welches nur zur Verbindung von Merkding und Wirkding dient.

Falls das Objekt als Ganzes vom Subjekt verspeist wird, ist die Verbindung dadurch hergestellt, daß das Merkding mit dem Wirkding verschwindet. So besteht der Apfel, der vom Affen verzehrt wird, aus optischen, Tast- und Geschmack erregenden Eigenschaften, die ihn zum Merkding für den Affen machen. Zugleich besteht er als Wirkding aus lauter Happen, die der Affe nacheinander von ihm abbeist, bis er auch als Merkding verschwunden ist. Aber auch in diesem Falle kann man von einem Gegengefüge des Apfels reden, denn die meisten Eigenschaften seines intimen Baues spielen weder im Merkding noch im Wirkding eine Rolle.

Wenn eine Katze als Subjekt vor einem bellenden Hunde als Objekt auf einen Baum flüchtet, so besteht das Merkding Hund aus optischen und akustischen Eigenschaften, während das Wirkding der Baumstamm ist, der die Wirkmale der Katzenpfoten trägt und der den Hund in die Tiefe schiebt. Dann ist das Gegengefüge fast der ganze Hund.

Wenn die Giftzangen des Seeigels den Saugfüßen des Seesternes ihre Wirkmale aufprägen und den Seestern in die Flucht treiben, kann man alle Organe des Seesternes, die unter der Giftwirkung stehen, zu einem Wirkding vereinigen. Immerhin bleibt der Rest, der das Gegengefüge bildet, noch sehr groß.

Diese Einteilung des Objektes vom Standpunkt des Subjektes muß vorgenommen werden, um den intimen Zusammenhang zwischen Subjekt und Objekt richtig zu würdigen. Nur auf diese Weise gelingt es, den umgestaltenden Einfluß des Subjektes auf seine Umwelt anschaulich zu machen.

Es krystallisiert, sozusagen, das Subjekt merkend und wirkend alle Objekte im eigenen Interesse um, und schafft sich dadurch eine sichere Umwelt, deren Mittelpunkt es selber bildet. Diese Umwelt enthält nichts fremdes, denn auch das Gegengefüge spielt keine andere Rolle als die eines subjektiven Bindungsmittels zwischen Merkding und Wirkding.

So wird die Umwelt nach einem subjektiven Plan aus den gänzlich heterogenen Objekten der Umgebung des Subjektes zugeschnitten. Dieser Vorgang ist am eindruckvollsten, wenn er uns Menschen als Objekte betrifft. Wenn eine Mücke sich auf unsere Haut setzt, so bildet sie als eine helle duftende Fläche das Merkding der Mücke. Das Wirkding aber, das vom giftspendenden Stachel gebildet wird, ist unsere Kutis mit ihren Nerven und Blutgefäßen. Unsere übrige Person ist nichts als ein völlig gleichgültiges Gegengefüge.

Die Weisheit der Organismen.

Das Abendpfauenauge schlägt bei Annäherung kleiner Vögel, die auf der Jagd nach ihm sind, seine Flügel auseinander, deren Augenflecken die Vögel verscheuchen, weil diese selbst vor den Augen kleiner Raubtiere dauernd auf der Hut sein müssen. Uns Menschen täuschen die Augen auf den Flügeln des Schmetterlings nicht, die Vögel aber wohl.

Dies Beispiel ist außerordentlich lehrreich, weil es uns den Unterschied zwischen „Wissen" und „Weisheit" bei den Organismen deutlich vor Augen führt. Wenn wir unter Wissen die Summe der Merkmale zusammenfassen wollen, die im Merkorgan des Abendpfauenauges zusammenfließen, so ist dieses äußerst dürftig, denn nur das Merkmal des bewegten Vogels wird in allgemeinen Umrissen gebildet. Von den Augenflecken auf den eigenen Flügeln gelangt kein Merkmal zum Merkorgan, und von ihrer Wirkung auf die spezifische Merkwelt der Vögel wird dem Schmetterling keine Kunde. Und doch enthüllt sich uns eine umfassende Weisheit, die die Handlung des Schmetterlings mit der Merkwelt des Vogels in einer engen Fügung umschließt.

Man ist allzuleicht geneigt, aus einer menschlichen Analogie heraus die Quelle der Übereinstimmung einer Handlung mit ihrem Nutzen für das handelnde Subjekt in einem Wissen des Subjekts zu suchen, das als Merkregel im Merkorgan vorhanden ist, und welches die Folgen voraussieht. Deshalb hat man auch stets das mißverständliche Wort von der Zweckmäßigkeit in der organischen Natur gebraucht und deshalb so großen Wert auf die Psychologie der Tiere gelegt. Nun können die als vorhanden angenommenen psychischen Vorgänge der Tiere nur eine verschwindende Rolle im Leben der Tiere spielen. Wenn man von den Leistungen der Psyche redet, so kann man nichts anderes darunter verstehen, als die von innen betrachteten Regeln im Merkorgan, und wenn man auf diese Vorgänge die Zweckmäßigkeit des Lebens aufbauen will, wird man nicht weit kommen.

Denn in den Handlungen der niedersten Tiere, ich brauche bloß an den Malariaparasiten zu erinnern, offenbart sich genau die gleiche weise Voraussicht, die sich in der Fügung ausspricht, wie beim höchsten Lebewesen.

Und wo würde selbst der Mensch bleiben, wenn er bloß auf das eigene Wissen seiner Psyche angewiesen wäre? Haben doch die meisten Menschen von den planmäßigen Leistungen ihres eigenen Körpers nur ganz dürftige und meist falsche Vorstellungen. Die moderne Hygiene hat uns mit einer solchen Fülle staunenswerter Weisheit unserer Gewebe im Kampf gegen fremde Gifte bekanntgemacht, deren wir uns niemals bewußt werden können.

Wir haben bei Betrachtung des Gefüges der Lebewesen und ihrer mannigfaltigen Fügungen in das Gefüge anderer Lebewesen, die zu ihrer Funktionsregel gehören, immer und überall bis in die letzte Einzelheit das Walten einer Naturkraft kennengelernt, die nur Vollkommenes schafft.

Diese Naturkraft haben wir Planmäßigkeit genannt, weil wir ihr nur dann mit unserer Apperzeption zu folgen vermögen, wenn diese die mannigfaltigen Einzelheiten mit Hilfe von Regeln zu einem Ganzen verbindet. Höhere Regeln, die auch zeitlich getrennte Einzelheiten verbinden, bezeichnet man allgemein als Pläne, ohne Rücksicht darauf, ob sie auf menschlichen Absichten beruhen oder nicht.

Wir können statt Planmäßigkeit ebensogut Funktionsmäßigkeit, Harmonie oder Weisheit sagen. Auf das Wort kommt es gar nicht an, sondern nur auf die Anerkennung der Existenz einer Naturkraft, die nach Regeln bindet. Ohne die Anerkennung dieser Naturkraft bleibt die Biologie ein leerer Wahn.

Überblick.

Aus dem Vorgetragenen ist es leicht, die Farben zu entnehmen, um sich für ein einzelnes Lebewesen die verschiedenen Funktionskreise auszumalen, wenn man die Beziehungen zu seinen Merkmalsträgern untersucht. Man erhält dann durchaus das Bild einer Welt, die lediglich für dieses Tier geschaffen zu sein scheint. Deshalb ist man vollberechtigt, so viele Umwelten anzunehmen, als es Tiere gibt.

Geht man weiter und sucht den Zusammenhang verschiedener Tiere zu verstehen, so gelingt das auch bis zu einem gewissen Grade, wenn man sich auf die Tiere beschränkt, die in einem engumschriebenen Medium zusammenleben. Auch vermag man sich die Kette auszumalen, die durch die Funktionskreise entsteht, die Feind und Beute umschließen und fortschreitend die Beute des ersten Feindes als Feind einer weiteren Beute erscheinen lassen.

Aber zu einem Gesamteindruck des lebendigen Gewebes im Teppich der Natur ist die Kenntnis der einzelnen Individuen nicht ausreichend. Um zu diesem zu gelangen, müssen wir mit den höheren Einheiten, wie sie die Arten darstellen, vertraut sein, und auf diese können wir erst später eingehen.

Seitenwege der Tierpsychologie.

Die Tierpsychologie hat in den letzten Jahren seit dem Auftreten des klugen Hans ganz neue Wege eingeschlagen, die doch so bemerkenswert sind, daß wir nicht achtlos an ihnen vorübergehen können.

Nicht die Behauptung, daß die Psyche der Tiere diese oder jene Empfindungen beherbergt, ist für die Biologie von Interesse. Es ist Sache der Psychologen, sich die Tierseele vorzustellen wie sie wollen. Der Biologe hat sich nur mit den für den Beobachter wahrnehmbaren Äußerungen der Tiere zu befassen und aus ihnen auf die Organisation zu schließen.

Ein Teil der Tierpsychologen aber behauptet, alle Tiere oder wenigstens die höheren Tiere besäßen eine menschliche Intelligenz, die sich nur nicht äußern könnte, weil der körperliche Organismus ihr Grenzen setzt. Gelingt es aber, einem Tier eine mit seinen Organen ausführbare Zeichensprache beizubringen, so kann man mit ihm verkehren wie mit einem Menschen.

Diese Lehre würde den bisherigen Anschauungen der vergleichenden Psychologie den Boden entziehen, weil diese aus der Organisation auf die Psyche schließt.

Die Biologie wird von diesem leidenschaftlich ausgefochtenen Kampf nicht unmittelbar berührt, denn sie ist die Lehre von der Organisation selbst und kann daher den Ausgang des Streites mit Ruhe abwarten.

Sechstes Kapitel.

Die Entstehung der Lebewesen.

Evolution und Epigenese.

Wer der Entstehung eines unserer Gebrauchsgegenstände beiwohnt, z. B. der Herstellung einer Kerze aus Paraffin und Docht, und damit die Leistung des fertiggestellten Gegenstandes — in diesem Fall das Brennen der Kerze — vergleicht, der wird sich ohne weiteres darüber klar sein, daß die Planmäßigkeit, die diese beiden Vorgänge beherrscht, eine durchaus verschiedene ist. Zweifellos werden beide Vorgänge von einer Regel geleitet, aber diese Regeln können nicht identisch sein.

Wir haben uns bisher nur mit der Regel des fertigen Gegenstandes befaßt, die wir seine Funktionsregel nannten. Bei den Lebewesen sind wir gleichfalls auf eine Funktionsregel gestoßen, die bei ihnen die Leistungen selbständig beherrscht, während die Funktionsregel der Gegenstände sich immer auf eine menschliche Leistung bezieht und daher unselbständig bleibt. Wir sprechen daher von Gegenleistungen der Gegenstände im Gegensatz zu den Leistungen der Subjekte.

Von diesem Unterschied abgesehen, lassen sich aber die Funktionsregeln der Gegenstände sehr wohl mit den Funktionsregeln der Lebewesen vergleichen. Wir finden bei beiden ein festes Gefüge, das den äußerlich sichtbaren Ausdruck einer Regel bildet. Das Gefüge übernimmt die Ausführung der Handlung, die der Funktionsregel folgt. Es läßt sich aus der Kenntnis der räumlichen Gefügeregel mit Sicherheit auf die Funktionsregel schließen. Daher konnten wir feststellen, daß, soweit es sich bei den Tieren um die Tätigkeit des Gefüges handelt, alle mechanischen Regeln volle Gültigkeit haben, die wir bei unseren Maschinen kennen.

Selbst die Fügungsregel, die in den Funktionskreisen der Tiere die Hauptrolle spielt, konnten wir bei den Gebrauchsgegenständen wiederfinden, die nicht dauernd, sondern nur zeitweilig miteinander ein Gefüge eingehen, von dem man ebenfalls auf die Funktionsregel schließen kann.

Ja, es ist bis zu einem bestimmten Punkt möglich, sich Maschinen vorzustellen, die wie die Tiere, wenn auch keine Merkregel, so doch eine Reizregel und eine Bewegungsregel besitzen. Nur sind diese keiner Wandlung fähig, weil die Maschinen ausschließlich aus einem festen Gefüge bestehen und alle Regeln, die man aus ihrem räumlichen Bau und ihren Funktionen ableiten kann, menschliche Regeln sind, die nicht ihnen angehören, sondern von außen in sie hineingetragen sind. Daher können diese Regeln auch nur von außen her durch Eingriffe des Menschen abgeändert werden. Wir nennen deshalb die Maschinen zwangläufig. Sobald nun die Maschinen sich abnutzen oder beschädigt werden, kann ihnen ihre Funktionsregel nicht zu Hilfe kommen, wie das bei den Lebewesen der Fall ist, die ihre Funktionsregel selbst beherbergen und zugleich im Protoplasma das Material besitzen, das der Mechanisator als aktiv auftretende Funktionsregel selbsttätig benutzt, um die Schäden auszubessern.

Wir haben aus diesem Verhalten der Lebewesen die Überzeugung gewonnen, daß es die Funktionsregel selbst ist, die fähig ist, Gefüge zu formen. Diese Ansicht wurde bestätigt durch das Verhalten der einzelligen Protoplasmatiere, die ihr notwendiges Gefüge selbst formen und wieder vernichten entsprechend der Funktionsregel, die die Handlungen des Gefüges beherrscht. So ließ die Verdauungsregel von Paramaezium nacheinander Mund, Magen, Darm und After entstehen und vergehen.

In all diesen Fällen fanden wir, daß es die Funktionsregel ist, die die Impulsfolge im Protoplasma beherrscht. Es lag daher nahe, anzunehmen, daß die Funktionsregel den ganzen Aufbau der Organe vom Keim an leitet.

Die Studien über die Entstehung der Lebewesen haben aber bewiesen, daß diese Annahme irrig ist. Genau wie beim Entstehen unserer Gebrauchsgegenstände tritt hier eine neue Regel auf, die mit der Funktionsregel nicht identisch ist und daher als Entstehungsregel von der Funktionsregel unterschieden werden muß.

Durch zwei Jahrhunderte hat sich der Streit hingezogen, ob es notwendig sei, eine besondere *Entstehungsregel* für die Lebewesen anzunehmen. Die Naturwissenschaft, die sonst so gern die Analogie mit den Maschinen anwendet, hat hier merkwürdigerweise eine Ausnahme gemacht. Sobald die Spermatozoen entdeckt waren, nahm man als selbstverständlich an, daß man hier die Menschen en miniature vor sich habe, die nur auszuwachsen brauchten, um vollkommen fertig zu sein. Damit war der Grund gelegt für die spätere Evolutionslehre, die im Entstehen der Lebewesen einen bloßen Vergrößerungsprozeß sieht.

Bald zeigte es sich, daß die Spermatozoenmenschen ein Irrtum gewesen, da griff man nach den Blätterknospen der Pflanze, die nicht bloß wachsen, sondern sich auch auseinanderwickeln müssen, um die Blatter zu liefern. So kam die Lehre der Entfaltung oder Entwicklung oder Evolution auf.

Gegen die Evolution wandte sich WOLFF, der durch genaue Beobachtung zur Überzeugung gelangte, daß von einer einfachen Entfaltung bei der Entstehung der Tiere gar keine Rede sein könnte, sondern daß nacheinander immer neue Organe auftreten. Die Entstehung wurde ihm zu einer beständigen Neuschöpfung, zu einer *Epigenese*.

Es ist nicht nötig, den nun einsetzenden Streit im einzelnen zu verfolgen, da er in unseren Tagen durch DRIESCH endgültig zugunsten der Epigenese entschieden worden ist.

Die Epigenese hatte als die begrifflich schwerere Lehre einen harten Stand, bis sie durch die erdrückende Macht der Tatsachen siegte. Immer wieder versuchten die Evolutionisten das Dogma von einem im Keime von Anfang an vorhandenen unsichtbaren Gefüge festzuhalten, indem sie Erbschaftspartikelchen voraussetzten, die in irgendeiner Weise miteinander räumlich verbunden sein sollten. Schließlich konnte von einer Evolution im alten Sinne gar nicht mehr die Rede sein, es war schon eine wahre Revolution nötig, um alle die winzigen Organteile in eine vernünftige Ordnung zu bringen.

Vor allem war es das sogenannte „biogenetische Grundgesetz" HAECKELS, das der Evolution den letzten Halt verlieh. Dieses Gesetz besteht in der Behauptung, daß jedes Einzelwesen in seiner individuellen Entwicklung die Entwicklungsgeschichte seiner Ahnen in gekürzter Form durchläuft. Da man die Geschichte der Ahnen gar nicht kennt, wurde sie ihrerseits aus der Entwicklung des Einzelwesens abgeleitet, und so wurde sie durch einen Zirkelschluß bewiesen. Es ist geradezu fabelhaft, welche Unmasse an Literatur auf diesem Trugschluß aufgebaut wurde. Daher muß man es für eine wahre Großtat halten, daß DRIESCH diesem Treiben ein Ende machte, indem er nachwies, daß im Keim kein vorgebildetes Gefüge für das fertige Tier vorhanden ist.

Der Beweis, den DRIESCH führte, ist ebenso einfach wie einleuchtend. Das Wesen eines Gefüges besteht darin, daß es gefügt ist, und wenn man ein Gefüge zerreißt, so ist es nicht mehr ganz. Ist im Keim ein unsichtbares Gefüge vorhanden, so muß man es, wenn man den Keim zerschneidet, auch mit zerschneiden. Nun gibt aber ein halbierter Keim, wenn er sich weiter entwickelt, nicht zwei halbe Tiere, sondern zwei ganze Tiere von halber Größe. Dieser Grundversuch ist von DRIESCH in allen möglichen Variationen, unter allen Kautelen, an allen zugänglichen Tierarten ausgeführt worden. Das Resultat war immer das gleiche: niemals zeigten sich, wenn man weit genug zurückgriff, Spuren eines zerschnittenen Gefüges.

Während ein anatomisches Gefüge durch einen anatomischen Eingriff zerstört werden muß, weil es räumlich ausgebreitet ist, kann eine Regel, die ihrem Wesen nach unräumlich ist, durch das Messer nicht getrennt werden. Entweder es wird ihr durch Zerstörung des Materials die Möglichkeit ihrer Betätigung genommen; wenn das nicht der Fall ist, so muß sie auch an verkleinertem Material voll zur Geltung kommen.

Allgemeine Vorbemerkung.

Mit der Feststellung, daß zu Beginn der Ausgestaltung des Keims kein Gefüge, wohl aber eine *Regel* im Keim vorhanden ist, beginnt die heutige Lehre von der Entstehung der Lebewesen. Welcher Art diese Regel ist, kann erst nach Darlegung der Entstehungsgeschichte entschieden werden. Die Frage: wie wirkt eine Regel auf das Protoplasma des Keims? haben wir bei Betrachtung der übermaschinellen Fähigkeiten des Protoplasmas dahin beantwortet, daß sie die Impulsfolge des Protoplasmas ordnet.

Als Vermittler zwischen der unräumlichen Regel und dem räumlich angeordneten Protoplasma haben wir den Impuls gesetzt, auf den wir kurz eingehen wollen. Der Impuls löst im Protoplasma einen Prozeß aus. Diese Auslösung können wir uns nach einer Analogie der Wirkung der Fermente oder Katalysatoren vorstellen. Aber während die Physiker und Physiologen für diese auslösenden Faktoren rein materielle Vorstellungen ausgebildet haben und sie in die Kausalkette einreihen, müssen wir den Impulsen einen immateriellen Charakter zuschreiben, der sie einerseits wohl befähigt, neue Kausalreihen zu beginnen, der aber andererseits ihr Wirksamwerden unter die Herrschaft einer planmäßigen Regel stellt. Als Analogie hierzu darf das Auftreten der Töne in einem Liede nach dem Zwang der Melodie herangezogen werden.

Das Verdienst, die Gesetzmäßigkeit der Melodie mit der Gesetzmäßigkeit bei der Formbildung des Keims zuerst verglichen zu haben, gebührt Karl Ernst von Baer, dem „Vater der Entwicklungsgeschichte".

Der Entdecker der Impulse aber ist Mendel.

Die Geschichte dieser Entdeckung wird ewig denkwürdig bleiben. Mendel entdeckte die Vertauschungsregel der Eigenschaftsanlagen bei der geschlechtlichen Kreuzung der Erbsen, welche für alle geschlechtlichen Kreuzungen aller Lebewesen Geltung hat. Wie es aber den großen Genies ergeht, deren Erkenntniswege weit ab von der großen Straße liegen, begriffen seine Zeitgenossen, die den bequemen Weg des Darwinismus selbstsicher entlangzogen, seine ganze Fragestellung überhaupt nicht. So ging diese große Entdeckung völlig verloren, bis sie achtzehn Jahre nach dem Tode des Meisters von drei Forschern gleichzeitig wieder entdeckt wurde.

Was Mendel gefunden hatte, war ein ganz neuer, nur seinem geistigen Auge als selbstverständlich erscheinender Naturfaktor. So selbstverständlich war er ihm, daß er ihm gar keinen Namen gab, sondern sich nur für das Gesetz interessierte, in dem dieser Faktor sich äußerte.

Erst Johannsen erkannte das Bedürfnis, dem neuen Naturfaktor einen Namen zu geben und nannte ihn ein „Gen". Dieser Name sagt über das Wesen des Naturfaktors gar nichts aus. Auch lag die begriffliche Eingliederung des neuen Naturfaktors den Forschern fern, die erst die Allgemeingültigkeit des Mendelschen Gesetzes nach allen Richtungen durchprüften. Dann führte die neue Erkenntnis zu höchst wichtigen praktischen Ergebnissen für die Züchtigung der Pflanzen und Tiere, welche die ganze Arbeitskraft der ausgezeichneten Forscher in Anspruch nahm.

So ist die theoretische Bedeutung der Mendelschen Entdeckung bis zum heutigen Tage noch nicht in ihrem vollen Umfange erkannt worden. Um sie erfassen zu können, müssen wir noch auf eine anscheinend weit abliegende theoretische Betrachtung eingehen.

Die Entstehung der Gegenstände.

Wie bereits hervorgehoben, stimmen alle Gebrauchsgegenstände darin überein, daß sie außer einer Gebrauchsregel auch eine Entstehungsregel zur Voraussetzung haben, und diese Tatsache fordert dazu auf, die Entstehung der Gegenstände der Betrachtung über die Entstehung der Lebewesen zugrunde zu legen. Will man den Vergleich zwischen Gebrauchsgegenständen und Organismen ernsthaft durchführen, so muß man sich über die Grundbegriffe einigen, um daraufhin die Übereinstimmungen und Abweichungen genau festlegen zu können.

Nehmen wir als Beispiel eine aus Ziegelsteinen erbaute Treppe, so können wir ganz wohl die einzelnen Stufen als Organe bezeichnen, die aus einem Ziegelsteingewebe bestehen, das wiederum aus Ziegelsteinzellen erbaut ist. Besäßen wir durchweg nur Gegenstände, die aus dem gleichen Material hergestellt wären, das durch verschiedene chemische und physikalische Prozesse alle möglichen Formen, Farben und sonstigen Eigenschaften erhielte, so wäre der Vergleich zwischen Lebewesen und Gegenständen ein schlagender. Überall würden wir das gleiche morphologische Grundelement vorfinden, das wir mit der Zelle, dem elementaren Baustein der Lebewesen, vergleichen könnten. Die gleichen Stoffe, die wir bei verschiedenen Gegenständen erkennen, könnten wir als gleiche Grundgewebe ansprechen. Das würde uns auch erlauben, die einzelnen Teile der Gegenstände, auch wenn sie aus verschiedenen Stoffen bestehen, als Organe anzusprechen.

Da es tatsächlich verschiedene Gegenstände gibt (wie alle Ziegelsteinbauten), die aus dem gleichen, aber verschieden behandelten Urmaterial bestehen, so ist der Versuch, sämtliche Gegenstände in der Vorstellung auf den gleichen elementaren Nenner, die Zelle, zu bringen (um eine durchgehende Vergleichung zwischen Lebewesen und Gegenständen durchzuführen), nicht von der Hand zu weisen. Diese Vorstellung wird sich, weil sie nach Beseitigung alles Nebensächlichen uns auf die wirklich prinzipiellen Unterschiede aufmerksam macht, von großem Nutzen erweisen und uns Gelegenheit bieten, die verwickelten Verhältnisse bei den Lebewesen durch den Vergleich mit den allbekannten einfachen Verhältnissen bei den Gegenständen dem Verständnis näherzubringen.

Das zeigt sich sofort schlagend, wenn wir den Begriff des Organs auf die Gegenstände anwenden. Nehmen wir z. B. einen Rohrstohl, dessen beide Hinterfüße mit der Lehne ein einziges Stück bilden, das an den Sitz angefügt ist, und stellen wir einen Anatomen wie einen Physiologen vor die Frage: ist dieses Fußlehnenstück ein Organ oder nicht? so wird der Anatom mit „Ja“, der Physiologe aber mit „Nein“ antworten.

Der Anatom und Morphologe nimmt die Abgrenzung der Organe nach ihrer Form vor, der Physiologe nach ihren Leistungen. Die Grenzen der morphologischen Organe brauchen, wie das Beispiel zeigt, mit den Grenzen der physiologischen Organe nicht zusammenzufallen. Der

Physiologe wird viel eher geneigt sein, sämtliche Stuhlbeine als ein Organ zusammenzufassen, ganz unbekümmert darum, wieviel Fugen sie voneinander trennen, und wieviel Zwischenstücke sich einschieben. Dagegen wird er es für unerträglich halten, wenn man ihm zumutet, Teile, die zu verschiedenen Leistungen gehören, auch wenn sie morphologisch zusammenhängen, als ein Organ anzusprechen.

Wir ersehen aus diesem einfachen Beispiel, daß wir alle Gegenstände sowohl in morphologische wie physiologische Bausteine zerlegen müssen, wenn wir den Tatsachen gerecht werden wollen. Diese Tatsachen erscheinen uns bei unseren Gegenständen selbstverständlich, denn wir wissen, daß der Benutzer eines Gegenstandes eine andere Person ist als der Verfertiger, und daß jeder von ihnen von ganz anderen Gesichtspunkten ausgeht bei der Trennung der Gegenstände in ihre Organe.

Die Verfugungen, die wir in unseren Gegenständen wahrnehmen, stammen daher, daß der Erbauer den gesamten Gegenstand in den seltensten Fällen aus einem Stück verfertigen kann, sondern gezwungen ist, die Teile einzeln herzustellen, um sie nachträglich zu verbinden, wobei das Auftreten von Fugen unvermeidlich ist.

Es sind daher die Fugen als „Entstehungszeichen" anzusehen, die uns auf die Art der Verfertigung eines Gegenstandes aufmerksam machen. Die morphologischen Bausteine, die durch die Fugen voneinander abgegrenzt werden, sind daher als „genetische Bausteine" anzusprechen, das ist ihre eigentliche Bedeutung.

Nun kommen bei den meisten Gegenständen Fugen vor, die durch die Leistung des betreffenden Gegenstandes bedingt sind; ich erinnere bloß an die Fuge, die das Rad von seiner Achse trennt, und die die Umdrehung des Rades ermöglicht. Solche für die Leistungen notwendigen Fugen müssen beim Verfertigen der Gegenstände vom Erbauer berücksichtigt werden. Sie trennen am fertigen Gegenstande sowohl die „funktionellen" wie die „genetischen" Bausteine voneinander. Wo sie vorhanden sind, fallen die Grenzen der morphologischen wie der physiologischen Organe zusammen.

Wirft man bei einem Gegenstande, der aus lauter gleichen, kleinsten Bausteinen zusammengesetzt ist (wie die Ziegelsteintreppe), die Frage auf, ob er nicht vielleicht durch die Benutzung selbst entstanden sein könnte, oder ob ein von der Benutzung unabhängiger Prozeß des Erbauens nachweisbar ist, so wird man nach solchen Zeichen suchen müssen, die nicht funktioneller, sondern genetischer Art sind, d. h. nach reinen Entstehungszeichen, die nicht mit den „Leistungszeichen" zusammenfallen.

Solche reinen Entstehungszeichen brauchen keineswegs immer nur Fugen zu sein; dagegen werden sämtliche notwendigen Eigenschaften eines Gegenstandes, die keine Beziehungen zu seiner Leistung haben, als Entstehungszeichen angesprochen werden können. Man denke z. B. an den rauhen, glasurfreien Rand, der auf der Unterseite aller Porzellanteller nachweisbar ist, während sonst die Glasur den ganzen Teller bedeckt. In ihm haben wir ein reines Entstehungszeichen vor Augen, das uns darauf aufmerksam macht, daß beim Brennen der Teller auf einer glühenden Unterlage stand, die die Bildung der Glasur verhinderte.

Dagegen werden wir, wenn wir bei Untersuchung eines Weidenastes, der als Bogen benutzt wird, finden, daß die holzigen Fasern auf der einen Seite dauernd gedehnter sind als auf der anderen, dies für ein Leistungszeichen erklären, das allein auf die Benutzung hinweist.

Selbst wenn alle unsere Gegenstände aus einem dreidimensionalen Mosaik kleinster Elemente bestünden, würden wir die Untersuchung nach dem Vorhandensein von Entstehungs- und Leistungszeichen unterlassen können, da uns die Entstehungsgeschichte dieser von uns selbst verfertigten Gebrauchsgegenstände vertraut ist. Wir würden genau wissen, welche Veränderungen das elementare Mosaik durch die Erbauung und welche es durch die Leistung erduldet.

Wir würden genau sagen können, welche Gruppen von Elementarsteinen zu den genetischen und welche zu den morphologischen Bausteinen zu rechnen sind, weil wir sowohl die Handlungen des Erbauers wie des Benutzers kontrollieren können. Wir wissen, daß die Erbauung und der Betrieb zwei durchaus verschiedene Vorgänge sind und brauchen daher nicht nach besonderen Entstehungszeichen und Leistungszeichen zu suchen, um den Beweis für das Vorhandensein zweier grundsätzlich verschiedener Prozesse zu liefern.

Jedoch schon bei Gegenständen, deren Verfertigung uns unbekannt ist, besonders bei prähistorischen Funden, wird unsere Aufmerksamkeit darauf gelenkt, nach Entstehungszeichen zu suchen, um eine Vorstellung ihrer Verfertigungsart zu gewinnen. In viel höherem Maße gilt das für die Lebewesen.

Morphologie.

Die Morphologie kann man kurz die Wissenschaft der Entstehungszeichen nennen, denn ihre Aufgabe ist es, die Lebewesen nicht in funktionelle, sondern in genetische Bausteine zu zerlegen. Unter Homologie versteht man die Beziehungen der genetischen Bausteine untereinander; unter Analogie die Beziehungen der funktionellen Bausteine.

Vieles, was uns bisher in der Morphologie rätselhaft erschien, wird uns nun verständlich werden. Die Tatsache, daß es keine Morphologie der Gegenstände, sondern nur der Lebewesen gibt, wird zum Teil dadurch erklärt, daß die Gegenstände nicht aus gleichartigen Urelementen aufgebaut sind wie die Lebewesen und daher nicht aus gesetzmäßigen Verschiebungen des gleichen Urmosaik hergeleitet werden können. Dies ist jedoch nur eine Ursache dieser so rätselvoll erscheinenden Tatsache. Die zweite Ursache liegt tiefer: alle Gegenstände werden von einem außenstehenden Erbauer hergestellt — alle Lebewesen entstehen aus einem räumlich festgelegten Keim, der einen unverrückbaren Platz innerhalb der aus ihm entstehenden Bildungen inne hat.

Alle Gegenstände werden von Außenstehenden gemacht, alle Lebewesen entstehen aus dem eigenen Keim. Dadurch ist ein räumlicher Ausgangspunkt für das Entstehen aller Lebewesen gegeben, und sobald aus dem Keim als dem ersten genetischen Baustein die nächsten Bausteine gebildet werden, müssen sie zu einem räumlichen Zentrum Stellung nehmen. Tritt nur eine Verdoppelung ein, so entsteht der bilaterale Typus. Bei vier- bis sechsfacher Wiederholung treten die vier-, fünf- und sechsstrahligen Typen auf. Zerfällt der Keim in mehrere hintereinander gelegene Bausteine, so entsteht der segmentierte Typus.

Wenn man sich ins Gedächtnis ruft, daß es das Keimplasma der Eltern ist, aus der der Keim der Kinder entsteht, so wird man begreifen, daß die Äußerungen der gleichartigen Keime gleichartig sind. Daher werden die ersten Gestaltungen des Keims, die sich in der Typenbildung aussprechen, das sicherste Kriterium für die Verwandtschaft abgeben. Mit Recht messen die Morphologen daher dem morphologischen Typus der Tiere die fundamentale Bedeutung bei, um die Verwandtschaftskreise der Tiere abzugrenzen.

Es kommt nicht ganz selten vor, daß Tiere, die sich im gleichen Medium befinden und sich von der gleichen Beute nähren oder von den gleichen Feinden verfolgt werden, entsprechend ihren sich ähnelnden Funktionskreisen eine ähnliche Bauart der Effektoren und Rezeptoren aufweisen. Trotzdem sind solche Tiere nicht miteinander verwandt, wenn die morphologischen Gesetze ihres Baues verschieden sind. Sie sind einander nur analog und nicht homolog.

Selbstverständlich wird man bei den Ahnen der jetzt lebenden Tiere Homologien zu ihren Nachkommen voraussetzen, und insoweit ist es berechtigt, die morphologischen Baugesetze auch zur Bestimmung der Abstammung zu verwerten. Der Mißbrauch, den der Darwinismus mit diesen Gesetzen treibt, ist aber durchaus zu verwerfen.

Die Morphologie ist eine Wissenschaft, die sich mit der zentrifugalen Bauweise des Zellmosaiks, aus dem sich alle Lebewesen zusammensetzen, befaßt. Sie ist in allen Fällen, in denen ihr die Unterstützung durch die Entwicklungsgeschichte versagt ist, so namentlich in der Paläontologie, allein auf das Aufsuchen von Entstehungszeichen angewiesen. Um nicht in den Irrtum zu verfallen, ein Leistungszeichen für ein Entstehungszeichen zu nehmen, muß sie die Vergleichung zu Hilfe nehmen. Erst wenn nachgewiesen wurde, daß trotz veränderter Funktion bei verschiedenen Arten oder Gattungen die gleichen anatomischen Merkmale sich erhalten, kann man mit Sicherheit auf Entstehungszeichen schließen. So ist zweifellos die feststehende Zahl von sieben Halswirbeln bei allen Säugetieren, mögen sie nun einen langen beweglichen Hals haben wie die Giraffe, oder einen kurzen unbeweglichen wie der Walfisch, als Entstehungszeichen zu deuten. Dagegen ist die Anlage der Lamellen in den Knochen der Säuger, die je nach der Verteilung des Körpergewichts auf die Extremitäten wechselt, ein Leistungszeichen.

Es gibt ganz feste Gesetze, nach denen die Verschiebungen des Körpermosaiks vor sich gehen, ehe die endgültige Gestalt erreicht wird, und diese Gesetze sucht man mit Hilfe der Entstehungszeichen zu entdecken, weil sie es sind, die uns sowohl über die Abgrenzung der genetischen Bausteine wie über die in diesen sich vollziehenden Veränderungen Kunde geben.

Es hat sich beim Studium der jetzt lebenden Tiere herausgestellt, daß die höheren Tiere als vergängliche Stadien Anlagen aufweisen, die bei niederen Tieren zu Organen werden, bei den höheren aber nicht zur Ausbildung gelangen.

Diese Tatsache, so wichtig sie für die Bestimmung der Verwandtschaft sein mag, ist an sich nichts anderes als ein Ausdruck der zentrifugalen Bauweise der Tiere. Wie sollte sich auch die zentrifugale Bauweise aus dem Keim anders kund tun, als daß beim Vergleich verschiedener Tierarten miteinander die ersten Mosaikgliederungen sich gleichen und erst von einem bestimmten Zeitpunkt ab Abweichungen voneinander aufweisen. Da eine fortlaufende Kette von Verschiebungen und Veränderungen den Entstehungsweg auch beim höchsten Tiere charakterisiert, wird immer der Eindruck erweckt werden, als seien bestimmte Stadien nur dadurch zu erklären, daß sie der Organbildung der niederen Tiere, die früher abgezweigt sind, angehören. Ein Beweis, daß die Organbildung der höheren Tiere ohne diese „Umwege" zu erreichen gewesen sei, kann niemals erbracht werden. Wer will es unternehmen, nachzuweisen, daß die sogenannte Anlage von Kiemenspalten bei den Säugetieren zur Ausbildung ihrer Säugetierorgane nicht erforderlich war?

Von Überbleibseln alter Zeitepochen, von rudimentären Organen oder von Entwicklungsfälschung (Cönegenese) zu reden, ist geradezu grotesk.

Alle diese Vorstellungen entstammen einer ganz unkritisch übernommenen Analogie der zentripetalen Bauweise unserer Gegenstände auf die zentrifugale der Lebewesen.

Dazu kommt noch eins: niemals ist das Kind das Erzeugnis der fertigen Organe seiner Eltern. Vielmehr legt das Kind, weil es dem gleichen Keimplasma entspringt wie seine Eltern, den gleichen Entstehungsweg zurück wie sie, um letzten Endes seine individuelle Gestalt auszubilden. Diese besitzt gar kein fertiges Vorbild, sondern stellt den endgültigen Abschluß eines vor ihr noch niemals in dieser speziellen Art und Weise zu Ende geführten Lebensprozesses dar. Daher kann die endgültige Gestaltung eines Lebewesens auch niemals den rudimentären Rest eines einst funktionierenden Organs in sich beherbergen.

Will man durchaus nach einer der Morphologie entsprechenden Wissenschaft für unsere Gegenstände suchen, obgleich ihre Entstehungsart eine entgegengesetzte ist, so käme nur die Stilkunde in Betracht, weil selbst die zentripetale Bauweise zu gewissen Zeiten eine gewisse Gleichartigkeit offenbart. Auch die Stilkunde kümmert sich nicht um die Leistung der Gegenstände, sondern nur um ihre Entstehungsart. Sie beruht wie die Morphologie auf Vergleichung und sucht dementsprechend nach Entstehungszeichen, nicht nach Leistungszeichen. Sie erforscht die Homologie, nicht die Analogie. Aber die Stilkunde kann bei aller Exaktheit der Kunsthistoriker niemals die Exaktheit der Morphologie erreichen in Anbetracht der Willkürlichkeiten der menschlichen Erbauer, während die Morphologie sich auf unverfälschte Naturgesetze stützen kann.

Die Mosaiktheorie.

Man ist zweifellos berechtigt, ein jedes Lebewesen als ein Zellmosaik aufzufassen, wobei man auf die Zelle als den kleinsten Mosaikstein zurückgreift, aus dem alle genetischen Bausteine zusammengesetzt sind. Nun entsteht jedes Körpermosaik aus einer Keimzelle, es ist daher die Frage berechtigt, in welcher Form die Anlage zu dem Körpermosaik im Keim bereits vorgebildet sei.

Ziehen wir zur Lösung dieser Frage die Entstehung einer Kristallmasse aus der Mutterlauge heran, so sehen wir, daß die Kristallbildung, von einzelnen Punkten aus beginnend, sich durch die ganze Mutterlauge hin verbreitet. In welcher Reihenfolge und Ordnung das geschieht, hängt von dem augenblicklichen Zustand der Mutterlauge ab — vor allem von der Lage der in der Lauge suspendierten kleinsten Fremdkörper, die als Ansatzpunkte für die Kristallbildung dienen.

Denkt man sich die Lage der frei beweglichen Kristallisationspunkte durch eine Geheimstruktur festgelegt, so müßte aus der chemisch gleichen Lauge, sobald sie das gleiche System von Kristallisationspunkten beherbergt, stets das gleiche Kristallgebilde hervorgehen. Das Vorhandensein eines solchen Geheimgefüges wäre notwendig, wenn das Kristallgebilde einem bestimmten mechanischen Gebrauch dienstbar sein sollte. Daher verlegt man auch in den Keim der Lebewesen ein Geheimgefüge, weil der Keim stets einen Mechanismus aus sich hervorgehen läßt.

Die einfachste Vorstellung, die wir uns vom Geheimgefüge machen werden, ist die Annahme eines Mikromosaiks in der Keimzelle selbst, das vielleicht einfacher ist als das Makromosaik, aber in den Grundzügen bereits die Eigenschaften des endgültigen Mosaiks enthalten muß, damit dieses aus ihm hervorgehen kann. Das Körpermosaik besteht aus Zellen, die sehr verschiedene stoffliche Eigenschaften besitzen. Einstimmig hat man angenommen, daß hierfür ebenso zahlreiche Einzelanlagen im Keim vorhanden sein müssen, als es stoffliche Verschiedenheiten im Makromosaik gibt. Dadurch scheint sich eine gewisse Vereinfachung zu ergeben. Für die Zahl und Anordnung der stofflich gleichartigen Zellen im Körpermosaik macht man ein entsprechendes Gefüge der Stoffanlagen verantwortlich, das das Mikromosaik darstellt.

Diese Lösung der Frage ist nicht einwandfrei. Versucht man es nämlich, sich ein Mikrogefüge für einen ganz einfachen Fall, etwa für das Mosaik eines Schachbrettes, vorzustellen, so stößt man bereits auf unüberwindliche Schwierigkeiten. Nimmt man auch an, im Urstein befänden sich nur zwei getrennte Anlagen für die schwarzen und die weißen Steine, so kommt man bereits in die größte Verlegenheit, wie man sich die Anlage für die Zahl der 32 schwarzen und 32 weißen Steine vorstellen soll, sowie für ihre abwechselnde Stellung in einem quadratischen Felde.

Sucht man nach einer stofflich gegebenen Anlage für die Zahl und Anordnung der Steine, so wird man sich immer wieder ein dem endgültigen Gefüge genau entsprechendes Mikrogefüge vorstellen müssen. Es ist nicht einzusehen, wie sich auf diese Weise eine wirkliche Vereinfachung durchführen ließe.

Das gleiche gilt für alle Mosaike. Auch das Mikromosaik für eine Ziegelsteintreppe, das bloß eine Anlage für alle Ziegelsteine zu enthalten braucht, muß ihre Zahl und Anordnung als Stufen wiedergeben, wenn es als Ausgangspunkt für die endgültige Treppe dienen soll.

Allen Spekulationen über ein Mikromosaik in den Keimzellen (das für die Lebewesen unendlich viel verwickelter sein müßte als für die eben angeführten einfachen Gegenstände) haben die Versuche DRIESCHS, wie bereits hervorgehoben, ein Ende bereitet. Es gibt kein Mikrogefüge in den Keimzellen, das sich allmählich auf die immer zahlreicher werdenden Bausteine ausdehnen könnte.

Warum halten die Forscher trotz der grundlegenden Entdeckungen DRIESCHS an dem Geheimgefüge oder Mikromosaik der Keimzelle fest? Offenbar nur aus dem Grunde, weil sie sich keinen Lebensvorgang anders als unter dem Bilde der Leistung eines Mechanismus vorzustellen vermögen. Deswegen sind sie gezwungen, auch für das Entstehen neuer Mechanismen nach einer Geheimmechanik zu suchen, die diesen Vorgang erklärt.

Die chemische Hypothese.

Betrachtet man die Entstehungszeichen an unseren Gegenständen genauer — mögen es nun Fugen sein, die die genetischen Bausteine umgrenzen, oder sonstige genetische Merkmale, wie der rauhe Rand der Porzellanteller, oder die Pinselabdrücke auf Ölgemälden und dergleichen mehr —, immer geben die Zeichen uns Kunde von einem bereits abgeschlossenen Prozeß, der mit der Leistung des fertigen Gegenstandes in keiner Beziehung steht. Wir erfahren durch diese Zeichen, daß zur Herstellung eines Gegenstandes bestimmte distinkte Prozesse notwendig waren, die in einem planmäßigen Zusammenhang untereinander standen.

Das gleiche gilt von den Entstehungszeichen der Lebewesen. Das auffallendste, der Nabel der Säugetiere, weist suf einen wichtigen Vorgang bei der Geburt hin. Aber auch alle anderen, beginnend von der sich immer wiederholenden Zahl der Halswirbel bei den Säugern bis herab zu den mikroskopischen Abgrenzungen der Zellen voneinander, erzählen uns von einer langen Reihe planmäßig ineinandergreifender Prozesse, sei es der Prozeß der Zellteilung oder der Prozeß der Teilung in Keimbezirke, der den strahligen oder bilateralen Typus eines Tieres bestimmt.

Die direkten Beobachtungen bei der Entstehung eines jeden Tieres von der ersten Keimteilung an bestätigen diesen Eindruck, denn die Entstehung ist ein Prozeß, in dem immer neue Teilprozesse gemeinsam auftreten oder einander ablösen. Diese Prozesse vollziehen sich am lebenden Material genau so wie am toten Material bei der Entstehung unserer Gegenstände.

Fragen wir uns aber, woher der Anstoß zu den verschiedenen Prozessen stammt, so belehrt uns die Morphologie, daß er nicht von einem räumlich außerhalb des Materials gelegenen Agens stammen kann, weil der Aufbau der Lebewesen sich zentrifugal und nicht zentripetal wie bei den Gegenständen vollzieht.

Ein jeder Prozeß im Tierkörper wird durch eine chemisch nachweisbare Umsetzung eingeleitet, die in vielen Fällen durch Stoffe veranlaßt wird, die nur in Spuren vorhanden sind, und die man als Fermente bezeichnet. Es ist aus all diesen Anzeichen die Hypothese nicht von der Hand zu weisen, daß in der Keimzelle bereits die Anstoß gebenden Fermente vorhanden sind, die sowohl die physikalischen wie chemischen Veränderungen während der Entstehung des Tieres beherrschen und die Ursache für die gesamten Teilprozesse während des Entstehungsprozesses abgeben.

So weit ließe sich schließlich mit einer einfachen chemischen Hypothese auskommen. Aber eine Grundtatsache steht dieser Hypothese im Wege: die fertige Zelle ist nicht ein unabhängiges Gebilde, sondern steht, sobald sie ihre volle Ausbildung erreicht hat, in einem planmäßigen

Zusammenhang nicht bloß mit ihren Nachbarzellen, sondern mit der Gesamtheit aller Zellen des Körpers. Dieses Ergebnis konnte nur dadurch erzielt werden, daß bereits das Einsetzen der verschiedenen Teilprozesse während der Entstehung vollkommen planmäßig verlief, was wiederum ein Geheimgefüge der Anstoß gebenden Fermente zur Voraussetzung hätte.

Während die Zellteilung vor sich geht, setzt die Bildung der Keimbezirke ein, die als genetische Bausteine anzusprechen sind. Diese Bausteine, die so genau ineinander passen, sind nicht dem blinden Ohngefähr überlassen, sondern bilden sich streng gesetzmäßig. Will man für die Bildung der genetischen Bausteine einen chemischen Prozeß verantwortlich machen, so müßte man auf chemotropische Wirkungen bestimmter Zellen auf ihre Nachbarzellen schließen und auf diese Weise ein chemisches Geheimgefüge ersinnen, das vielleicht allen Ansprüchen gerecht würde.

Nun unterscheidet sich ein solches chemisches Gefüge, was seine räumliche Ausbreitung betrifft, in nichts von einem mechanischen Gefüge, auch ist es ebenso zwangläufig wie dieses. Das chemische Gefüge würde bei einer mechanischen Durchtrennung ebenfalls in zwei Hälften zerfallen und verlöre dabei die Eigenschaften des Gefüges wie jeder Mechanismus.

Die Beweiskraft der Experimente DRIESCHS wendet sich daher mit der gleichen Schärfe gegen ein chemisches wie ein mechanisches Gefüge. Ob wir ein auf chemischem oder mechanischem Wege zusammengehaltenes Mosaik vor uns haben, ist ganz gleichgültig — die Einwände gegen die Mosaiktheorie bleiben die gleichen.

Die Faktorentheorie.

Vermag keine Annahme eines noch so fein und planmäßig festgelegten Mechanismus oder Chemismus die Entstehung des Tieres aus dem Keim zu deuten, so müssen wir uns nach einer dritten Möglichkeit umsehen.

Wir wenden uns daher wieder an die Entstehungsgeschichte unserer Gegenstände und fragen: Ist für die Erbauung der Gegenstände wirklich die Kenntnis der mechanischen und chemischen Wirkungen, die bei ihrer Verfertigung tätig sind, allein ausreichend? Es treten beim Bau eines jeden beliebigen Gegenstandes selbständige und voneinander unabhängige Prozesse auf, die planmäßig nacheinander eingreifen. Sind die Axt, die das Holz spaltet, der Hobel, der es glättet, der Pinsel, der es firnißt, irgendwie mechanisch oder chemisch miteinander verbunden, damit sie diese planmäßige Wirkung ausüben können? Ist irgendwo in der Außenwelt, und sei es im Gehirn der verschiedenen Arbeiter, ein chemisches oder mechanisches Mosaik vorhanden, das uns die Berechtigung gäbe, durch Analogie auf ein ähnliches Mosaik im Keim der Lebewesen zu schließen? Geschieht die Verfertigung eines Gegenstandes zwangläufig nach einer materiell vorliegenden Schablone, oder geschieht sie bloß planmäßig nach einer bestimmten Regel?

Auf all diese Fragen können wir aus eigener Erfahrung Antwort geben, weil wir selbst in der Lage sind, Gegenstände zu verfertigen. Und da werden wir bekennen müssen: die Gegenstände, die aus unserer eigenen Hand hervorgehen, sind gar nicht bloße Erzeugnisse eines mechanischen Spiels unserer Muskeln, sondern entstehen durch Handlungen, d. h. durch mechanische Leistungen unserer Extremitäten, die ihrerseits durch unsere uns selbst unbekannten Impulsfolgen gelenkt werden. Die Impulse sind zwar uns selbst völlig unbekannte Faktoren, die aber bestimmten Regeln unterliegen.

Betrachten wir die Handlungen unserer Mitmenschen, so sind wir (selbst wenn wir die ganze Frage nach den bewußten Empfindungen beiseite lassen) gezwungen, bestimmte Impulsregeln bei ihnen als maßgebend vorauszusetzen, um die Planmäßigkeit der Handlungen zu verstehen.

Setzen wir nun diese Faktoren (die sich bei der Entstehung der Gegenstände außerhalb des entstehenden Gegenstandes befinden) in den Keim des entstehenden Lebewesens hinein und erkennen sie als ursprüngliche Naturfaktoren an, so schwinden die sonst unlöslichen Widersprüche. Dann löst sich der ganze Entstehungsvorgang in eine Reihe selbständiger Handlungen auf, die in sich und unter sich durch Impulsregeln im Gleichgewicht gehalten werden.

Die Faktorentheorie bedarf keines unsichtbaren Geheimgefüges, um die Planmäßigkeit des Werdens der entstehenden Organismen plausibel zu machen. Sie nimmt die Planmäßigkeit als Gefüge bildendes Agens aus dem Gefüge heraus und versucht nachzuweisen, wie die Planmäßigkeit durch das folgerichtige Eingreifen der Impulse auf die Materie sich der Materie selbst aufprägt.

Natürlich bedarf sie hierzu eines bildungsfähigen Materials, an dem die Impulse in der gegebenen Reihenfolge eingreifen können. Als materielles Substrat für die Impulse kann man die Fermente ansprechen, die die chemischen Prozesse einleiten. Aber erst durch das Eingreifen der Impulse in die Fermente werden diese zu Faktoren und der chemische Prozeß zur lebendigen Handlung.

Versuchen wir es, die Entstehung eines Gegenstandes uns in analoger Weise zur Entstehung eines Lebewesens vorzustellen, so werden wir in den Keimziegel der Ziegelsteintreppe nicht bloß die Faktoren für die absoluten Eigenschaften des einzelnen Ziegels — wie Form, Farbe und Härte — verlegen müssen, sondern auch die Faktoren für die relativen Eigenschaften, um die Beziehungen der Ziegel zueinander in den Stufen richtig zu treffen. Um die Entstehung der Eigenschaften aus ihren Faktoren zu ermöglichen, werden wir eine bestimmte Zahl von Impulsen in bestimmter Reihenfolge einsetzen, die das gegebene Fermentmaterial zur Auslösung der planmäßigen Teilhandlungen befähigen.

Bevor die Entstehungshandlung einsetzt, liegen die selbständigen Faktoren für die einzelenen Teilhandlungen unverbunden nebeneinander, und das bietet uns die Möglichkeit, sie gegen andere passende Faktoren einzutauschen. Wollen wir die rote Farbe der Ziegel gegen eine blaue Farbe vertauschen, so brauchen wir bloß den Faktor, der die Teilhandlung der Rotfärbung bewirkt, gegen einen Faktor der Blaufärbung auszuwechseln. Ebenso können wir den Faktor der hohe Stufen erzeugt, durch einen Faktor für niedere Stufen ersetzen, wenn wir eine bequemere Treppe erbauen wollen.

Jetzt erst kann der Vergleich zwischen der Entstehungsart der Lebewesen und der Gegenstände bis zum Ende durchgeführt werden, nachdem wir erkannt haben, daß beide auf einen letzten gemeinsamen Faktor zurückzuführen sind. Mag auch die Entstehung der Gegenstände zentripetal und die der Lebewesen zentrifugal verlaufen, letzten Endes steht immer der Impuls da, der den neuen Mechanismus hervorgehen läßt, weil beide Entstehungsarten auf Handlungen beruhen.

Wie die Impulse auf unsere Handlungen beim Verfertigen der Gegenstände einwirken, werden wir später zu untersuchen haben. Hier haben wir es mit ihrem Eingreifen auf den Keim der Lebewesen zu tun, und da erkennen wir das Vorhandensein eines materiellen Substrats, das aus Fermenten besteht, die durch ihre Beziehungen zu den Impulsen zu selbständigen Faktoren werden, welche Johannsen „Gene“ genannt hat. Die Gene können gegen andere passende Gene ausgetauscht werden, wie Mendel gezeigt hat. Die Möglichkeit dieses Austausches beruht auf der von Driesch erst viel später bewiesenen Tatsache des Fehlens eines Entstehungsgefüges im Keim. Die Lehre Mendels lehnt, in ihrer vollen Tragweite verstanden, jede mechanische Erklärung des Entstehungsvorgangs ab. Sie führt statt der mechanischen Agentien einen übermechanischen Faktor ein. Deshalb nannte ich Mendel den Entdecker der Impulse.

Die Rassencharaktere.

Will man den Weg recht verstehen, den Mendel beschritten, um zur Entdeckung der Lebensfaktoren im Keim zu gelangen, so muß man sich erst über den Begriff des „Charakters“ klar werden, den Mendel seinen Betrachtungen zugrunde legte. Das ist nicht so einfach, weil wir unter Charakter alle möglichen Eigenschaften eines Lebewesens verstehen, die uns bedeutsam erscheinen.

Am besten ist es, man geht von der alten scholastischen Einteilung der Eigenschaften in „Essentia“ und „Accidentia“ aus. Unter Essentia wurden die „leitenden" Eigenschaften verstanden, die zum „Wesen" eines Gegenstandes gehören. Nun habe ich darauf hingewiesen, daß wir unter Wesen immer eine Funktion, sei es eine Leistung, sei es eine Gegenleistung, verstehen. Eine Treppe oder Stiege ist ein Gegenstand, dessen Wesen darin besteht, uns das Steigen zu ermöglichen. Jede Treppe besteht aus Stufen, deren Ausmaße durch den menschlichen Fuß gegeben sind. Höhe und Tiefe der Stufen sowie ihre horizontale Lagerung und ihre Widerstandsfähigkeit gehören zu den Essentia der Treppe.

Alle übrigen Eigenschaften der Treppe, die nicht in direkter Beziehung zum Steigen stehen, sind Accidentia oder „begleitende" Eigenschaften. Sie zerfallen in 3 Unterabteilungen 1. in die Accidentia des toten Stoffes. Ich verstehe darunter die Holzmaserung oder sonstige Strukturen des Baumaterials. Sie alle kommen für die Lebewesen nicht in Betracht. 2. In die Accidentia der Entstehung d. h. die Entstehungszeichen, wie die Fugen und Verschraubungen, die zum Aufbau der Treppe notwendig waren. 3. In die Accidentia der Nebenfunktionen z. B. alle Eigenschaften des Geländers. Ferner gehören hierzu die Farbe der Treppe und die Form der Treppenführung, die bald rund, bald eckig sein kann. Nur die Eigenschaften der dritten Gruppe können entweder ganz fehlen oder gegeneinander ausgetauscht werden. Alle anderen Eigenschaften sind invariabel.

Einen Gegenstand, der nur Essentia enthielte, kann es nicht geben, denn irgendeine Form und Farbe muß er haben. Diese gehören aber in den meisten Fällen zu den Accidentia. Trotzdem muß die Scheidung zwischen Accidentia und Essentia durchgeführt werden, um den Unterschied zwischen Art und Rasse zu verstehen. Wenn wir den Begriff einer reinen Rasse aufstellen, so fassen wir darunter alle Individuen zusammen, die sowohl gleiche Essentia wie gleiche Accidentia besitzen. Eine Art besteht aus verschiedenen Rassen, das Gleichartige in ihr können daher nur die Essentia sein. Wenn wir den Mitgliedern einer Art die gleiche Essenz zuschreiben, so meinen wir damit den nach den gleichen Bauprinzipien aufgebauten Körpermechanismus, der ihn zur Ausübung der gleichen Funktion befähigt, wie alle verschiedenen Treppen der gleichen Funktion des Steigens dienen.

Da aber die Grundsätze oder Leitsätze des Bauens nicht unmittelbar sichtbar sind, sondern erst die von ihnen in dieser oder jener Form und Farbe verwirklichten Erzeugnisse, ist auch die Art, obgleich sie aus bestimmten leitenden Eigenschaften besteht, nicht unmittelbar anschaulich, sondern schimmert nur durch die begleitenden Eigenschaften hindurch. Je einfacher das Tier ist, umso deutlicher treten seine leitenden Eigenschaften zutage, umso leichter ist auch die Art zu erkennen. Aber selbst bei den Säugetieren, deren Körpermechanismus mit seinen leitenden Eigenschaften uns größtenteils verborgen ist, und deren Gesamtfunktion, die ihr Leben ausfüllt, in zahllose Einzelleistungen zerfällt, verlieren wir nicht den Blick für die Art.

Bekanntlich hat noch niemand „den Hund“ gesehen, und doch vermögen wir die Hunde aller Rassen als zusammengehörig zu erkennen, weil wir das gleiche Bauprinzip in ihnen, wenn auch unvollkommen, wiedererkennen. Manche Eigenschaften werden wir sogleich zu den Essentia rechnen, wie z. B. die Gleichwüchsigkeit der Extremitäten des gleichen Paares. In der Tat gelingt es nie, bei Kreuzung kurzbeiniger und langbeiniger Hunderassen einen Hund zu erzielen, der drei lange und ein kurzes Bein besitzt. Während die Langwüchsigkeit und die Kurzwüchsigkeit der Beine Rassencharaktere sind, ist die Gleichwüchsigkeit ein Artcharakter. Nur mit den Rassencharakteren hat sich MENDEL befaßt und diese als Charaktere bezeichnet. Ganz unabhängig davon ist die Lehre von der Essentia, die von den Bauprinzipien handelt.

Jedem Musiker ist es bekannt, daß man eine Melodie transponieren, d. h. aus anderen Tönen aufbauen kann, wenn bestimmte Beziehungen gewahrt bleiben, die hier die Essentia ausmachen. Dementsprechend zerfällt die Musiklehre in eine Lehre von den Tönen und in eine Gestaltungslehre oder Kompositionslehre.

Nach den gleichen Gesichtspunkten werden wir die Ontologie in eine Vererbungslehre im engeren Sinne, die sich mit den vertauschbaren Erbfaktoren befaßt, und in eine Lehre von den Bauprinzipien teilen, die ebenfalls eine Gestaltungslehre oder Kompositionslehre genannt zu werden verdient.

Die erste Forschungsrichtung nennen wir nach ihrem Begründer „Mendelismus“, die zweite sollte man nach dem Forscher, der hier die grundlegenden Prinzipien zutage gefördert hat, „Spemannismus“ nennen.

Mendel.

Für MENDEL kamen bei seiner Fragestellung nur Rassencharaktere in Betracht, erstens, weil die Rassencharaktere durch geschlechtliche Vermischung von einer Rasse auf die andere übertragen werden können, was bereits bei den Artcharakteren versagt; zweitens, weil die Rassencharaktere sich im normalen Leben rein erhalten und unverändert von den Eltern auf die Kinder übergehen, was bekanntlich beim erworbenen Individualcharakter nicht der Fall ist.

Die Frage, die der MENDELschen Untersuchung zugrunde liegt, ob nämlich die Eigenschaften der Lebewesen als Einheiten von den Eltern auf die Kinder übertragen werden, konnte nur auf dem Wege der Rassenkreuzung entschieden werden, weil es hier Charaktere gab, die ganz sicher nur dem Vater oder nur der Mutter angehörten. Hier mußte es sich zeigen, ob die Eigenschaften, trotz ihrer engen Durchflechtung im Organismus, als Einheiten anzusehen sind, oder ob sie sich gegenseitig mischen und verändern. Hier allein konnte es sich unzweifelhaft erweisen, ob die Charaktere des Vaters sich mit den Charakteren der Mutter mischten oder ob sie sich gegenseitig verdrängten und vertauschten.

Diese Frage hat nun MENDEL endgültig dahin entschieden, daß die Charaktere unveränderliche Größen sind, die sich gegenseitig ausschließen Hätte MENDEL nur diese eine Tatsache gefunden, so hätte er sich bereits ein unsterbliches Verdienst um die Wissenschaft erworben, denn mit dem Nachweis der Konstanz der Charaktere war der Beweis für die Konstanz der Eigenschaften aller Lebewesen überhaupt erbracht. Damit war der Biologie der feste Baustein gezeigt, den die Natur unverändert benutzt, um alle Mannigfaltigkeit hervorzubringen, die in Wahrheit nicht auf Variation, sondern auf Kombination beruht. Hier hatte man endlich ein biologisches Element in der Hand, das in sich nicht mehr variierte, sondern als ein unwandelbares Mosaiksteinchen angesehen werden konnte, das allen Untersuchungen eine feste Grundlage bot. Es galt nur noch, die einzelnen Elemente aus ihren Verflechtungen und Vermengungen mit anderen Elementen hervorzusuchen, um aus der Gesamtheit dieser letzten Elemente den Aufbau der Lebewesen in der Vorstellung nachzuahmen.

Aber MENDELS Entdeckung ging noch viel weiter, sie brachte uns außer der Kenntnis der biologischen Grundelemente auch noch ihre Verdrängungs- und Vertauschungsregel im Keim. Die Eigenschaften der Erwachsenen werden, wie bekannt, durch männliche und weibliche Geschlechtszellen übertragen, die selbst die Eigenschaften nur als Anlagen besitzen. Sind die Eigenschaften selbständige Größen, so müssen die Anlagen es auch sein. Der Wettstreit zwischen den väterlichen und den mütterlichen Anlagen muß sich bereits in der befruchteten Keimzelle abspielen. Deshalb hat man das Recht, die am Kinde zutage tretenden Erfolge dieses Wettstreites für die Vorgänge im Keim zu verwerten.

In seinen berühmten sieben Versuchsreihen hat MENDEL bewiesen, daß Form, Farbe, Größe und Stellung der Organe bei den Erbsen als selbständige Charaktere anzusehen sind, die bereits als Anlagen im Keim in einen durch feste Gesetze geregelten Wettstreit geraten. Die Charaktere zerfallen nach seiner Lehre in „dominierende" und „rezessive", ganz gleichgültig, ob sie vom Vater oder von der Mutter stammen. Die dominierenden Anlagen unterdrücken die rezessiven, ohne sie zu vernichten, d. h. das erwachsene Tier zeigt, wenn in seinem Keim dominierende und rezessive Anlagen im Wettstreit lagen, in seiner Ausbildung nur dominierende Eigenschaften, es bleibt aber trotzdem befähigt, sowohl dominierende wie rezessive Eigenschaften auf seine

Nachkommen zu vererben. So werden die Nachkommen erster Generation aus der Kreuzung der kleinen und der großen Erbsenrasse alle großwüchsig, behalten aber die Fähigkeit, kleinwüchsige Erbsen zu erzeugen.

MENDEL entdeckte mit dieser Feststellung das Vorhandensein eines Verdrängungsgesetzes der Eigenschaftsanlagen, das, ganz unabhängig von ihrer Herkunft, den Eigenschaftsanlagen als solchen zukommt. Nur in Ausnahmefällen werden die rezessiven Anlagen nicht völlig verdrängt und erzeugen eine Modifikation der dominierenden Anlagen. So sind die Nachkommen der schwarzen Rasse der andalusischen Hühner nach Kreuzung mit der weißen Rasse nicht schwarz, sondern blau. Diese modifizierten Eigenschaften können den Wettstreit der Anlagen im Erwachsenen festhalten, aber, wie wir gleich sehen werden, keine konstanten Rassencharaktere liefern. Sie entstehen bloß, wenn die rezessive Eigenschaft durch die dominierende hindurchschimmert.

In den meisten Fällen ist die Dominanz absolut und verdrängt die rezessive Eigenschaft völlig. Diese Verdrängung bezieht sich aber nur auf das aus dem Keim unmittelbar hervorgehende Lebewesen. Ein Teil des Keims bleibt unverändert liegen und liefert die Geschlechtszellen, aus denen die nächste Generation hervorgeht. Dieser Teil des Keims, mag er nun männliche oder weibliche Produkte erzeugen, enthält zunächst rezessive wie dominierende Anlagen unverändert nebeneinander. Bei der Ausreifung der Geschlechtszellen tritt nach MENDEL eine Trennung der im Wettstreit befindlichen Anlagen ein, so daß sowohl die männlichen wie die weiblichen Geschlechtszellen vor der Kreuzung für alle Eigenschaften des Körpers nur je eine Anlage besitzen.

Aus diesem Grunde werden die aus dem Wettstreit hervorgegangenen modifizierten Eigenschaften, wie das Blau des andalusischen Huhns, nicht als selbständige Eigenschaften weiter vererbt, sondern entstehen immer nur, wenn eine neue Kreuzung die im Wettstreit liegenden Anlagen vereinigt.

Wie aus den MENDELschen Darlegungen hervorgeht, besitzen alle Nachkommen erster Generation, die aus den verschiedenen Rassen hervorgehen, Geschlechtszellen, die zur Hälfte die väterlichen, zur Hälfte die mütterlichen Anlagen aufweisen. Werden diese Geschlechtszellen ohne Auswahl miteinander gekreuzt, so müssen nach der Wahrscheinlichkeitsregel die befruchteten Keime annähernd zu einem Viertel nur väterliche, zu einem Viertel nur mütterliche Anlagen enthalten, während die Hälfte die im Wettstreit liegenden Anlagen beider Eltern enthält.

Nennen wir die dominierende Eigenschaft „A“, die rezessive „B“ und die entsprechenden Anlagen „a“ und „b“, so läßt sich der ganze Vorgang durch folgendes Schema wiedergeben:

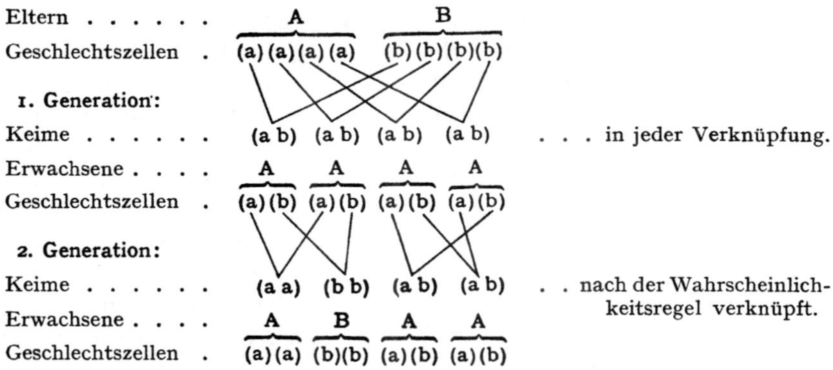

Mit diesem Schema ist die feste Grundlage geschaffen, um alle Vererbungsfragen nach einheitlichen Gesichtspunkten zu regeln. Das Schema paßt sich auch den verwickelten Verhältnissen an, wenn es sich bei der Kreuzung um zwei oder mehrere Eigenschaftspaare handelt, die miteinander in Wettstreit treten.

Die Voraussetzung bildet stets die Annahme, daß alle Anlagen im Keim völlig unabhängig voneinander bleiben und eine jede für sich als selbständige Größe vererbt wird.

Das MENDELsche Schema würde ohne weiteres auf jede Art der Vererbung anwendbar sein, wenn jedem Charakter des Erwachsenen immer ein einziger Erbfaktor, wenn jedem A ein a und jedem B ein b entspräche. Das ist nun keineswegs der Fall. Es sind Beispiele bekannt, wonach 25 Erbfaktoren nötig sind, um einen Charakter zu bilden.

Welcher Art diese Faktoren sind, geht ebenfalls aus den MENDELschen Versuchen hervor, da sie sich nicht bloß auf die absoluten Eigenschaften der einzelnen Zellen, sondern auch auf die relativen Eigenschaften, nämlich Zahl und Stellung der Eigenschaften tragenden Zellen und Organe, beziehen. Nicht bloß die Farbe der Zellen der Erbsen wird durch einen Faktor bestimmt, sondern auch ihre Rundung, die von der Stellung der Zellen zum Mittelpunkt abhängt.

Versuchen wir es, eine mechanische Lösung der Formübertragung vom Keim auf den Körper zu finden, so stehen wir vor folgendem Dilemma: Einerseits kann die Rundung, die durch die Stellung der künftigen Körperzellen entstehen soll, nur auf ein entsprechendes Geheimgefüge der Anlagen zurückgeführt werden; andererseits kann es kein Geheimgefüge geben, wenn die Rundung selbst ein selbständiger Faktor ist, der gelegentlich gegen die Eckigkeit eingetauscht wird.

Wir befinden uns einer höchst merkwürdigen Tatsache gegenüber: der Zusammenhang des Körpergefüges ist im Keim nicht vorhanden, sondern entsteht aus lauter selbständigen Faktoren, die keine festen Verbindungen im Raum besitzen, sondern bloß nebeneinander gelagert sind. Die Tatsache erscheint nicht minder rätselvoll, wenn wir uns klar machen, daß eine jede räumliche Beziehung des Körpers durch einen besonderen Prozeß (Formprozeß) geschaffen wird. Zwar sind die Faktoren im Keim nicht als unmittelbare Vertreter der räumlichen Beziehungen des Körpers, wie Rundung oder Eckigkeit, anzusprechen, wohl aber als die Vertreter jener Prozesse, welche die körperlichen Beziehungen knüpfen. Spricht man gewisse Stoffe als Auslöser der Formprozesse an, so müssen diese ihrerseits eine feste Stellung im Raum zueinander einnehmen, um die räumlichen Verknüpfungen zu bewirken, denn wir kennen keinen Stoff, der aus sich heraus mechanische Verknüpfungen liefern könnte. Die Faktoren aber besitzen die Fähigkeit, dem Stoff durch einen Formprozeß ein mechanisches Gefüge zu erteilen, und zwar gibt es spezielle Faktoren für Rundung, für Eckigkeit, für Zackigkeit usw.

Das einzige Agens, das die gleiche Fähigkeit, Formprozesse auszulösen, besitzt, ohne selbst an eine bestimmte Form im Raum gebunden zu sein, sind unsere Impulse. Auch sie sind unräumliche Veranlasser räumlicher Vorgänge. Wie sich bei uns einzelne Handgriffe zu einer Handlung vereinigen, so reihen sich die formalen Teilhandlungen aneinander, bis die Entstehungshandlung vollendet ist.

Es lag mir daran, nachzuweisen, daß die folgerichtige Analyse der durch MENDEL festgestellten Tatsachen allein zu der Erkenntnis hätte führen können, daß die Eigenschaften der Lebewesen aus „Handgriffen" oder Teilhandlungen des Keimplasmas entstehen.

Als MENDEL seine für alle Zeiten maßgebenden Entdeckungen veröffentlichte, befand sich die biologische Begriffsbildung noch im Fluß. Die durch MENDEL neu eingestellte Weltbetrachtung, die uns zwingt, ein jedes Lebewesen (gleich einem Ölgemälde in Pinselstriche) in Teilhandlungen zu zerlegen, hätte der Biologie, die sich nun auf ihr ausschließlich gehörige Elemente stützen konnte, die Möglichkeit geboten, sich gegen die DARWINsche Weltmaterialisierung siegreich zu behaupten. MENDELS Entdeckung wurde nicht beachtet, und die Biologie ging zugrunde.

Als die MENDELsche Entdeckung achtzehn Jahre nach dem Tode des Meisters im Jahre 1900 wiederentdeckt wurde, war es zu spät. Die Sinnlosigkeit der Welt war zum obersten Grundsatz erhoben. Die Augen der Forscher hatten sich gegen alle Naturfaktoren, die nicht materieller Art waren, geschlossen. In der vordarwinschen Periode hätten sich zwei Forscher, die die Lebewesen untersuchten, noch darüber streiten können, welche Eigenschaften der Tiere auf selbständige Teilhandlungen des Keimplasmas zurückzuführen seien. Nach DARWIN war die Annahme von Handlungen der Natur überhaupt untersagt, es gab nur noch mechanische oder chemische Prozesse.

Solange man noch auf die Vorgänge der lebenden Natur voraussetzungslos lauschte, konnte man sein Ohr dem eigenartigen Rhythmus nicht verschließen, der alles lebendige Geschehen auszeichnet, und der seine Eigengesetzlichkeit ausmacht. Später war es damit vorbei, eine Autonomie des Lebens gab es nicht.

Als Vergleich nehme ich an: Es sei zwei Forschern ein schwer leserliches Notenblatt zur Entzifferung übergeben; dann hätten sie in der vormateriellen Periode sich darüber streiten können, welche von den Zeichen als Noten und welche von ihnen bloß als zufällige Tintenklexe anzusehen seien. In der materiellen Zeit, die keine Musik kennt, ist der Streit gegenstandslos — es gibt keine Noten mehr, nur Tintenklexe.

Wie es zweifellos richtig ist, daß jede geschriebene Note materiell ein Tintenklex ist, so ist zweifellos jede Eigenschaft der Lebewesen etwas materiell Festgelegtes. In den Eigenschaften der Lebewesen aber nichts anderes wahrnehmen zu wollen als den Ausdruck irgendeines Atomgezappels, ist nicht Schwerhörigkeit, sondern prinzipielle Taubheit.

Bei dieser Sachlage ist es völlig aussichtslos, die Forscher, die nur mechanische und chemische Probleme sehen, davon zu überzeugen, daß es auch noch biologische Probleme gibt. Trotzdem ist zu hoffen, daß die jüngeren Forscher, die noch nicht auf das Dogma des Materialismus eingeschworen sind, sich von dem Vorhandensein der Lebensfaktoren überzeugen lassen, besonders da der Gang der Forschung der Lehre Mendels immer neue Bestätigung gebracht hat. Durch Jennings wurde die Unwandelbarkeit der Eigenschaften bei Paramaezium durch Tausende von Generationen hindurch, wenn jede Kreuzung ausgeschlossen war, festgestellt.

Die Lehre Mendels wurde in erster Linie durch die histologischen Untersuchungen der Keimzelle, während der Eireife und der Befruchtung gestützt und derart erweitert, daß heutzutage das Studium der verschiedenen Tiere und Pflanzen bereits in zahlreiche Spezialwissenschaften zerfällt. Den Arbeiten Morgans und seiner Schüler an der Fliege Drosophila verdanken wir eine ungeheuere Bereicherung unseres Wissens. Ich muß mich hier mit dem Hinweis begnügen, daß in den Chromosomen der Keimzelle reihenweise angeordnete Erbfaktoren zu suchen sind, deren Anordnung durch ingeniös angestellte Kreuzungen ermittelt wurde. Innerhalb einer solchen Reihe zeigen die einzelnen Erbfaktoren größere oder geringere Neigung, gemeinsam vererbt zu werden, während die Erbfaktoren der verschiedenen Reihen keinen Konnex miteinander haben. Die Aufhellung der Vorgänge bei der Vererbung des Geschlechtes, bei denen zwei sichtbar verschiedene histologische Elemente nachgewiesen wurden, ist eine besonders glänzende Ruhmestat der Mendelforschung.

Die Frage nach dem Wettstreit dominierender und rezessiver Erbfaktoren ist durch die eingehenden Untersuchungen GOLDSCHMIDTS an seinen berühmt gewordenen Intersexen, die infolge einer zeitlichen Verschiebung der Auswirkung männlicher und weiblicher Erbfaktoren auftreten, weitgehend gefördert worden.

Die Theorie der Entstehung der Lebewesen.

Der morphologische Baustein aller Lebewesen ist die Zelle. Jede Zelle besteht aus einem protoplasmatischen Zelleib und einem Kern, der die Chromosomen enthält.

Durch die Arbeiten von BÜTSCHLI und RHUMBLER wissen wir, daß das Protoplasma des Zelleibes einem Schaume gleicht, d. h. einem Gebilde, das aus flüssigen Wänden besteht, welche Kammern umschließen, die ihrerseits mit einer anderen Flüssigkeit gefüllt sind. Die Flüssigkeiten der Kammern sind untereinander auch verschieden, daher bietet sich überall die Gelegenheit zu einem sehr reichen und verwikkelten Stoffumsatz, der zu mannigfachen physikalischen Prozessen Anlaß gibt.

Überall, wo wir auf Protoplasma stoßen, finden wir die Fähigkeit, sowohl Wirkungen der Außenwelt durch Erregung und Bewegung zu beantworten, wie auch fremde Stoffe aufzunehmen und zu assimilieren. Aber wir kennen keinen einzigen Fall, wo diese Tätigkeiten regellos vor sich gehen. In allen Zellen sind die Tätigkeiten durch eine Regel zu einer gemeinsamen Funktion verbunden. Diese Regel verwandelt die Zelle in ein selbständiges Zentrum, das eine selbständige Existenz führt. Jede Zelle besitzt ihre Eigengesetzlichkeit, sie ist daher ein Autonom, denn die Eigengesetzlichkeit gehört zum Wesen des Autonomes. Darin liegt der Unterschied zu allen Maschinen; auch diese besitzen eine Regel, die ihre Tätigkeit in eine Funktion verwandelt. Diese Regel ist aber niemals eine subjektive, sondern ist von außen her der Maschine eingeflößt. Daher sind die Maschinen niemals autonom.

Die Funktion aller Zellen ist überall eine doppelte. Sie ist erstens *vegetativ*, wenn sie die Stoffe der Außenwelt aufnimmt und assimiliert. Die assimilierten Stoffe liefern den Brennstoff für die Bewegungen der Zelle oder dienen dem Wachstum der Zelle selbst. Zweitens ist die Funktion *animal*, wenn sie die Wirkungen der Außenwelt in Erregung verwandelt, die ihrerseits die Bewegungen der Zelle auslöst.

Zu dieser doppelten Funktion der Zelle, die auch in der Keimzelle nachweisbar ist, gesellt sich nun eine dritte, welche die Keimzelle mit neuen Eigenschaften versieht, und dieser Funktion dient der Kern mit seinen Chromosomen.

Wenn wir die in den Erbfaktoren Chromosomen liegenden Erbfaktoren mit den Tasten eines Klaviers vergleichen, die jedesmal, wenn sie angeschlagen werden, ein Ferment in das Zellplasma senden, das dieses zu einer Umstimmung seines Stoffwechsels veranlaßt, und wenn wir ferner annehmen, daß bei jeder neuen Umstimmung gewisse Plasmastoffe auskristallisieren, die schließlich das endgültige Zellgewebe liefern, so werden wir eine, wenn auch ungenügende Vorstellung vom Zusammenhang zwischen Protoplasmazelle und Gewebszelle erhalten.

Für die eigentliche Gestaltbildung des Keimes reicht aber diese Vorstellung nicht aus. Denn hier handelt es sich nicht um die Differenzierung der einzelnen Zellen, die wohl gruppenweise auftreten kann, sondern um die Gruppenbildung selbst.

Für die Gruppenbildung von Zellen, die als die Grundlage der Organbildung angesehen werden muß, waren wir bisher auf weit hergeholte Vergleiche angewiesen. Eine wirkliche Theorie der Entstehung der Lebewesen gab es noch nicht.

Spemann.

Dank den bahnbrechenden Forschungen SPEMANNS können wir zum ersten Male die allgemeinen Gesichtspunkte für die theoretische Behandlung des Entstehungsproblems aus den Erfahrungen am untersuchten Objekt selbst gewinnen.

Die Theorie, die auf diese Weise gewonnen wurde, kann man die „Theorie der induzierten Sprossung" nennen.

Um die Bedeutung der beiden Worte Induktion und Sprossung zu verstehen, muß man die Tatsachen kennen, denen sie entnommen sind.

Alle Tierkeime machen anfangs die gleichen vorbereitenden Verwandlungen durch, die neben der Zellvermehrung durch Teilung, nur die äußere Form des gesamten Zellverbandes betreffen. Erst entsteht die Morula, die einen kugligen Haufen gleicher Zellen darstellt. Diese wandelt sich in die Blastula, die aus einer einschichtigen Hohlkugel gleicher Zellen besteht.

Erst wenn die Blastula durch Einstülpung zur Gastrula wird, treten die ersten Differenzierungen innerhalb des Zellverbandes auf. Die Gastrula besteht, wenn sie vollendet ist, aus den drei Keimblättern, weil sich während der Einstülpung das mittlere Keimblatt zwischen das äußere und das innere einschiebt.

An diesem einfachen Gebilde hat SPEMANN vornehmlich bei Tritonlarven seine Versuche angestellt.

Die durch die Einstülpung entstandene Öffnung in den Keimling heißt der Urmund. Den Rand des Urmundes teilt man in eine Ober- und Unterlippe. Das innere Keimblatt unter der Oberlippe nennt man das Urdarmdach. Hand in Hand mit der fortschreitenden Einstülpung und dem dadurch entstehenden Urdarm bildet sich, von der Oberlippe ausgehend, die Nervenplatte im äußeren Keimblatt. Diese gliedert sich in die Rückenmarks- und die Gehirnanlagen, wobei sie sich in die Tiefe senkt und die Augenblasen vortreibt.

SPEMANN schnitt aus der Oberlippe einer in der Bildung begriffenen Gastrula eine runde Zellinsel heraus und pfropfte diese einem anderen Keimling auf der Unterseite ein. Die Zellen auf der Unterseite werden im normalen Verlauf der Dinge zu Epidermiszellen. Die eingepfropften Zellen aber ließen aus sich eine Medullarplatte hervorsprießen und zwangen die Zellen ihrer neuen Nachbarschaft, sich an dieser ihnen durchaus heterogenen Bildung zu beteiligen. SPEMANN nannte daher den selbsttätig Organe schaffenden Pfropf einen „Organisator". Was der Organisator hervorruft, ist umgrenzter Sproß, der sich in nichts von der normal aussprossenden Medullarplatte unterscheidet.

Nachdem nachgewiesen worden war, daß auch das mit der Oberlippe in Verbindung stehende Urdarmdach die Fähigkeit besaß, Medullarplatten hervorzurufen, machte SPEMANN folgenden Versuch: Er entnahm der Unterseite eines Keimlings einen Pfropf, der normalerweise Epidermis geworden wäre, und setzte ihn in die sich einstülpende Oberlippe einer jungen Gastrula. Der Pfropf wanderte nach innen und wurde zu einem Teile des Urdarmdaches. Dann wurde der Keimling aufgeschnitten und der eingeheilte Pfropf nochmals entfernt und einem dritten Keimling zwischen die Keimblätter geschoben, wobei er an eine gewünschte Stelle unter das äußere Keimblatt zu liegen kam. Und nun entstand über diesem künstlich zum Urdarmdach gemachten Pfropf in dem über ihm liegenden ihm völlig fremden Gewebe eine Medullarplatte.

Damit war die Induktion bewiesen, d. h. die Fähigkeit eines zu einem Organisator gewordenen Zellpfropfes in einem fremden Zellschicht eine Sprossung zu veranlassen, ohne an der Sprossung selbst beteiligt zu sein. Zugleich war es wahrscheinlich gemacht, daß der Pfropf seine organisatorischen Fähigkeiten ebenfalls durch Induktion erhalten hatte.

Wenn man auf die Anfangsstadien der Keimbildung zurückgreift, kann man annehmen, daß die Keimzelle auf ihre ersten Abkömmlinge induzierend wirkt und sie zum Morulasproß macht. Die Morula induziert ihre eigenen Zellen, bis sie den Blastulasproß bilden, und erst jetzt beginnt die Differenzierung im entstehenden Gastrulasproß, der selbst Sprossen treibt, die sich gegenseitig induzieren. So kann jeder Sproß in seinem eigenen Zellmaterial nicht bloß eine gleichartige Weiterbildung veranlassen, sondern auch räumlich verteilte Organisatoren hervorrufen, die ihrerseits eine differenzierte Sproßbildung in ihrer Umgebueg erzwingen.

Diese Theorie erhielt eine wichtige Stütze durch die bereits bekannte Tatsache, daß die Augenblase die Fähigkeit besitzt, die Linsenbildung in fremden Zellschichten zu induzieren.

Sproßbildung und Induktion sind keine endgültigen Lösungen, sondern neue Probleme, und zwar übermechanische Probleme. Dies ist nicht weiter erstaunlich, wenn man sich vor Augen hält, daß alle Zellen Autonome sind, d. h. Träger ihres eigenen Gesetzes, das immer ein immaterieller Faktor ist. Die Übertragung von Gesetzen von Autonom zu Autonom, denn darum handelt es sich hier und nicht um eine bloße Übertragung von Stoffen oder Bewegungen, ist ein so schwieriges Problem, daß es vorläufig unlösbar scheint. Aber es ist schon als großer Fortschritt zu bezeichnen, daß es überhaupt sichtbar geworden ist.

Über die Sprossung sind wir etwas eingehender unterrichtet. Wenn wir auch nicht wissen, was wir uns unter einer organisatorischen Wirkung vorstellen sollen, so wissen wir doch, daß die Sprossung etappenweise vor sich geht. Es wird als erste Etappe immer ein bestimmter Zellbezirk abgegrenzt, der seine eigene Form und seine eigene Stimmung hat, die es ihm unmöglich macht, seine Zellen gegen andere umzutauschen, während sie unter sich vertauschbar bleiben. Darauf folgt die zweite Etappe, in der sich mehrere Teilbezirke in Form und Stimmung voneinander absondern. Innerhalb jedes Teilbezirkes bleiben die Zellen vertauschbar. Nach dem gleichen Schema folgt Etappe auf Etappe, bis die endgültige Form des Organes erreicht ist. Nun muß nur noch die Gewebsbildung innerhalb der Zellen beendet werden, bis das Ziel erreicht ist und ein funktionsfähiges Ganzes entstanden ist.

Man lege verschieden gefärbte Pappstücke, die dem Umriß eines sich bildenden Organes in jeder Etappe entsprechen, übereinander, um eine ungefähre Vorstellung von der Zeitgestalt der Organismen zu gewinnen. Nur darf nicht vergessen werden, daß die Zeitgestalt aus lauter dreidimensionalen Raumgestalten besteht, die einander folgen. Die Zeitgestalt kann daher nur durch eine höhere Anatomie aufgelöst werden, die unser Anschauungsvermögen übersteigt. In der höheren Anatomie würden die Organisatoren Spemanns die gleiche Rolle spielen wie die Organe in der einfachen Anatomie.

Die letzten Stadien der Entstehung.

Dank einer sehr vervollkommneten Technik, die es gestattet, Gewebsstücke im eigenen Serum überlebend zu erhalten, sind wir auch über die letzten Stadien der Organbildung unterrichtet worden. Die Nerven wachsen im eigenen Serum aus ihren isolierten Sprossen frei heraus wie die Pseudopodien einer Amöbe. Der isolierte Sproß des Herzens wird zu einem medusenartigen Wesen, das in der Nährflüssigkeit frei herumschwimmt.

Ebenso interessant waren die Versuche an Larven, denen man die Nervenknospen entfernte. Harrison gelang es, einen ausgewachsenen Frosch zu erhalten, der in einem Hinterbein keine Spur von Nerven besaß. Trotzdem waren alle anderen Organe wohl ausgebildet. Auch gelang es, die Sprosse verschiedener motorischer Nerven gegeneinander zu vertauschen. Die auswachsenden Nerven fanden sich in der fremden Umgebung ohne weiteres zurecht.

Braus gelang es, den Sproß für die Pfanne am Hüftgelenk zur Hälfte zu entfernen und erhielt dann eine normale Pfanne, in die der Gelenkkopf des Oberschenkelknochens nicht mehr hineinpaßte.

Die Unabhängigkeit im Wachstum der einzelnen Organsprosse voneinander, sobald sie ihren eigenen Organisator erhalten haben, zeigt sich als durchgehendes Gesetz.

Lange hat man an der von Herbst vorgeschlagenen Hypothese der formativen Reize festgehalten, die eine Reizverkettung von Sproß zu Sproß annahm. Aber ein Versuch, den Braus an der Unke anstellte, sprach entschieden dagegen. Die oberen Extremitäten der Unkenlarve bilden sich unter einer Schutzdecke aus, die das Operculum genannt wird. Sobald die Extremitäten soweit herangewachsen sind, daß sie auf das Operculum einen Druck ausüben, entsteht im Operculum ein Schlitz, durch den die Extremität hindurchschlüpft. Dies sah durchaus nach einem formativen Reiz aus. Aber Braus zeigte, daß dieser Schlitz auch auftritt, wenn man vorher die Extremität wegschneidet und kein Druck ausgeübt wird.

Driesch war durch seine Versuche am Blastulakeim von Seeigeln, den er halbierte und dann zwei normale Larven von halber Größe erhielt, zu der Ansicht gelangt, daß die Zellen des Keimes ein „äquipotentielles harmonisches System" bildeten. Jede Zelle eines solchen Systems besitzt, wenn man sie ihrem Schicksal überläßt, ein „prospektives Schicksal", das sie zu einem ganz bestimmten Endergebnis führt. Außerdem besitzt sie eine „prospektive Potenz", d. h. viel weiter reichende Fähigkeiten, so daß sie auch zu einem ganz anderen Gebilde werden kann.

Wie wir gesehen haben, nimmt diese Fähigkeit von Etappe zu Etappe immer mehr ab, so daß man sagen kann, das entstandene Gefüge hemmt die Gefügebildung.

Durch die Theorie der induzierten Sprossung werden all diese Tatsachen zusammengefaßt und zum ersten Male klar gezeigt, daß es nicht eine Reizverkettung, sondern nur die Induktion ist, die die gesamte Sprossenbildung in einem planmäßigen Zusammenhang erhält. Somit ist es letzten Endes der Erbauungsplan, d. h. ein immaterieller Faktor, der die Zellautonome beherrscht und ihnen je nach der Stelle, die sie im jeweiligen Körpersystem einnehmen, ihren Bildungsgang vorschreibt.

Diese Gesamteinstellung ändert sich mit einem Schlage, wenn die Ausbildung vollendet und der „kritische Punkt" erreicht ist.

Der kritische Punkt.

Als kritischen Punkt bezeichne ich denjenigen Moment, da das Subjekt nach Beendigung seines Gestaltungsprozesses sich plötzlich im Besitz eines fertig ausgebildeten und funktionsfähigen Gefüges befindet.

Bei den meisten Tieren tritt der kritische Punkt beim Verlassen des Eis oder bei der Geburt deutlich in Erscheinung. Bei anderen Tieren ist durch Einschiebung einer Larvenperiode der kritische Punkt nicht so in die Augen springend. Dieser Unterschied ist gegeben durch die äußeren Umstände, die die Nahrungsaufnahme und das Wachstum während des Gestaltungsprozesses beherrschen.

Niemals ruht die funktionelle Tätigkeit des entstehenden Tieres vollständig. Das Schaumgefüge des Protoplasmas ist in einem steten Stoffwechsel begriffen und verlangt daher nach dauernder Nahrungszufuhr, um die verausgabte Energie zu ersetzen. Das Bedürfnis nach Nahrung steigt zu sehr großer Höhe durch das die Gestaltung begleitende Wachstum. Die Nahrung wird durch einen im Keim aufgestapelten Reservevorrat geliefert oder durch den mütterlichen Organismus zugeführt oder muß vom Tier selbst erworben werden. Im letzten Fall müssen Larvenorgane durch bestimmte Gene geliefert werden, die den Nahrungsfang sichern. Dann bleibt das Tier während seiner Ausgestaltung auch als Ganzes dauernd funktionell tätig. In den Fällen, wo die Nahrung durch Reservestoffe oder durch die Mutter geliefert wird, wird nur durch Ausbildung besonderer Nahrungswege dafür gesorgt, daß die einzelenn Zellen dauernd mit Nahrung versehen sind, ohne daß das gesamte Organsystem an der Verdauungstätigkeit teilnimmt; denn das Organsystem ist zur Zeit mit der eigenen Ausbildung beschäftigt.

Die Nahrungszufuhr richtet sich während dieser Periode nach den Bedürfnissen des Gestaltungsprozesses und steht daher unter der Herrschaft der Entstehungsregel.

Das ändert sich im Augenblick, da das Gefüge fertiggestellt ist und die Funktion des ausgebildeten Subjekts einsetzt. Die meisten Tiere sind aber, wenn sie ausgebildet sind, noch nicht erwachsen, sondern brauchen noch längere oder kürzere Zeit, bis sie ihre definitive Größe erreichen. Es gibt auch Tiere, wie manche Fischarten, die niemals erwachsen sind, sondern bis an ihr Lebensende weiterwachsen.

In dieser Periode nun gehorcht, wie Wessely gezeigt hat, das Wachstum nicht mehr der Entstehungsregel, sondern der Funktionsregel. Ihm gelang es, durch verschiedene Eingriffe in eine der Linsen bei jungen Kaninchen die Wiederherstellung der Linse derart zu beeinflussen, daß die neue Linse einmal kleiner, ein anderes Mal aber größer wurde als die des normalen Auges. Und da zeigte sich, daß das Wachstum sämtlicher Gewebe des Auges und selbst des Schädelknochens, der die Orbita bildet, sich nach dieser neuen Linse richtete. Infolgedessen besaß das ausgewachsene Kaninchen in dem einen Fall ein Auge, das größer, im anderen Fall ein Auge, das kleiner war als das normale.

Vergleicht man dieses Ergebnis mit den Erfahrungen, die BRAUS nach Verkleinerung des Keimbezirks für die Pfanne des Hüftknochens gemacht hat, so springt der prinzipielle Unterschied jedem in die Augen. Solange die Funktion sich noch nicht eingestellt hat, kümmert sich die nächste Umgebung gar nicht um die Größe des neu entstehenden Gliedes, steht dagegen das Gefüge bereits unter der Herrschaft der Funktionsregel, so muß sich die ganze Nachbarschaft in ihrem Wachstum an das Wachstum des Regenerats anschließen und mit ihm gleichen Schritt halten.

Bevor der kritische Punkt eingetreten ist, folgen die Impulse, die das Wachstum beherrschen, ausschließlich dem allgemeinen Rhythmus des ganzen Keims entsprechend der Entstehungsregel. Nach dem kritischen Punkt wird das Wachstum von der Funktionsregel beherrscht.

Der kritische Punkt wird nun nicht von allen Organsystemen des Körpers im gleichen Moment überschritten; besonders weist das Großhirn der Säugetiere eine bedeutende Verzögerung in seiner Ausbildung auf. Dagegen konnte NISSL zeigen, daß die Schädeldecke eines Kaninchens, dessen halbes Großhirn in der ersten Jugend entfernt wird, nicht verknöchert, sondern zu einer derben Haut wird. Der Schädelknochen, dessen Funktion im Beschützen des Gehirns besteht, ist nach Entfernung seines Schützlings außer Funktion gesetzt. Er wird dementsprechend von der Funktionsregel nicht mehr beherrscht, sondern wie jedes funktionslose Gewebe in seiner Ausbildung gehemmt oder einfach resorbiert.

Die Entstehungsregel geht als selbständiger Naturfaktor ihren vorgeschriebenen Gang bis zum kritischen Punkt und nicht weiter. Ihre Wege können von den Morphologen an den Entstehungszeichen erkannt werden und ihnen Anhaltspunkte gewähren, um die Verwandtschaft der Tiere festzustellen. Die Funktionsregel aber wirkt wie ein neuer Besen, der alles Unnütze auskehrt und nur das Nötige beibehält. Sie ist gleichfalls ein selbständiger Naturfaktor, der nach seiner eigenen Regel das Unnütze resorbiert, die Organe der Nebenfunktionen in ihrem Wachstum hemmt, ja selbst die Ausbildung letzter Eigenschaften unterdrückt, die Organe der Hauptfunktionen aber vergrößert und bis ins feinste ausbildet.

Die eigentliche Aufgabe der Funktionsregel besteht also nicht bloß darin, eine Regel der Funktionen abzugeben, sondern vielmehr darin, den Körpermechanismus in die Form zu bringen und in ihr zu erhalten, die ein fehlerloses Funktionieren ermöglicht. Deshalb ziehe ich es vor, sie den „Mechanisator“ zu nennen. Am kritischen Punkt löst der Mechanisator die Organisatoren ab.

Ein Organ, das funktioniert, hat den kritischen Punkt überschritten und degeneriert, wenn es nachträglich außer Funktion gesetzt wird. Wir sind speziell über die Degenerationsvorgänge in den Nerven auf das genaueste unterrichtet. Es mußte daher sehr auffallen, daß nach den NISSLschen Befunden das Zentralnervensystem der höheren Tiere hierin eine Ausnahme macht. Das halbe Großhirn eines jungen Kaninchens, das seiner sämtlichen nervösen Verbindungen sowohl nach den Rezeptoren wie nach den Effektoren hin beraubt worden ist, degeneriert nicht nur nicht, sondern bildet sich normal weiter, wenn es durch die intakten Blutgefäße weiter ernährt wird. Das beweist, daß im Großhirn noch Impulse walten, die nicht der Funktionsregel, sondern der Bauregel unterstellt sind.

Keimesgeschichte und Stammesgeschichte.

Die Zeiten, in denen man die Vorgänge während der Organbildung durch die Erfahrungen hypothetischer Ahnen in der Urzeit zu deuten suchte, sind vorbei.

Wenn heute jemand behaupten wollte, zu Urzeiten sei einmal ein Fisch ans Land geworfen worden und habe unter dem Einfluß des neuen Mediums seine Kiemen abgeworfen und Lungen erworben, so würde man ihm antworten: „Erzählen Sie keine Ammenmärchen, wenn ein Fisch an die Luft kommt, so stirbt er".

Niemand fällt es mehr ein, die aktuellen Faktoren bei der Sprossung durch historische Ereignisse zu ersetzen. Umgekehrt wird man jetzt geneigt sein, die heute wirksamen Faktoren auch in der Stammesgeschichte aufzusuchen.

Alle Tierkeime beginnen mit den gleichen Vorstufen, die zur Gastrula führen. Die Gastrula ist, wenn ihre Gewebsbildung vollendet ist, physiologisch betrachtet, ein Magensack, mit einer inneren Zellschicht für die Verdauung, einer äußeren rezeptorischen und einer mittleren Zellschicht von Stützgewebe. Um ein selbständiges Leben zu führen, bedarf der Magensack nur noch der Fangorgane, die im einfachsten Falle aus Flimmerzellen bestehen können.

Wir kennen eine ganze Tierklasse, die auf diesem Standpunkt stehengeblieben ist. Schwämme, Korallen, Seerosen und Medusen sind nichts als Magensäcke, die entweder festgewachsen oder frei beweglich sind.

Auch die Larven der Seeigel sind flimmernde Magensäcke. Bei ihnen tritt aber etwas absolut Neues hinzu. Sie treiben einen Sproß, der zu einem fünfstrahligen Tier wird, mit völlig neuem Bauplan. Hierin offenbart sich ein ganz neuer Naturfaktor.

Dies wird uns zu der Annahme führen, daß auch in der Stammesgeschichte der gleiche Naturfaktor eine Rolle gespielt und eine Anzahl in der Bildung begriffener Magentiere nach seinem Plane umgeformt habe.

Wenn wir die Entstehungsgeschichte eines Hühnchens verfolgen, so sind die Vorstufen des Magentieres, zwar durch den Dotter beeinträchtigt, aber doch noch vorhanden. Der sich streckende Keim gliedert sich, und es beginnen neben einer Chorda auch Urwirbel und Urnieren an zu sprossen. Diese Sprossung wird aber jäh unterbrochen. An einem ganz bestimmten Punkt springen neue Organisatoren ein, die die bisherigen Anlagen vernichten und die im Bau begriffenen Zellen als indifferentes Ausgangsmaterial benutzen. Ein zweiter solcher Sprung ist nach der Anlage der Kiemenbögen deutlich zu erkennen. Die Kiemenbögen wachsen nicht zu Kiemen aus, sondern werden von mehreren Organisatoren in verschiedener Richtung umgeformt. Solche Sprünge sind als Entstehungszeichen zu werten und können von der Stammesgeschichte als Marken benutzt werden, um die Perioden abzustecken, die durch das Eingreifen mutierender Faktoren in das Bildungsplasma der Ahnen charakterisiert sind.

Die Tatsache, daß sowohl kurzhalsige wie langhalsige Säugetiere sieben Halswirbel besitzen, beweist, daß die Mutation erst eingesetzt hat, nachdem die sieben Sprossen für die Halswirbel bereits fest angelegt waren. Eine von solchen Gesichtspunkten ausgehende Stammesgeschichte wird aber erst dann möglich sein, wenn die Lehre von der sprungweisen Einpassung die Lehre von der allmählichen Anpassung verdrängt haben wird.

Naturtechnik und Naturmechanik.

Wenn wir die Lehre vom Bau der Maschinen „Technik" und die Lehre ihres Betriebes Mechanik nennen, so können wir auch die Entstehungslehre der Lebewesen als „Naturtechnik" der Funktionslehre als „Naturmechanik" gegenüberstellen.

Die Naturmechanik machte uns mit den Funktionskreisen als selbständigen Einheiten bekannt, die Subjekt und Objekt umfassen. Die Zellautonome des Subjekts werden durch die Funktionskreise in merkende und wirkende gegliedert. Die Kette von Merken und Wirken, die in der Naturmechanik ein sicheres Leitseil der Untersuchung darbietet, versagt in der Naturtechnik. Hier fällt das Merken aus.

Hier stehen wir der Auswirkung biologischer Naturkräfte unmittelbar gegenüber. Die Naturkräfte werden in der Erkenntnis, daß bei ihnen von einem Merken nicht die Rede ist, „blind" genannt. Trotz ihrer Blindheit können sie so miteinander verbunden sein, daß ihre Auswirkungen planmäßig erscheinen. Wir werden daher den Plan, den wir in den Auswirkungen erkennen, als Bindungsmittel der Naturkräfte anerkennen.

Die Naturmechanik handelt vom Funktionsplan, der Merken und Wirken in sich schließt, die Naturtechnik vom Erbauungsplan, der nur das Wirken kennt. Sowohl Induktion wie Sprossung sind reine Wirkungen, die planvoll verbunden sind.

Siebentes Kapitel

Die Art.

Die Art geht auf den Begriff der Gleichartigkeit zurück. Gleichartig nennen wir zwei Lebewesen, welche nicht völlig gleich sind, sondern sich in bestimmter Hinsicht eben merklich unterscheiden. Sollen mehrere Lebewesen auf ihre Gleichartigkeit hin untersucht werden, so greift man ein beliebiges Einzelwesen als Beispieltier heraus und vergleicht mit ihm die ihm zunächst Stehenden. Dann geht man weiter, indem man überall die eben merklichen Unterschiede feststellt und auf diese Weise die ganze Gruppe von Lebewesen miteinander vereinigt. Ist das geschehen, so stellt sich uns die Gruppe als ein Kontinuum dar, das wir als „Art" bezeichnen.

Innerhalb einer jeden Art wird man immer ein Individuum finden, das sich, was die Gesamtheit aller Abweichungen betrifft, in der Mitte befindet. Dieses bezeichnet man als den „typischen Fall", während diejenigen Individuen, die sich in irgendeiner Richtung am meisten vom typischen Fall entfernen, „extreme Fälle" genannt werden.

Es läßt sich nicht von vornherein sagen, ob die Art ein Naturprodukt ist oder bloß als Einteilungsmittel in Betracht kommt. Aber nachdem es sich herausgestellt hatte, daß alle Lebewesen sich in kontinuierliche Gruppen oder Arten zusammenfassen lassen, die Arten unter sich dagegen durch größere Lücken voneinander getrennt sind, glaubte man im Recht zu sein, wenn man die Arten als besondere Schöpfungsprodukte auffaßte, während die individuellen „Variationen" innerhalb der Art sich im Lauf der Zeiten ändern konnten.

Es lag der Gedanke nahe, daß im Lauf der Zeiten einzelne „Varianten" ausfallen konnten, wodurch die ursprünglich einheitliche Art nicht mehr den Eindruck eines Kontinuums machte, sondern die Existenz zweier Arten vortäuschte. Diesen Gedanken bis ins Extrem verfolgt zu haben mit dem Ergebnis, daß alle Lücken innerhalb der Arten durch Phantasieprodukte ausgefüllt wurden, ist das zweifelhafte Verdienst des Darwinismus. An der Tatsache der Existenz wohlunterschiedener Arten konnte er freilich nicht rütteln, daher begnügte er sich, die Artunterschiede prinzipiell zu übersehen.

Bei dieser Sachlage will der Streit, ob die Art ein bloßes Einteilungsmittel ist, dessen wir bedürfen, um die ungeheuere Menge der Tierformen zu ordnen, oder ob die Art das Resultat einer ordnenden Kraft der Natur sei, nicht zur Ruhe kommen.

Aber selbst in den Methoden bei der Umgrenzung der Arten, ganz abgesehen von ihrer Stellung zur Natur, herrscht keine Übereinstimmung. Alle anschaulich beanlagten Naturforscher, wie es GOETHE in höchstem

Maße war, gehen von einem einzigen Exemplar oder „typischen Fall" aus und gruppieren die ähnlichen Tiere als Art um das Beispieltier und stellen in bezug auf dieses Exemplar die verschiedenen Abweichungen fest. Für diese Naturforscher wird die Art zum Ausdruck einer Regel, welche alle Abweichungen zusammenfaßt, die sich vom Typus des Beispieltieres abzweigen.

Für die weniger anschaulich beanlagten Naturforscher bildet die Art lediglich eine Gruppe ähnlicher Individuen, die durch eine bestimmte Regel verbunden ist.

In beiden Fällen können Zweifel darüber entstehen, ob die Regel, mit der man die Art zusammenfaßt, lediglich eine Begriffsregel ist, oder ob man in ihr den Ausdruck eines Naturfaktors zu sehen hat.

Mit der selbstsicheren Naivität, die dem ganzen Zeitgeist entsprach, hat der *Darwinismus* die Frage, ob die Art ein Naturfaktor sei, ohne weiteres Nachdenken bejaht. Da der Darwinismus äußerst wenig anschaulich begabt war, sah er in der Art nur ein Gemisch von Eigenschaften, wie sie etwa einem gärenden Stoffhaufen eigen ist. Wie das Individuum mußte die Art zu einem Produkt planloser Naturkräfte werden, da das Dasein planvoller Naturkräfte abgeleugnet wurde.

Als Zufallsprodukt des allgemeinen Naturchaos wäre die Art und ihre Entstehung äußerst uninteressant gewesen, wenn nicht das persönliche Interesse, das ein jeder der Entstehung der Art „Mensch" entgegenbringt, dieser Lehre die ungeheure Popularität verliehen hätte.

Mit dieser Lehre, die alles auf den Stoff und seine Struktur zurückführte und die für die lebenden Zusammenhänge kein Auge mehr besaß, hat nun der *Mendelismus* gründlich aufgeräumt.

Der Genotypus.

Von Johannsen stammt die Unterscheidung zwischen dem Erscheinungstypus oder *Phänotypus* eines Lebewesens und seinem Anlagetypus oder *Genotypus*. Damit wurden gewisse Varianten auf äußere Einwirkungen während der Entstehung, ferner auf klimatische und örtliche Einflüsse zurückgeführt, andere hingegen auf die Unterschiede in den Genen, die von vornherein vorhanden sind, festgelegt.

Durch die Methode der Züchtung von „reinen Linien", d. h. von Nachkommen der Eltern, welche die gleichen Erbfaktoren oder Gene besitzen, und durch die Züchtungsversuche am Paramäzium durch Jennings, welcher Tausende von Generationen durch Teilung eines einzigen Exemplars dieser Infusorienart erzeugte, ist zweifellos festgestellt, daß der Genotypus des Tieres keiner Änderung unterliegt. Während der Phänotypus allen möglichen äußeren Einflüssen unterworfen ist, ist *der Genotypus fest*, das bedeutet, daß die im Keim vorhandenen Gene unverändert vererbt werden, wenn keine Kreuzung mit anderen Genen eintritt.

Daß diese Feststellung durch JENNINGS erfolgte, ist darum so besonders erfreulich, weil JENNINGS alles daran liegen mußte, sein Gesetz von „Versuch und Irrtum" (d. h. von einem planlosen Herumprobieren und einer durch die äußeren Umstände gegebenen „Auswahl des Passenden") auch auf die Entstehung der Arten anzuwenden.

Es liegt in jedem Keim, wie wir bereits wissen, eine bestimmte Anzahl ganz bestimmter Gene bereit, die gemeinsam den Genotypus darstellt. Sie selbst besitzen noch kein Gefüge, aber durch das geregelte Hinzutreten von Impulsen vermögen sie das Gefüge hervorzubringen.

Diese Gene werden bei der Kreuzung von verschiedenen Individuen der gleichen Art nach der MENDELschen Regel gegeneinander ausgetauscht.

Betrachtet man die Kreuzung innerhalb einer Art, deren Individuen sehr stark voneinander abweichen, wie das bei der Fliege Drosophila ampelophila der Fall ist, die wir aus den schönen Arbeiten MORGANS und seiner Schüler kennen, so sehen wir, daß die Art, verglichen mit dem Beispieltier, eine viel größere Anzahl von Genen besitzt, deren Eigenschaften sich häufig direkt widersprechen. Wir finden außer allen möglichen verschiedenen Genen für alle erdenklichen Augenfarben auch Gene für die Augenlosigkeit. Ebenso gibt es Gene für bestimmte Flügelformen und Gene für die Flügellosigkeit usw.

Trotz dieses außerordentlichen Reichtums an verschiedenen Genen entsteht doch bei jeder Kreuzung, solange die Essentia nicht in Frage kommen, immer ein funktionsfähiges Einzelwesen, das wir als eine Drosophila ampelophila ansprechen.

Die gleiche Erscheinung zeigt sich innerhalb jeder Art. Auch Paramäzium bildet Arten, deren Einzeltiere nach allen Richtungen auseinandergehen und trotzdem alle zu einer Einheit gehören, die wir eben Art nennen.

Man hat, von dieser Tatsache ausgehend, die Art definiert als diejenige Anzahl verschiedener Einzelindividuen, die miteinander gekreuzt noch lebensfähige und fortpflanzungsfähige Nachkommen erzeugen.

Nehmen wir diese Definition an, weil sie sich auf die Unvertauschbarkeit der Essentia stützt, so besteht die Art aus lauter Einzelindividuen, von denen jedes einzelne einen bestimmten Reichtum an Genen besitzt. Mithin besitzt jede Art als die Summe aller Einzelwesen einen bestimmten Schatz an Genen, der in mehr oder weniger erheblichem Maße über den Schatz an Genen, den jedes Einzelwesen beherbergt, hinausgeht.

Nun ist zweifellos die Zahl und Art der Gene im Einzelindividuum nicht dem Zufall überlassen, sondern einer festen Regel unterworfen, die wir mit dem Wort Genotypus bezeichnen.

Es fragt sich: Besitzt die Art gleichfalls einen Genotypus, oder ist die Grenze einer Art gegen die andere nur dadurch festgelegt, daß beim Aufeinandertreffen einer allzu großen Zahl von abweichenden Genen aus äußeren physiologischen Gründen bei der Kreuzung ein lebensfähiges Individuum nicht mehr erzeugt werden kann? Liegt hier ein dauernder Versuch und Irrtum vor, der bald gelingt, bald nicht gelingt, oder ist die Art ein planmäßiges Ganzes, das durch eine feste Regel zusammengehalten wird, und von welcher Beschaffenheit könnte diese Regel sein? In diesem Sinne bedeutet Art nicht den durch die Akzidentia hindurchschimmernden Mechanismus der Essentia, sondern die Gesamtheit der zu einer Art gehörenden Lebewesen.

Die Leistung der Art.

Nur aus dem Umstande, daß der Entstehungsvorgang in den Lebewesen zielsicher ein funktionierendes Gefüge zustande bringt, schöpfen wir die Überzeugung, daß wir hier das Walten eines planvollen Naturfaktors vor uns haben. Würde die Entstehung vorzeitig aufhören, so daß ein nicht leistungsfähiger Embryo das Resultat wäre, so hätten wir kein Recht, die Planmäßigkeit der Entstehung zu behaupten. Ein nicht leistungsfähiges Ganzes ist nur ein Objekt, nicht einmal ein Gegenstand, geschweige denn ein Lebewesen.

Dieses Kriterium gilt auch für die Vorstellung, die wir uns von der Art machen müssen. Die Art ist, was auch der *Mendelismus* bestätigt, keine bloße Einteilungsformel, die wir uns einer besseren Übersicht halber geschaffen haben, sondern ein wirkliches Naturprodukt, das sich dadurch auszeichnet, daß die Einzelwesen nicht imstande sind, sich mit Einzelwesen anderer Art zu kreuzen. Ist die Art aber auch ein planvolles Naturprodukt oder ein bloßes, durch mechanische Ursachen hervorgebrachtes Objekt?

Wir müssen den Beweis erbringen, daß die Art als Ganzes eine einheitliche Lebensäußerung besitzt, in der die Teile das Ganze und das Ganze die Teile irgendwie bestimmen, was nur nachgewiesen werden kann, wenn sie eine gemeinsame Leistung aufweisen.

Einerseits genügt es nicht, darauf hinzuweisen, daß es funktionierende Einheiten gibt, die aus mehreren Einzelwesen bestehen — wie wir sie in der Familie oder im Tierstaat vor uns sehen —, diese beweisen uns nur die Möglichkeit einer aus Einzeltieren bestehenden und dennoch funktionierenden Gesamtorganisation. Andererseits ist es kein Gegenbeweis, daß man die Leistung der Art bisher nicht kennt — denn niemand hat sich mit dieser Frage befaßt.

Merkwürdigerweise nimmt man für eine Art es als selbstverständlich hin, sie besäße eine gemeinsame Aufgabe oder Leistung — das ist die Art Mensch.

Besonders die Existenz dunkler Menschenrassen in der heißen Zone und heller Rassen in den kalten Zonen weist darauf hin, daß ihnen allen die gemeinsame Aufgabe zugefallen ist, die gesamte Erdkugel „zu beherrschen". Weil der Einzelmensch nicht zugleich eine weiße und schwarze Haut haben kann, scheint es uns selbstverständlich, daß, um den gemeinsamen Zweck zu erfüllen, Einzelwesen mit verschiedenen Eigenschaften vorhanden sein müssen.

Dieses einfache Beispiel gibt uns einen Fingerzeig dafür, daß die Verschiedenheit der Einzelwesen innerhalb einer Art nicht bloß das Spiel des Zufalls zu sein braucht, sondern durch eine höhere Planmäßigkeit bedingt sein kann.

Wenn wir die Funktionskreise aller Einzelwesen einer Art zusammenbauen könnten, so würden wir die gemeinsame Umwelt der ganzen Art erhalten, und diese würde entsprechend den Abweichungen der Einzelwesen größer und reicher sein als die Umwelt der einzelnen. In dieser Umwelt muß sich das Schicksal von vielen Tausenden von Einzelwesen abspielen, und wir gewinnen dadurch den Einblick in die Beziehungen zwischen Umwelt und Art sowie ein Verständnis für die Bedeutung der Verschiedenheiten in den Eigenschaften der Einzeltiere. Obgleich ein jedes Einzelwesen insoweit vollkommen ist, als es die ihm zugewiesenen Mittel voll ausnutzt, so ist doch die Vollkommenheit der Art eine größere, weil die Schranken, die dem Einzelwesen gezogen sind, sehr viel weiter hinausgerückt sind. Ein Einzelwesen kann nicht zugleich schwarz und weiß, zugleich schnell und langsam, zugleich groß und klein sein. Eine Art aber kann die widersprechendsten Eigenschaften gleichzeitig besitzen und verwerten, weil sie nicht an die Funktion eines einzigen Gefüges gebunden ist.

Dadurch ist die Art allen Wechselfällen der Außenwelt gegenüber ganz anders gewappnet als das Einzelwesen. Und das ist neben der Vergrößerung der Umwelt der Hauptdaseinsgrund der Art.

Nehmen wir an, es gäbe keine Art, sondern nur eine große Anzahl von völlig gleichgebauten Einzelwesen, so könnten diese durch einen an sich geringfügigen Anlaß sämtlich umkommen, während andere Exemplare, die mit anderen Eigenschaften ausgerüstet sind, leicht dem Untergang entrinnen würden. Durch das Vorhandensein vieler verschiedener Tiere innerhalb der Art wird diese selbst beim Verlust bestimmter, gleichgebauter Tiere nicht vernichtet. Denn es vermögen die dem Untergang entronnenen Tiere die verlorenen zu ersetzen, weil jedes Tier außer den Genen für seine Eigenschaften ebenso viele Gene für rezessive Eigenschaften beherbergen kann. Es wird daher der Art in den meisten Fällen ein leichtes sein, den Verlust durch Kreuzung wieder zu ersetzen.

Es dient die geschlechtliche Fortpflanzung nicht bloß der stetigen Erneuerung des gleichen Individuums, dazu würde die einfache Teilung, wie wir sie bei den Einzelligen kennen, genügen, die sich in zwei Teile spalten, um sich dann wieder zu regenerieren. Diese Teilung nützt, wie JENNINGS zeigte, nur dem Individuum und nicht der Art, wenn die Nachkommen sich zu allen Zeiten vollkommen gleichbleiben. Dagegen ist die geschlechtliche Fortpflanzung ganz wesentlich im Interesse der Art vorhanden, weil sie die Kreuzung der Gene sichert.

Nur im Interesse der Art liegt ferner die überreiche Erzeugung von Nachkommen, die der Art immer wieder die Möglichkeit bietet, alle günstigen Gelegenheiten voll auszunutzen und die verderblichen Zeiten ohne wesentliche Verluste zu überstehen. Es genügt, wenn der Genotypus der Art durch nur wenige Überlebende erhalten bleibt, um ihre Weiterexistenz zu sichern.

Die Schwierigkeit, die es bietet, sich die Art als ein aus zahlreichen Einzelwesen bestehendes und doch selbständiges Gesamtwesen vorzustellen, beruht nur darin, daß die Einzelwesen ihre Einzelhandlungen nicht im gleichen Takt und nicht am gleichen Ort vollführen. Stellt man sich die Art z. B. als einen großen Haufen von Fischen vor, die eine große Menge Seeschmetterlinge verfolgen, und die ihrerseits von einer Anzahl Haifischen verfolgt werden, so erhält man bereits den Eindruck eines großen, zugleich fliehenden und verfolgenden Lebewesens, das sich bald ausbreitet, bald zusammenzieht, an einer Stelle zu-, an einer anderen abnimmt, aber schließlich immer das gleiche bleibt. Hier wird die Schnelligkeit, dort die Langsamkeit, hier die dunkle, dort die helle Färbung, hier werden die scharfen Augen, dort die feinen Nasen usw. dem Ganzen zum Heile gereichen. Solange das Ganze all diese Eigenschaften behält, wird es sein Dasein, das doch im wesentlichen in dauernder Flucht und Verfolgung besteht, unverändert weiterfristen.

Ich glaube, daß kein Zweifel darüber herrschen kann, daß jede Art wirklich ein selbständiges Lebewesen mit eigenem Charakter, aber mit einer ungeheuer langen Lebensdauer darstellt.

Das Bild der Art.

Wem das summarische Bild der Art, wie ich es eben kurz skizzierte, nicht genügt, der möge folgenden Weg einschlagen, um zu einer deutlicheren Anschauung zu gelangen. Der Kinematograph ermöglicht es uns, ein jedes Tier als eine fortlaufende Serie aufzunehmen, und es dabei bei jeder seiner Handlungen zu belauschen.

Solche Tierbilderserien unterstützen die Anschauung in hohem Maße. Wir können sie zur Gestaltung eines Bildes der Art benutzen. Nehmen wir ein Tier, das uns durch sein häufiges Vorkommen besonders geläufig und in seinen Lebensgewohnheiten vertraut ist — etwa den Kohlweißling. Dann verfahre man folgendermaßen: Man stelle sich vor, alle Eier, die in ihrem Genotypus voneinander abweichen, seien auf einer Kreisfläche versammelt. Sie beginnen ihre Entwicklung gleichzeitig. Die Entwicklungsstadien türmt man geldrollenförmig aufeinander, so daß sie gemeinsam einen aufwärtsstrebenden Stamm bilden. Sobald der Phänotypus fertig ist und die Raupen ausschlüpfen, lasse man sie alle nach allen Richtungen auseinanderstreben. Nun zeichnet man das Schicksal der verschiedenen Raupen mit Berücksichtigung ihrer verschiedenen Eigenschaften ein. Die einen finden ihr zusagendes Futter auf den Kohlblättern, mit denen sie in engster Fügung stehen. Die anderen erliegen zum Teil den vielfachen Feinden in Gestalt von Wanzen, Schlupfwespen oder Vögeln. Die Fügung der Raupen gegenüber diesen Feinden ist entsprechend ihren Eigenschaften mehr oder weniger ausreichend. Infolgedessen erliegen ihnen viele. Endlich verpuppen sich alle überlebenden Raupen gleichzeitig und hängen um den ursprünglichen Stamm wie regelmäßige Beeren im Kreise umher. Die Verwandlungsstadien werden wieder nach aufwärts eingezeichnet, bis die Schmetterlinge wie eine weiße Wolke ringsum aufsteigen und nach der Mitte streben, wo sie sich paarweise vereinigen und die Eier auf eine Kreisfläche ablegen, um dann wie welke Blätter herabzufallen. Aus den Eiern erhebt sich der neue Stamm.

Auf diese Weise gelingt es, den Kreislauf der Art in eine anschauliche Form zu bringen, die einer Pflanze gleicht, deren Stamm sich in rhythmischer Wiederholung in eine große Zahl von Ranken auflöst, von denen ein großer Teil verlorengeht, der andere sich zum neuen Stamm wieder vereinigt.

Je weiter die Anschauungskraft des einzelnen reicht, je mehr wird er fähig sein, dies Bild reicher und naturwahrer zu gestalten.

Das Werden und Vergehen kann man sich auch kinematographisch vorgeführt denken, dann wird man den Zeitrhythmus mit empfinden und gewinnt dadurch den richtigen Eindruck, daß die Art eine rhythmische Folge von Handlungen ist. Planmäßig bewirkte Gestaltung und planmäßig wirkende Gestalten lösen einander ab.

Gefüge und Handlung sind streng an lauter Einzelwesen gebunden, und nur einmal, bei der geschlechtlichen Vereinigung, ist eine Fügung vorhanden, die nicht im Plane des Einzelwesens, sondern im Plane der Art liegt.

Nicht die Erneuerung durch die Nachkommen, sondern die Vermischung der Eigenschaften in den Nachkommen gibt das deutliche Erkennungszeichen, daß die Art hier selbst gestaltend eingreift.

Die Erzeugung neuer Subjekte aus dem reichen Material der Gene verschafft der Art die Möglichkeit, sich in jeder Generation neu zu gestalten. Ohne diese wäre es eine ewig gleiche Wiederholung, so entstehen stets neue Variationen des gleichen Themas.

Ohne die stetig wiederholte Vereinigung fiele die Art in lange sich stets gleichbleibende Ketten von Einzelwesen auseinander — während durch die paarweise Verschlingung aller Ketten die Einheit der Gesamtheit der Ketten immer wiederhergestellt wird.

Das Bild der Art ermöglicht es uns ferner, das Zusammenleben der Arten und ihr Einwirken aufeinander anschaulich zu machen und dadurch einen Einblick zu gewinnen in das lebendige Gewebe der Natur, was völlig unmöglich war, solange wir die Einzelwesen allein betrachteten.

Das Gefüge und die Fügungen des Einzelwesens sind an sich bereits so mannigfaltig, daß man sie nicht auf einmal übersehen kann. Die Art ist tausendmal reicher als das Einzelwesen, daher niemals zu übersehen, wenn man in ihr nur die Summe der Einzelwesen erblickt. Nur wenn man sie als Einheit faßt und sich auf die letzten Zusammenhänge beschränkt, welche sie zur Einheit verbinden, kann man zu einer verständnisvollen Ahnung der Wirklichkeit gelangen. Dann erscheint uns jede Art als ein kunstvolles Gebilde der Natur, deren auseinanderstrebende Einzelteile durch den Geschlechtstrieb und die Fügung der Geschlechtsorgane immer wieder geeint und erneuert werden.

Rasse — Volk — Familie.

Es lassen sich die großen Arten leicht in Gruppen zerlegen, die ihrerseits um einzelne typische Beispieltiere gruppiert sind.

Unter diesen Beispieltieren wird man stets eines finden, das als Beispieltier für die ganze Gruppe gelten kann.

Solche Gruppen, die meist eine ausgesprochene Neigung haben, sich nicht miteinander zu vermischen, nennt man Rassen. In ihnen kann man die Ansätze zur Bildung neuer Arten vermuten.

Die Rassen zerfallen wieder in Völker, die meist durch geographische Verhältnisse, die ihnen besondere Lebensbedingungen bieten, zusammengehalten werden.

Das letzte Glied der Art bildet die Familie. Während man Rassen und Völker als Unterabteilungen der Art bezeichnen kann, ist die Familie der wahre Baustein dieser so schwer faßbaren Natureinheit. In ihr vollzieht sich die Mischung der Gene, die die Art zu etwas anderem macht als zur bloßen Erneuerin des gleichen Individuums.

Die Familie bildet den sichtbaren Ausdruck der Art, in ihr sehen wir die Wirkung der immer wiederkehrenden Vereinigungstendenz, die ein Auseinanderfallen der Art verhindert. Sie sorgt dafür, daß der Schatz der Gene in immer erneuerter Wechselwirkung lebendig und einheitlich bleibt. Der denkbar vollständigste gegenseitige Austausch der Eigenschaften wird durch die Familie gewährleistet.

Setzt man das Bild der Art, wie ich es geschildert habe, weiter fort, so entsteht eine Kette, die sich sowohl nach der Vergangenheit wie in die Zukunft unabsehbar weiter erstreckt.

Um eine Vorstellung von den Beziehungen der einzelnen Familien zueinander, unabhängig vom Phänotypus der Einzelwesen, zu erhalten, muß man das bekannte Bild des zweiästig aufsteigenden Stammbaumes mehrfach wiederholt hintereinander stellen und bei gemeinsamen Voreltern die Verbindungslinien von einem Stammbaum zum anderen ziehen. Es entsteht dann ein säulenförmig aufsteigendes dreidimensionales Netzwerk, dessen Maschen sich in der mannigfaltigsten Weise miteinander kreuzen.

Will man die Verteilung der verschiedenen Gene hinzunehmen, so kann man sich die einzelnen Schnüre, welche die Maschen bilden, aus verschiedenfarbigen Fäden zusammengedreht denken, die sich immer wieder trennen und verbinden. Für jede Art ist eine bestimmte Zahl von farbigen Fäden anzusetzen, die dem Ganzen die charakteristische Farbe verleiht. So erhält man ein Bild des festen Genotypus der Art.

Alle diese Bilder sind unserem geringen Anschauungsvermögen angepaßte Hilfsmittel, die aber von hoher Wichtigkeit sind, weil sie es uns ermöglichten, je nach dem wirklichen Vorbilde Volk — Rasse — Art als getrennt und doch zusammengehörig vorzustellen.

Wie das Vorbild aber auch beschaffen sein mag und die Fäden sich verschlingen mögen, die Familie, die die Knoten der Maschen bildet, ist immer und überall der wahre Baustein des Ganzen. So stellen Volk — Rasse — Art nichts anderes als Familienverbände dar.

Durch MENDEL sind wir über die Verteilung der Gene von den Eltern auf die Nachkommen unterrichtet. Aber die Gesetze, nach denen die Eltern sich finden, um die Verteilung zu ermöglichen, sind noch sehr wenig erforscht. Hier spielt die sogenannte sexuelle Zuchtwahl ihre bedeutungsvolle Rolle. An Stelle der natürlichen Zuchtwahl kann, wie DARWIN zeigte, der Züchter treten und innerhalb einer Art neue Rassen und Völker hervorbringen. Diese künstlichen Rassen spielen bei unseren Haustieren und Hauspflanzen die ausschlaggebende Rolle. Es ist zu erwarten, daß auf diesem Gebiete uns noch große Erfolge beschieden sein werden.

Die künstlichen Rassen greifen planmäßig in unsere menschliche Umwelt ein. Welche Rolle die natürliche Zuchtwahl der einzelnen Art spielt, dafür fehlen uns die Anhaltspunkte, aber wir dürfen gewiß sein, daß eines Tages uns auch für diese Planmäßigkeit die Augen aufgehen werden, wenn wir etwas näher in die Umwelt der Art zu schauen gelernt haben.

Die Gattung.

Die Gattung stellt keinen Familienverband dar. Trotzdem wird sie nicht bloß für ein menschliches Einteilungsmittel, sondern für ein wahres Naturprodukt gehalten. Man nimmt an, daß die Gattung auf der Verwandtschaft der Arten untereinander beruht. Nun kann die Verwandtschaft nur durch die Familie begründet werden. Also nimmt man an, daß vor unzähligen Jahren aus einer Familie einzelne Nachkommen entsprangen, die sich derart voneinander unterschieden, daß sie sich nicht mehr untereinander kreuzten und dadurch neue Arten begründeten. Als Analogon wird die Rassenbildung herangezogen, obgleich wir doch bloß feststellen können, daß bestimmte Gruppen, die einen einheitlichen Genotypus innerhalb der Art besitzen, Neigung zur Trennung zeigen. Aber von einer gemeinsamen Abstammung der Art von einem Paar Beispieltieren ist noch gar nichts ausgemacht worden.

Die Schwierigkeit der Annahme eines Ahnenpaares ist so groß, daß sie bereits für die Rassen auf Widerspruch stoßen muß. Denn auch in der Rasse ist der Schatz an Genen viel zu groß, um in einem einzelnen Paar vereinigt zu werden. Wie soll nun gar ein einziges Elternpaar sämtliche Gene aller Arten, die zu einer Gattung gehören, beherbergen?

Über diesen wirklichen Widerspruch, der doch jedem in die Augen springen muß, wird von seiten der Darwinisten mit einer Leichtherzigkeit hinweggegangen, die dem Ernst des Problems keineswegs entspricht.

Die Art als Einteilungsmittel.

Sobald man die Art als bloßes Einteilungsmittel betrachtet, stellt man sich auf einen völlig anderen Standpunkt. Dann beabsichtigt man nicht mehr, die ganze Fülle der Einzelwesen unter einen Hut zu bringen, sondern sucht nur nach einer Gruppe von Merkmalen, die sich bei allen Individuen einer Art vorfindet, und die zugleich nur für diese eine Art charakteristisch ist.

Die Möglichkeit zu einem solchen Vorgehen ist durch den Umstand gegeben, daß alle austauschbaren Eigenschaften die Accidentia der Einzelwesen innerhalb einer Art sich auf einen festen Stock von Eigenschaften der Essentia aufsetzen, der ihnen allen gemeinsam ist. Die einer Gattung angehörenden Arten besitzen wiederum einen kleineren Stock von Eigenschaften, der nach Entfernung derjenigen Gruppe von Merkmalen, die für jede einzelne Art charakteristisch ist, für die Gattung übrig bleibt.

Fährt man in der gleichen Weise fort, so baut man, während man zu immer größeren Tierkreisen fortschreitet, den Stock der Eigenschaften immer weiter ab, bis man auf die ersten Keimesanlagen kommt, die den strahligen oder bilateralen Typus der Tiere bestimmen.

Während bei Betrachtung, von der Art beginnend, aufsteigend zu Gattung und Typus als Naturerscheinungen die Zahl der Formen und Eigenschaften wächst, je größer der Kreis ist, der die Individuen einschließt — nimmt bei Betrachtung der Art — Gattung — Typus als Einteilungsmittel die Zahl der in jedem Kreis vorhandenen gemeinsamen Eigenschaften ab. Das ist ganz selbstverständlich, denn je verschiedener die Individuen sind, desto weniger gemeinsame Eigenschaften besitzen sie.

Durch Verwechslung dieser grundverschiedenen Dinge, die leider den gleichen Namen tragen (denn Art, Gattung, Typus bedeuten sowohl den logischen Begriff wie die anschauliche Erscheinung), ist es möglich geworden, daß man sich Tiere konstruierte, die nur begrifflich gewonnene Eigenschaften besaßen, und diese unmöglichen Zwitterwesen bezeichnete man als Ahnen.

Darin liegt ein prinzipielles Mißverständnis. Ein Tier, und sei es der entfernteste Ahn, bleibt immer ein Individuum, das individuelle Eigenschaften besitzen muß, die bei der Kreuzung mit anderen individuellen Eigenschaften ausgetauscht werden können. Diese Eigenschaften gerade sind es aber, die zu den Fügungen in den einzelnen Funktionskreisen Anlaß geben.

Wie soll man sich überhaupt ein Tier vorstellen, das nur Arteigenschaften besitzt, wenn die Individuen der Art z. B. zum Teil Flügel besitzen und zum Teil nicht. In diesem Falle fällt für den Stock der Eigenschaften, der die Art kennzeichnet, der Besitz von Flügeln und die Flügellosigkeit einfach fort. Ein lebendes Individuum kann aber nicht in seinem Bau die Frage nach der Existenz von Flügeln einfach ignorieren. Entweder es besitzt Flügel, oder es besitzt keine Flügel. Ein drittes gibt es nicht.

Die Unmöglichkeit, aus den Eigenschaften, die den Tierkreis als Einteilungsmittel charakterisieren, ein lebendes Individuum dieses Kreises zu schaffen, wird immer augenfälliger, je größer der Kreis ist, und je stärker die Spannung zwischen dem Reichtum an verschiedenen Eigenschaften einerseits und der Armut an gemeinsamen Eigenschaften andererseits zunimmt. Was soll ich mir z. B. unter einem Tier vorstellen, das bloß fünfstrahlig ist, sonst aber gar keine Eigenschaften besitzt?

Man ist vollauf berechtigt, die Verwandtschaft der Tiere von dem Stock der gemeinsamen Eigenschaften wie an einer Peilung abzulesen, aber über die Wege, die die Natur eingeschlagen hat, um die Verwandtschaft zu schaffen, erfahren wir auf diesem Wege nicht das mindeste.

Die Kolonie.

Bisher haben wir nur solche Einzelwesen betrachtet, die aus einem Ei stammten und selbst wieder durch Eier selbständige Nachkommenschaft erzeugten. Es gibt aber auch lebende Wesen, die nicht aus selbständigen Eiern stammen, sondern aus Keimen, die mit dem mütterlichen Organismus verbunden bleiben. Solche Keime nennt man Knospen, und das Lebewesen, das aus einer Anzahl Knospen hervorgeht, ist kein Individuum mehr, sondern eine Kolonie, die sich aus Personen zusammensetzt. Das eindrucksvollste Beispiel dieser Art bieten manche Siphonophoren. Diese vielgestaltigen Koloniequallen setzen sich aus einer Reihe von Einzelpersonen zusammen, von denen jede ihre ausgebildeten Fang-, Freß- und Geschlechtsorgane besitzen. Alle Personen hängen aber durch einen gemeinschaftlichen Darm zusammen.

Kolonien, die aus gleichen sich wiederholenden Personen zusammengesetzt sind, machen durchaus den Eindruck eines einheitlichen Tieres, das nur viele Münder, viele Arme usw. besitzt. Die Funktionskreise gleichen denen eines Einzeltieres in allen Einzelheiten. Sie sind durch eine bestimmte Regel entstanden und besitzen eine bestimmte Funktionsregel. Es liegt demnach kein Grund vor, die Tierkolonien nicht als Subjekte zu bezeichnen.

Tierstaaten.

Die besprochenen Tierkolonien zeichnen sich dadurch aus, daß die Einzelpersonen miteinander ein festes Gefüge eingehen. Nun kann man sich leicht vorstellen, daß es andere Tierkolonien gibt, in denen die Einzelpersonen nicht durch ein festes Gefüge, dagegen nur durch eine planvolle Fügung miteinander verbunden bleiben. Solche Kolonien nennt man *Staaten*.

Außerdem zeichnen sich die Tierstaaten durch eine starke Verschiedenheit der Einzelpersonen aus, was bei den Kolonien auch gelegentlich vorkommt. Die Staatspersonen zerfallen besonders bei den bekannten Bienen- und Ameisenstaaten je nach ihrem Beruf in Gruppen, die sich in ihrer Gestaltung weitgehend voneinander unterscheiden. Jede Berufsgruppe dient mit besonderer Betonung einem Funktionskreis — es gibt Soldaten zur Abwehr der Feinde, Arbeiter zum Sammeln der Nahrung, und Königinnen, die der Fortpflanzung dienen. Unverkennbar ist im ganzen Staate durch das Zusammenwirken der verschiedenen Berufsgruppen ein einheitlicher Organismus ausgeprägt, der seine eigenen Funktionskreise besitzt, neben den Funktionskreisen der Einzelpersonen.

Trotzdem entstehen die Einzelpersonen aus selbständigen Eiern, die von der Königin gelegt werden. In diesen Eiern sind die Gene bereits im Eierstock je nach den Berufen in verschiedene Gruppen verteilt worden, oder es tritt, wie bei den Bienen, durch die verschiedene Art der Aufzucht, eine Unterdrückung, beziehentlich eine Bevorzugung bestimmter Gene gruppenweise ein.

Das Resultat ist immer eine selbständig funktionierende Einheit, deren Teile als selbständig gewordene Personen des Ganzen darstellen. Während die Organe des freilebenden Einzeltieres nach allen Richtungen der Funktionskreise gleichmäßig ausgebildet sind, sind die Einzeltiere des Staates durch das Zusammenleben mit anderen, die ihnen einen Teil ihrer Funktionskreise abnehmen, in den Stand gesetzt, sich für eine Funktion ganz besonders auszubilden. Die Königin der Bienen kann sich dem Zeugungsgeschäft ausschließlich hingeben, da sie von den Arbeiterinnen die Nahrung erhält und vor Feinden geschützt wird. Während andererseits die Arbeiterinnen, vom Zeugungsgeschäft entlastet, sich für Kampf und Nahrungsfang ausbilden können.

Am weitesten geht die Trennung nach Funktionskreisen bei den Wanderameisen, deren langer Zug, in welchem sich mannigfaltige Arbeitstiere und Königinnen befinden, von einem zarten Schleier bedeckt ist, der ausschließlich aus Soldaten besteht, die sich gegenseitig stützen und tragen und ihre giftgeschwellten, weitgeöffneten Kiefern jedem Feinde drohend entgegenhalten.

Ein solcher Staat gleicht einem außerordentlich langen Wurm, der eine stark nesselnde Haut besitzt, und in dessen Innerem der Nahrungsstrom anstatt durch Zellen durch Einzeltiere überallhin verteilt wird. Alle Organe sind in ihm durch zahlreiche Einzeltiere vertreten, die sich in gleichem Tempo wie das gesamte Tier auf eigenen Beinen vorwärts bewegen.

Im Heerwurm der Wanderameise hat uns die Natur der Mühe überhoben, uns ein Bild des Staates auszumalen, in dem sich alle Einzeltiere am gleichen Ort und im gleichen Tempo bewegen, wie wir es für die Art im Beispiel des Kohlweißlings tun mußten. Hier sehen wir das Staatsganze als einheitlichen Organismus greifbar vor uns.

Staat und Art.

Jetzt sind wir in den Stand gesetzt, Staat und Art als anschauliche Erscheinungen miteinander zu vergleichen. Auf der einen Seite haben wir das Bild der Art, wie ich es am Beispiel des Kohlweißlings dargestellt habe, auf der anderen Seite das Bild des Staates, wie es uns die Natur in der Wanderameise bietet. Da zeigt sich deutlich, daß beide Gebilde vollkommen planmäßig gebaut sind, d. h. alle Einzelwesen sind sowohl ihrem Bau wie ihren Handlungen nach mit all ihren Funktionskreisen und ihrer Umwelt durch eine große Ordnung miteinander verbunden. Eine Regel ist in ihnen allen „Fleisch geworden". Die Fleischwerdung vollzieht sich überall durch Impulse, die sich den Regeln unterwerfen müssen.

Daß die Impulse zweien Regeln gehorchen können, wissen wir bereits, denn die Entstehungsregel beherrscht die Impulse im Embryo, die Funktionsregel die Impulse im Erwachsenen.

Ich habe auf die Beziehungen zwischen Entstehungsregel und Funktionsregel bereits hingewiesen und gezeigt, daß bei den Amöben die beiden Regeln gemeinsam die Bildung der Pseudopodien beherrschen. Bei den gefügten Tieren dagegen waltet im ersten Lebensabschnitt die Entstehungsregel allein.

Nun hat Roux, der bahnbrechende Begründer der experimentellen Entwicklungslehre, gezeigt, daß das Ziel (nämlich das fertige, funktionsfähige Gefüge) sicherer ist als der Weg (d. h. der normale Ablauf der Entstehung). Daraus darf man auf einen bisher nicht erforschten Einfluß der Funktionsregel auf die Entstehungsregel schließen.

Wem es Schwierigkeiten bereitet, den Einfluß einer Regel auf die andere zuzugeben, möge sich daran erinnern, daß die Regeln ihrem Wesen nach aktive Faktoren sind und daher auch Regulatoren genannt werden können. Nur sind die Analogien für diese Regulatoren nicht auf mechanischem, sondern auf musikalischem Gebiet zu suchen. Wir werden daher sagen dürfen, die Funktionsmelodie beeinflußt die Entstehungsmelodie.

Ist die hier geforderte Anschaulichkeit schon sehr schwierig zu erreichen, so wirkt es bei Betrachtung der Entstehung von Art und Staat anfangs völlig verwirrend, daß man die Beeinflussung der Entstehungsmelodie durch drei Melodien ins Auge fassen muß. Die Funktionsmelodie, die Artmelodie und die Staatsmelodie kommen in der Anordnung und Abfolge der Impulssysteme zur Geltung. Das gleiche Einzelwesen, das durch seine Entstehung so geformt wird, daß es ein funktionsfähiges Gebilde wird, wird gleichzeitig zu einem Glied des Staates geformt und bildet durch seine bloße Existenz ein Teil der Art.

So ist jedes Einzelwesen, wenn es fertig dasteht, ein Produkt dreier Regeln: der Artregel, der Staatsregel und der individuellen Funktionsregel. Alle drei Regeln müssen daher mitbestimmend auf die Entstehungsregel gewesen sein, die den Impulsen ihre Ordnung auferlegte.

Die Zurückführung des Phänotypus des Einzelwesens auf seinen Genotypus ermöglicht es uns, die Artregel abzusondern und die Art auf eine Mischungsregel der Gene zurückzuführen, die ich im Bilde des säulenförmigen Netzwerks anschaulich gemacht habe. Diese Mischungsregel, die die Bildung der Familie zur Voraussetzung hat, bringt Einzelwesen hervor, die alle vorhandenen Möglichkeiten nach Zahl und Qualität der vorhandenen Eigenschaften ausnutzt, und schafft eine weit umfassende Umwelt, in der die Art als Ganzes sich dauernd betätigt.

Das Bild der Art als Phänotypus, wie ich es im Kohlweißling gegeben, kann man sich ruhend oder tätig vorstellen, je nachdem man es bloß in den Raum oder in Raum oder Zeit projiziert. Immer wird eines für dieses Bild charakteristisch bleiben, daß zwar die Einzelwesen im ganzen wohlgeordnet erscheinen, aber nicht durch eine Funktion miteinander verbunden sind.

Die Einzelwesen nehmen nicht durch ihre Einzelhandlungen in der Weise an der Gesamthandlung der Art teil, daß eine Teilhandlung die andere räumlich oder zeitlich bedingt, sondern die Summe aller Teilhandlungen der Einzelnen bildet in jeder Zusammenstellung die Gesamthandlung der Art.

Sobald die Einzelwesen, deren Phänotypus durch den von der Artregel gegebenen Genotypus bestimmt ist, voll ausgebildet sind, hört die Beeinflussung der Artregel auf, und die Gesamtleistung aller Einzelwesen bildet ohne weitere funktionelle Bindung der Einzelleistungen die Gesamtleistung der Art.

Man wird daher sagen dürfen, die Art vollführt planmäßige Leistungen ohne funktionelles Gefüge.

Erst die lebendige Anschauung der Art klärt uns darüber auf, daß es planmäßig entstandene Einheiten gibt, die der funktionellen Bindung entbehren können, weil die planmäßige Leistung des Ganzen ganz von selbst aus der planmäßigen Anlage entspringt.

In der Art gibt es keine berufsmäßige Gliederung, sondern in der Betätigung der Einzelnen drückt sich die Leistung des Ganzen unmittelbar aus.

Der Staat unterscheidet sich hierin prinzipiell von der Art. Er ist durch eine durchgehende Fügung ausgezeichnet. Bei ihm entsteht die einheitliche Leistung durch eine einheitliche Funktionsregel. Deutlich zeichnen sich bei ihm die Funktionskreise voneinander ab, wenigstens soweit sie sich auf die Wirkungswelt beziehen. Denn wir finden in ausgebildeten Staaten Baupersonen, die das Medium zur Wohnung herrichten, Soldaten, die den Feind bekämpfen, und Arbeiter, die für die Nahrung sorgen, endlich Geschlechtspersonen, denen die Fortpflanzung obliegt. Es findet eine funktionelle Teilung nach Berufen statt. Die berufliche Gliederung ist charakteristisch für das Staatsgefüge. Der verschiedene Beruf spricht sich in einer abweichenden Ausbildung der Effektoren bei den verschiedenen Einzelpersonen aus. Auch rezeptorische Berufsgruppen finden sich gelegentlich vor, so sollen z. B. die Schwäne Vorposten aufstellen, die mit besonders scharfem Gesicht begabt sind.

Die Fügungen innerhalb eines Tierstaates sind entsprechend dem gesamten Typus des Staates sehr verschieden spezialisiert. Wenn Berufsgruppen von Arbeitern vorhanden sind, die niemals den Wohnort verlassen, sind ihre Rezeptoren, dem beschränkten Funktionskreis entsprechend, nur auf Merkmale reduziert, die innerhalb des Staatsorganismus eine Rolle spielen — — so finden sich bei den Termiten völlig blinde Arbeiter. Die Analogie mit der verschiedenen Ausbildung der Zellen innerhalb des Gefüges der Einzelwesen ist dann besonders schlagend. Wir finden eine Wiederholung des bekannten Prozesses innerhalb des Organismus bei den einzelnen Zellsubjekten, deren Funktionskreise zum Teil unterdrückt, zum Teil gesteigert sind.

Die einheitliche Leistung des Gesamtstaates ist meist durch das planmäßige Ineinandergreifen der verschiedenen Berufsgruppen bedingt, ohne daß ein einheitliches Zentrum nachzuweisen wäre, das auf die Benachrichtigung durch die Rezeptoren der Merkpersonen seinerseits bald diese, bald jene Wirkungsgruppe in Tätigkeit setzte.

Die Tierstaaten sind meist rein nach dem Prinzip der Koordination und nicht der Subordination gebaut.

Gewisse Ausnahmen von dieser Regel zeigen sich jedoch im Bienenstaat, in dem die Königin bezeichnenderweise auch „Weisel" genannt wird, denn sie hat nicht nur für die Erzeugung der Nachkommenschaft zu sorgen, sondern auch dem ausschwärmenden Staate die Flugrichtung und die neue Ansiedlungsstätte zu weisen, die, wie es scheint, von bestimmten Arbeiterinnen, die in diesem Falle den Merkberuf ausüben, ausgekundschaftet ist.

Hier kann man von wirklichen Staatsreflexen reden, denn es liegt eine einheitliche Steuerung für den Gesamtorganismus vor, während in den meisten Fällen nur von Reflexen der Berufsgruppen gesprochen werden kann.

Dieser Unterschied findet sich auch bei den Einzeltieren. So habe ich die Seeigel Reflexrepubliken genannt, weil bei ihnen viele Organe, wie Stacheln und Pedicellarien, zu selbständigen Reflexpersonen geworden sind, deren Reflexe untereinander nur koordiniert und nicht dem Zentralnervensystem subordiniert sind.

Es gibt mithin sowohl im Gefüge des Einzelwesens wie in der Fügung des Staatswesens einen koordinierten und einen subordinierten Bautypus. So lehnen sich die Bildungsgesetze des Staates eng an die Bildungsgesetze des Einzelwesens an, während die Bildungsgesetze der Art anderer Natur sind.

Verschränkungen des Lebendigen.

Gehen wir von der Gestaltung des Einzelwesens aus, so läßt sich zeigen, daß wir in ihr ein Produkt mehrer bildender Faktoren vor uns haben.

Wie die Bewegungen eines Wassertropfens auf dem wellendurchzogenen Spiegel eines Sees nur dann richtig erkannt werden, wenn man sowohl die Richtung, wie die Stärke der sich kreuzenden Wellenzüge erforscht hat, so kann die Gestalt eines jeden Lebewesens nur dann dem Verständnis nähergebracht werden, wenn wir die Wirkung der sich im Einzelwesen kreuzenden Bildungstriebe analysiert haben.

Dabei kann man folgendermaßen vorgehen, daß man sich die Bildungstendenz eines jeden Bildungstriebes frei waltend vorstellt. Dann wird man gewahr, welche Beschränkungen ihm von den anderen Bildungstrieben auferlegt werden.

Wenn man sich rein auf den Standpunkt eines Bildungstriebes stellt, so wird man nicht verkennen, daß vom Standpunkt des Einzelwesens betrachtet sowohl Staat wie Art ihm Beschränkungen auferlegen, die gegen seinen individuellen Bildungdtrieb ankämpfen; ebenso wird man vom Standpunkt des Arttriebes sowohl in den Ansprüchen des individuellen wie des Staatstriebes eine lästige Beschränkung empfinden. Das gleiche gilt vom Staatsinteresse, das sich beschränkt sieht durch das Interesse des Individuums wie der Art.

Diese gegenseitigen Beschränkungen liefern uns den Beweis, daß hier eine großzügige Verschränkung vorliegt, die erst von einem höheren Standpunkt, als ihn uns Individuum, Staat oder Art bieten, verstanden werden kann. Diese alles umfassende Verschränkung können wir auf keinen speziellen Bildungstrieb mehr zurückführen. Hier endlich sehen wir die planmäßige Wirkung des Lebens als solche.

Meist versucht man es, das Interesse des Individuums an die Spitze zu stellen und sein Interesse an der Bildung von Art und Staat nachzuweisen. Tatsächlich kann es weder eine Art noch einen Staat geben ohne Individuum; dagegen wäre es denkbar, sich Individuen ohne Art und Staat vorzustellen.

Wenn man von den Einzelligen ausgeht, so muß man die Möglichkeit zugeben, daß es unter ihnen Individuen geben könnte, die des geschlechtlichen Funktionskreises völlig entbehrten, und die sich nur durch Teilung fortpflanzten, um sich dadurch dauernd zu erneuern und zu vermehren. Diesen Individuen könnte man in gewissem Sinne Unsterblichkeit zugestehen, aber die Unveränderlichkeit der Individuen, die wohl im Interesse des Individuums liegt, liegt offenbar nicht im Interesse des Lebens, und deshalb ist jedem Individuum eine besondere Fügung verliehen, die ihn zur Paarung und Erzeugung von neuen und veränderten Individuen treibt, die seine Stelle einnehmen. Durch das Eingreifen des geschlechtlichen Funktionskreises wird das Einzelwesen zum Mitglied der Art.

Die Unsterblichkeit und Unveränderlichkeit der Individuen wird beim Aufgehen in die Art dem Interesse des Lebens geopfert, das sich dadurch als nicht identisch mit dem Interesse des Individuums erweist. Außerdem muß jedes Lebewesen einen neuen Funktionskreis auf sich nehmen, den es sehr wohl entbehren kann. Der Geschlechtskreis verlangt besondere effektorische Organe und eine besondere Steuerung, die auf besondere Merkmale anspricht. Das ist eine außerordentliche Mehrbelastung des individuellen Gefüges und bedeutet eine sehr erhebliche Steigerung der Gefahren für das Individuum, da zur Zeit der Brunst die anderen Funktionskreise zurücktreten müssen. So wird das Interesse an der Erhaltung des Individuums durch das Interesse an der Erhaltung der Art in die zweite Reihe gedrängt..

Anders ist das Gepräge, das der Staatstrieb dem Individuum aufzwingt. Es wird kein neuer Funktionskreis gefordert, dafür aber werden die individuellen Funktionskreise merklich verändert und der Geschlechtskreis oft vollständig unterdrückt, wie bei allen geschlechtslosen Arbeitern und Soldaten, bei Bienen und Ameisen. Das beweist schlagend, daß das Einzelwesen nicht bloß ohne den Geschlechtskreis zu leben vermag, sondern sogar eine Steigerung seiner übrigen Funktionen aufweist. Wenn der Staat nur einzelne Individuen zur Fortpflanzung beruft, so läßt sich der Arttrieb bei der Ausbildung der übrigen Staatspersonen verdrängen.

Unverkennbar ist hier ein planmäßiges Ineinandergreifen dreier Regeln festzustellen.

Bei den meisten Tieren sind es nur die individuelle und die Artregel, die sich an der Gestaltung der Lebewesen beteiligen; bei allen Staaten tritt eine dritte Regel hinzu. Trotz dieser unerhört schwierigen Verschränkung ist das Resultat immer eine vollkommene Planmäßigkeit.

Dabei breitet sich vor unseren Augen eine derartige Fülle an mannigfaltigen Übergängen aus, die wir nur als zahllose Variationen über das gleiche Thema Leben ansprechen können.

Nur völliges Mißverstehen hat in diesen Übergängen Zwischenglieder zwischen Vollkommenerem und Unvollkommenerem sehen können. Die Zentralpotenz, die wir mit dem Wort „Leben" bezeichnen, ist ihrem Wesen nach planmäßig und völlig außerstande, etwas Planloses und Unvollkommenes hervorzubringen.

Die Entwicklung der Arten.

Es ist zum mindesten auffallend, daß die Darwinisten stets von der Entwicklung des Individuums, aber niemals von der Entwicklung der Arten sprechen, obgleich sie hochentwickelte Tiere von primitiven Tieren oder Urtieren unterscheiden.

Ja, der ganze Stammbaum der Tiere, den man in zoologischen Lehrbüchern abgebildet sieht, soll doch eine Entwicklungsfolge darstellen vom Enfachen zum Mannigfaltigen. Auch lieben es die Darwinisten, den Entwicklungsgedanken an die Spitze ihrer Ausführungen zu setzen. Warum also diese konsequente Abweisung einer Entwicklung der Arten?

Das kommt daher, weil sie die ganze Abfolge der verschiedenen Arten, wie sie uns die Paläographie vom Kambrium bis zur Gegenwart zeigt, gar nicht für einen Lebensprozeß halten, sondern aus chemischen, physikalischen oder mechanischen Ursachen erklärt haben.

Die Variation ist nach ihnen ein chemischer Prozeß, der völlig planlos Lebewesen erzeugt, aus denen der Kampf ums Dasein auf mechanischem Wege die Unpassenden, d. h. nicht Lebensfähigen, ausmerzt, so daß eine Auslese des Passenden bewirkt wird.

Der Stammbaum soll kein Bild eines inneren Wachstums wiedergeben, sondern nur das Resultat einer Beeinflussung durch äußere Faktoren. Die Gestaltung des heutigen Tierreiches ist das Produkt der Wirkung physikalischer Faktoren auf einen Chemismus, der keinerlei Planmäßigkeit zeigt.

Wie man bei dieser Sachlage von einem Entwicklungsgedanken sprechen kann, ist mir unerfindlich. Denn die äußeren Faktoren können in jedem Moment derartige werden, daß sie durch Ausmerzung des Mannigfaltigen die einfachen Tiere zu den allein lebensfähigen machen und so eine Umkehr zu den Urtieren herbeiführen.

Die Lamarckisten sehen im Gegensatz zu den Darwinisten eine innere gestaltende Kraft am Werke, die planvoll Planvolles erzeugt. Sie können daher von einem Entwicklungsgedanken sprechen. Nur ist ihre Deutung der gestaltenden Kraft eine psychologische und daher durch einen außenstehenden Beobachter nicht kontrollierbar. Das ist aber die Forderung, an der die Biologie unentwegt festhalten muß.

Bevor wir auf die spärlichen Tatsachen eingehen, die uns zum Verständnis der Entwicklung der Arten zur Verfügung stehen, muß ich die Gründe darlegen, die es der Biologie nahelegen, von einer Entwicklung der Arten zu sprechen, während sie es ablehnt, von einer Entwicklung der Individuen zu sprechen.

Ich habe ausführlich auseinandergesetzt, daß es sich bei der Entstehung der Einzelwesen aus dem Keim nicht um eine Entwicklung oder Evolution handelt, weil kein fertiges Gefüge im Keim vorhanden ist, das sich bloß zu entfalten braucht, um das fertige Tier zu liefern. Im Gegenteil ist der Keim und der Embryo ein unfertiges Gebilde, das erst durch das planmäßige Eingreifen immer neuer Impulse zum fertigen Gefüge wird. Das Einfältige wird durch neue Faltenbildung zum Mannigfaltigen. Es handelt sich dabei um eine Verfaltung und nicht um eine Entfaltung — um eine Verwicklung und nicht um eine Entwicklung.

Ganz anders liegen die Dinge bei den Arten. Es gibt keine unfertige Art (wie es unfertige Einzelwesen gibt) und hat auch niemals eine gegeben.

Wenn man unter Art einen planmäßigen Verband verschiedener Individuen versteht, dann gibt es wohl Verbände von Einzelwesen mit mannigfaltigem und Verbände von Einzelwesen mit einfachem Gefüge. Der Verband, d. h. die Verbindungsart, ist überall die gleiche. Sie ist stets eine Kette, wenn man die aufeinanderfolgenden Familienbildungen der Tiere gemeinsam betrachtet, und stets ein Netzwerk, wenn man sie auseinanderlegt.

Je zahlreicher die verschiedenen Genotypen innerhalb einer Art sind, um so leichter scheinen sie sich in verschiedene Rassen abzuspalten, die dann neue Arten bilden können.

Das ist das einzige, was wir von der Entstehung neuer Arten mit vieler Wahrscheinlichkeit sagen können. Alles andere ist Phantasie.

Es hat also einen guten Sinn, wenn man von der Entwicklung einer Art aus der anderen spricht. Man stellt sich dann vor, daß die Rasse in der Art eingewickelt war. Oder die Art entfaltet sich zu verschiedenen Arten, wenn ihre Rassen auseinander fallen.

Es spaltet sich einfach ein Verband in mehrere Verbände. Der erste Verband umschloß zwar eine größere Zahl von Verschiedenheiten, er selbst war aber gar nicht besser gebunden als die aus ihm entsprungenen Verbände, sonst hätte er den größeren Reichtum zusammenhalten können.

Will man die Abspaltung neuer Arten graphisch festhalten, so entsteht das bekannte Bild des Stammbaums. Da die Artverbände auch planmäßige Gebilde sind, dürfen wir in dem Stammbaum das Abbild eines lebendigen Geschehens erblicken.

Es ist einleuchtend, daß durch bloße Abspaltung keine höhere Mannigfaltigkeit erzeugt werden kann. Diese verdankt auch gar nicht ihren Ursprung der Entstehung neuer Arten, sondern der Entstehung neuer Individuen. Wenn innerhalb einer Art die Mannigfaltigkeit der Einzelwesen zunimmt, so kommt, wie es scheint, der Augenblick, da die Verbindung nicht mehr ausreicht und die Abzweigung der Rassen beginnt, die schließlich selbständig werden.

Die Frage nach der Steigerung des Mannigfaltigen kann also nicht bei der Art, sondern muß beim Einzelwesen gesucht werden.

Der Entwicklungsgedanke.

Der Enthusiasmus, mit dem sich die Darwinisten für den Entwicklungsgedanken einsetzen, entbehrt nicht einer gewissen Komik, nicht bloß darum, weil ihre Weltanschauung, die sich prinzipiell auf Physik und Chemie stützt, aus diesen Wissenschaften den Entwicklungsgedanken gar nicht schöpfen kann, da Chemie und Physik jede Entwicklung prinzipiell ablehnen. Sondern vor allem deswegen, weil das Wort Entwicklung gerade das Gegenteil dessen ausdrückt, was damit gemeint ist.

Entwicklung oder Entfaltung will doch besagen, daß die Faltenbildung abnimmt. Nun soll aber mit Entwicklung die im Reiche des Lebendigen beobachtete Steigerung der Mannigfaltigkeit, beginnend von dem ganz einfachen Amöben bis zu den Säugetieren, ausgedrückt sein. Daß es sich hierbei um eine Verwicklung handelt, ist augenscheinlich; denn niemand wird leugnen, daß die Beziehungen der Teile unter sich und zum Ganzen bei den Säugetieren viel verwickelter sind als bei den Amöben. Wie kann man daher, wenn man den Übergang vom einfachen zum verwickelten Organismus im Auge hat, von einer Entwicklung sprechen?

Man wird darauf einwenden, daß Entwicklung ein vielleicht falsch gewählter terminus technicus ist; denn man spricht von höher entwickelten Tieren, was eine Bereicherung der Mannigfaltigkeit bei diesen Tieren bedeuten soll.

Das ist aber nicht richtig, denn der Darwinismus meint, wenn er von der Entwicklung des Individuums redet, ganz richtig eine Abnahme der Mannigfaltigkeit. Evolution bedeutet in darwinistischem Sinne, daß der Keim bereits das fertige Tier birgt, wie die zusammengefaltete Knospe bereits die ganze Blume birgt, die außer dem Wachstum bloß der Entfaltung und Entwicklung bedarf, um die fertige Blume zu liefern. Daß diese Vorstellung falsch ist, tut hier nichts zur Sache, sie beweist nur, daß der Darwinismus ganz sinngemäß bei der Entstehung des Einzelwesens eine Abnahme der Faltungen, also eine Vereinfachung im Auge hat.

Es ist also nicht zu leugnen, daß der Darwinismus das gleiche Wort im selben Atemzug im entgegengesetzten Sinne benutzt. Wenn er von der Entwicklung des Individuums redet, so meint er Vereinfachung, wenn er von der Entwicklung im Tierreich redet, so meint er Vervielfachung.

Es ist nicht zu verwundern, daß die heillose Verwirrung über die Grundfragen der Naturerkenntnis, die heutzutage nicht nur die Laienwelt beherrscht, die Folge dieses unbewußten Taschenspielerkunststückes des Darwinismus ist.

Der Darwinismus, dessen logische Folgerichtigkeit ebensoviel zu wünschen läßt wie die Richtigkeit der Tatsachen, auf die er sich stützt, ist mehr eine Religion als eine Wissenschaft. Deshalb prallen alle Gegengründe an ihm wirkungslos ab; er ist weiter nichts als die Verkörperung des Willensimpulses, die Planmäßigkeit auf jede Weise aus der Natur loszuwerden. So ist der Entwicklungsgedanke die heilige Überzeugung Tausender geworden, die aber mit vorurteilsloser Naturerforschung gar nichts mehr zu tun hat.

Die Steigerung der Mannigfaltigkeit.

So lange man die offenkundige Tatsache, daß im Verlauf der Stammesgeschichte eine Steigerung der Mannigfaltigkeit im Bau der Tiere stattgefunden hat, durch eine bloße Vermehrung der Eigenschaften — mögen sie zu den Akzidentien oder Essentien gehören — zu deuten versucht, wird man nie die großen Richtlinien erkennen können. Dagegen bietet die Einheit der Funktionskreise ein weit besseres Hilfsmittel, um sich in der verwirrenden Menge der Erscheinungen zurecht zu finden.

Eine neue Mannigfaltigkeit drückt sich nicht im Wechsel einzelner Eigenschaften aus, sondern in der Umstellung des Bauplans. Es muß im Bauplan ein neuer Funktionskreis auftreten, wenn man von echter Mannigfaltigkeit reden will. Ein allmählicher Übergang von einer Mannigfaltigkeit zur anderen ist grundsätzlich unmöglich, weil es sich immer um eine Umstellung des gesamten Körpermechanismus handelt, wenn ein neuer Funktionskreis auftritt. Die Änderung einzelner Bestandteile würde das Funktionieren unmöglich machen. Deshalb kann die Steigerung der Mannigfaltigkeit nie anders als in Sprüngen erfolgt sein.

Diese Auffassung findet, wie wir gesehen haben, ihre Bestätigung in der Entstehungsgeschichte der Einzelindividuen. Nie werden einzelne Sprossungen langsam abgewandelt, stets treten ganz neue Sprossen auf, die die bereits vorhandenen Anlagen zerstören und als indifferentes Ausgangsmaterial behandeln.

Jeder neuauftretende Funktionskreis begründet eine neue Art von Tieren. Und diese besitzen, dank seiner doppelseitigen Umklammerung der Objekte, die sichere Gewähr für eine fehlerlose Einpassung in die neue Umwelt.

Wann, wie und wodurch neue Funktionskreise auftreten, ist uns heutzutage noch völlig unbekannt. Aber Nichtwissen ist besser als Falschwissen.

Achtes Kapitel

Die Planmäßigkeit.

Einleitung.

Die außerordentlichen Schwierigkeiten, die die Biologie zu überwinden hat, um die Anerkennung der Planmäßigkeit als Naturmacht zu erzwingen, stammen aus der landläufigen Alternative: Leib — Seele, mit der man alle Möglichkeiten der lebenden Natur erschöpft zu haben meint. Man vergißt dabei, daß sowohl Seele wie Leib planvoll sind, und planmäßig miteinander zusammenhängen. Es gibt also noch ein Drittes, das weder aus der Seele noch aus dem Leibe abgeleitet werden kann. Wenn man die Lehre von der Seele Psychologie und die Lehre vom Leibe Physiologie nennt, so fehlt noch die Lehre vom Dritten, das sowohl Leib wie Seele in sich schließt, nämlich die Lehre von der Planmäßigkeit alles Lebendigen — die Biologie.

Da sowohl die Seele wie der Leib planmäßig sind, bildete bisher die Planmäßigkeit sowohl einen Teil der Physiologie — als spezielle Mechanik, wie einen Teil der Psychologie als Lehre vom Zweck oder — Finalität. Aber weder ist der Zweck auf die Physiologie noch die

Mechanik auf die Psychologie anwendbar. Weder kann man die Grundsätze der Finalität in der Mechanik, noch die Grundsätze der Mechanik in der Finalität verwerten.

Hier klaffte eine Lücke, die immer empfindlicher wurde, je mehr man sich in das Studium der Lebewesen vertiefte. Die planmäßigen Bindungen der speziellen Mechanik, die nur bei Betrachtung des einzelnen Tierkörpers sichtbar werden, wurden zugunsten der kausalen Gesetze der allgemeinen Mechanik vernachlässigt und nach und nach die Physiologie den anorganischen Wissenschaften angegliedert.

Gegen diese Unterdrückung der eigentlichen Lebenserscheinungen hat REINKE energisch Front gemacht. Er verlangte die Anerkennung einer der Physik gleichberechtigten Wissenschaft, die er „Diaphysik" nannte. Diese sollte von den organisierenden Kräften handeln, die den anorganischen Kräften die notwendigen Direktiven erteilen.

Von seiten der Psychologie sind ebenfalls Schritte unternommen worden, um die Lücke zwischen Mechanik und Finalität auszufüllen. Die Schule der Gestalttheoretiker sieht in der Gestalt ein Urphänomen, das sie aber nicht auf das organische Leben beschränkt wissen will, im Gegensatz zu DRIESCH, der die *„Ganzheit"* als Charakteristikum des Lebendigen anspricht, denn die anorganische Natur kennt nur Summen, jedoch keine Ganzheit, die — ich kann mich nicht anders ausdrücken — eine planmäßige Anordnung ihrer Teile darstellt. Auch dem Begriff der Gestalt scheint mir der Begriff der Planmäßigkeit zugrunde zu liegen, den ich mit DRIESCH nur auf Lebendiges und auf Erzeugnisse von lebenden Wesen anwenden möchte. Wenn man Gestalt und Ganzheit ihren Teilen gegenüberstellt, wird man bei den Teilen der Gestalt sogleich auf den Unterschied von leitenden und begleitenden Eigenschaften stoßen, was zu sehr wichtigen Untersuchungen geführt hat. Der Begriff der Ganzheit ist hierin nicht so fruchtbar.

Ohne mich in philosophische Erörterungen einlassen zu wollen, muß ich doch bemerken, daß auch von seiten der Erkenntnistheorie der Biologie Schwierigkeiten bereitet wurden. KANT hat die Kausalität der konstitutiven Tätigkeit des Verstandes zugerechnet, dagegen die Planmäßigkeit dem regulativen Gebrauch der Vernunft zugewiesen. Das erweckt den Eindruck, als könne ein Plan niemals der integrierende Teil eines Gegenstandes sein, sondern sei bloß eine, wenn auch mit Notwendigkeit hinzugedachte menschliche Regel. DRIESCH hat diese Frage eingehend behandelt und nachgewiesen, daß die Planmäßigkeit ebenfalls zu den konstitutiven Eigenschaften zu rechnen sei. Damit ist diese Schwierigkeit beseitigt.

Es ist nicht schwierig, sich davon zu überzeugen, daß jeder Gebrauchsgegenstand und jede Maschine ein Planträger ist. Bedeutsam ist dabei zweierlei: erstens, daß jeder Plan, obgleich er die Form der

Materie bestimmt und die Bewegungen der Maschine beherrscht, selbst weder Stoff noch Bewegung ist und zweitens, daß der Plan in allen menschlichen Erzeugnissen heteronom ist, d. h. nicht aus der Maschine selbst stammt im Gegensatz zu allen Lebewesen, deren Pläne autonom sind.

Auch diese Ausdrücke decken den Tatbestand nicht völlig. Wie wir bei der Entstehung der Lebewesen feststellen konnten, nehmen die indifferenten Zellautonome bei jeder neueinsetzenden Sprossung einen fremden Plan auf, der vorher in ihnen nicht vorhanden war. Aber dieser Plan wirkt sich in ihnen autonom aus, was bei den Maschinen nicht der Fall ist. Er wird also zum Eigenplan und bleibt kein Fremdplan, der die Maschinenteile einmalig ineinanderfügt, der aber weder den Betrieb aufrecht zu erhalten, noch Schäden auszubessern vermag. Eine Maschine ist, wenn sie einmal vom Lebewesen Mensch erbaut wurde, restlos Stoff und gehorcht nur noch der Kausalität. Sie ist daher tot und bedarf zur Aufrechterhaltung ihrer Planmäßigkeit eines lebenden Betriebsleiters.

Anders die Lebewesen. Nach Erreichung des kritischen Punktes, wenn die Körpermaschine ihre höchste Ausbildung erfahren hat, ist bei allen mehrzelligen Tieren die Sachlage die gleiche. Die Zellautonome haben sich differenziert und sind in die verschiedenen Gewebe aufgegangen. Die Gewebe haben sich zu Organen zusammengeschlossen und die Organe bilden gemeinsam die Tiergestalt. Neben dem Plan, der zur Erhaltung des Stoffwechsels im einzelnen Zellautonom dient, wird jedes Autonom von dem allgemeinen Bauplan beherrscht, der ihm seinen Platz im Gesamtbetrieb zuweist. Der allgemeine Bauplan vertritt, dank seines dauernden Einflusses auf die Zellautonome, den Betriebsleiter bei den Maschinen. Er kann auch als die aktive Funktionsregel oder kurz als Mechanisator bezeichnet werden.

Den Bauplan gilt es jetzt zu zergliedern, nicht nach anatomischen, sondern nach funktionellen Gesichtspunkten. Wir wissen, daß das Leben eines jeden Tieres sich aus Funktionskreisen aufbaut. Jeder Funktionskreis besitzt seinen eigenen Plan, der eine Handlung des Tieres mit bestimmten Eigenschaften eines Objektes verbindet, die teils als Ursache, teils als Ziel für die Handlung dienen. Jeder Funktionskreis ist eine Einheit, die als aktiver Naturfaktor Gefüge und Gestalt des Tiersubjektes mit den Objekten seiner Umwelt zusammenschließt.

Die Funktionskreise sind unteilbare Ganzheiten. Das wird am deutlichsten bei den einzelligen Lebewesen. Hier steht ihnen zu ihrer Verwirklichung nur das Protoplasma einer einzigen Zelle zur Verfügung, und doch sind sie in dem einen Autonom der Amöben ebenso vollständig wie im tausendzelligen Gefüge höherer Tiere. Nur müssen sie sich, wenn ihnen immer nur das gleiche Protoplasma einer einzigen Zelle zur

Verfügung steht, sich den nötigen Mechanismus von Fall zu Fall neu erzeugen.

Wenn wir den einzelnen Funktionskreis weiter zerlegen wollen, so behalten wir nichts weiter übrig als eine Anzahl von Impulsen, die gleich den Tönen von einer Melodie zusammengehalten werden.

Es sind, wenn ich mich so ausdrücken darf, die Funktionskreise Ganzheiten, die gemeinsam die Tiergestalt bilden.

Der große Vorzug dieser biologischen Naturbetrachtung liegt darin, daß wir es auf diese Weise lernen, mit immateriellen Naturfaktoren wie mit selbständigen Größen zu operieren, ohne ihnen psychische Qualitäten zuzuschreiben, die ihr Wesen gar nicht treffen und daher nur Verwirrung anstiften können.

Das Autonom.

Bei der Zergliederung des planmäßig gebauten Tierkörpers stößt man immer auf die Zelle als letztes Bauelement, die aber nicht als bloßer Stoff anzusprechen ist, wie die Ziegelsteine eines abgerissenen Hauses, sondern eine lebende Einheit darstellt, weil sie ihren Stoffwechsel dauernd aufrecht zu erhalten vermag. Die Kunst, Gewebstücke überlebend zu erhalten, ist jetzt zu so großer Vollkommenheit gediehen, daß man die Zelle prinzipiell für unsterblich erklären kann. Die Unsterblichkeit der sich durch Teilung fortpflanzenden Einzelligen war bereit seit langem anerkannt.

Wenn die Umsetzungsprozesse im Zellplasma bloß chemischer Art wären, müßten sie sich längst totgelaufen haben. Wir nehmen deshalb an, daß vom Kern aus in dauernd geregelter Folge Fermente in das Zellplasma übertreten und dort richtunggebend auf die Prozesse des Stoffwechsels einwirken. Es gleicht der Zellkern einem Klavier, dessen Tasten die Fermente sind und auf denen die Stoffwechselmelodie sich selbst abspielt.

Wenn auch die Tatsache der Unsterblichkeit der Zelle genügt, um ihr eine eigene Lebensmelodie oder Lebensplan zuzuschreiben und sie als Autonome anzusprechen, so verlaufen doch die übermaschinellen Vorgänge bei der Auswirkung des Planes in der Zelle völlig unsichtbar. Viel günstiger steht es mit einem anderen Vorgang, der mit aller Deutlichkeit zu beachten ist und der ebenfalls übermaschinell ist. Das ist die Kernteilung. Das Fermentklavier des Kernes muß, sobald sich die Zelle in zwei Tochterzellen spaltet, nicht bloß mitspalten, sondern auch verdoppeln, wenn die Tochterzellen die gleichen Eigenschaften besitzen sollen wie die Mutterzelle.

Von den Vorgängen bei der Kernteilung muß man sich in allen Einzelheiten unterrichten, um sich vom Walten eines Planes im Autonom überzeugen zu können. Das ist um so notwendiger, als wir nicht imstande sind, selbst bei Anwendung aller nur denkbaren Hilfsmittel, einen Apparat zu bauen, der jene Leistung vollführen könnte, die jede beliebige Zelle im gesamten Tier- und Pflanzenreich spielend bewältigt.

Das Problem, einen Apparat zu bauen, der sich selbst in zwei gleichartige Apparate zu teilen vermag, ist technisch unausführbar. Kein Gefüge kann so gebaut werden, daß es sich selbst teilt und verdoppelt. Unter der Funktion eines Gefüges verstehen wir immer seine Wirkung nach außen hin. Ein Gefüge, das sich auflöst oder teilt, vollführt keine Funktion mehr, sondern verliert seine Funktion. Bei der Zellteilung wird aber vom Zellapparat eine Funktion verlangt, die dazu dienen soll, den eigenen Apparat nicht bloß in zwei Hälften zu teilen, sondern diesen selbst zu verdoppeln.

In der Tat bildet sich die teilende Zelle einen eigenen Apparat aus, der diese Verdoppelung bewirkt. Dieser prinzipiell übermechanische Vorgang ist bis in seine kleinsten Einzelheiten klargelegt worden und erscheint uns so folgerichtig, daß die Forscher sich meist weiter keine Gedanken darüber machen, daß hierbei ein mechanisch unmögliches Problem gelöst wird.

Ich gebe die schematischen Abbildungen (Abb. 7) wieder, die Bauer in seinen „Vorlesungen über allgemeine Konstitutions- und Vererbungslehre" der Zellteilung widmet, damit ein jeder sich in die Anschauung dieses höchst „wunderbaren" Vorgangs vertiefen kann.

In 1 sehen wir die ruhende Zelle. Sie besitzt im Protoplasma das kleine Zentrosoma, das über dem Zellkern gelagert ist. Der Zellkern ist frei von Protoplasma und besteht aus dem Gerüstwerk des Chromatins, das in der Kernflüssigkeit schwammförmig ausgebreitet ist. In 2 hat sich das Zentrosoma verdoppelt, und zugleich gerät das Chromatin in Bewegung. In 3 haben sich die Zentrosome voneinander entfernt. Das Maschenwerk des umgebenden Protoplasmas hat sich strahlig um die Zentrosome angeordnet. Im Kern hat sich das Chromatin in vier Stränge, die sogenannten Chromosome, zusammengeballt. (Die Zahl der Chromosome ist für jede Tierart eine feststehende. Es kommen vier bis hundert Chromosome vor.) In 4 ist die Kernmembrane verschwunden. Die Kernflüssigkeit ist vom Protoplasma resorbiert, und die vier Chromosome liegen frei im Protoplasma. In 5 und 6 ordnen sich die Zentrosome bis sie sich gerade gegenüberstehen. Zugleich hat die Strahlung der Protoplasmamaschen sich verankert. Vier Strahlen haben sich dabei jederseits völlig isoliert und verbinden sich von jeder Seite mit den Chromosomen 6. Nun reißen in 7 die Chromosome der Länge nach in zwei Hälften durch, und die acht Protoplasmastrahlen ziehen jedes ein halbes Chromosom an das zugehörige Zentrosoma heran, das mit seinen Strahlen im Protoplasma fest verankert ruht (8, 9 und 10). 11 beginnt die Rückbildung des Teilungsapparats, die Chromosome sind wieder von Kernflüssigkeit umgeben, und das Protoplasma hat sich in zwei Hälften gespalten. 12 zeigt zwei ruhende Zellen, die die Verdoppelung von 1 darstellen.

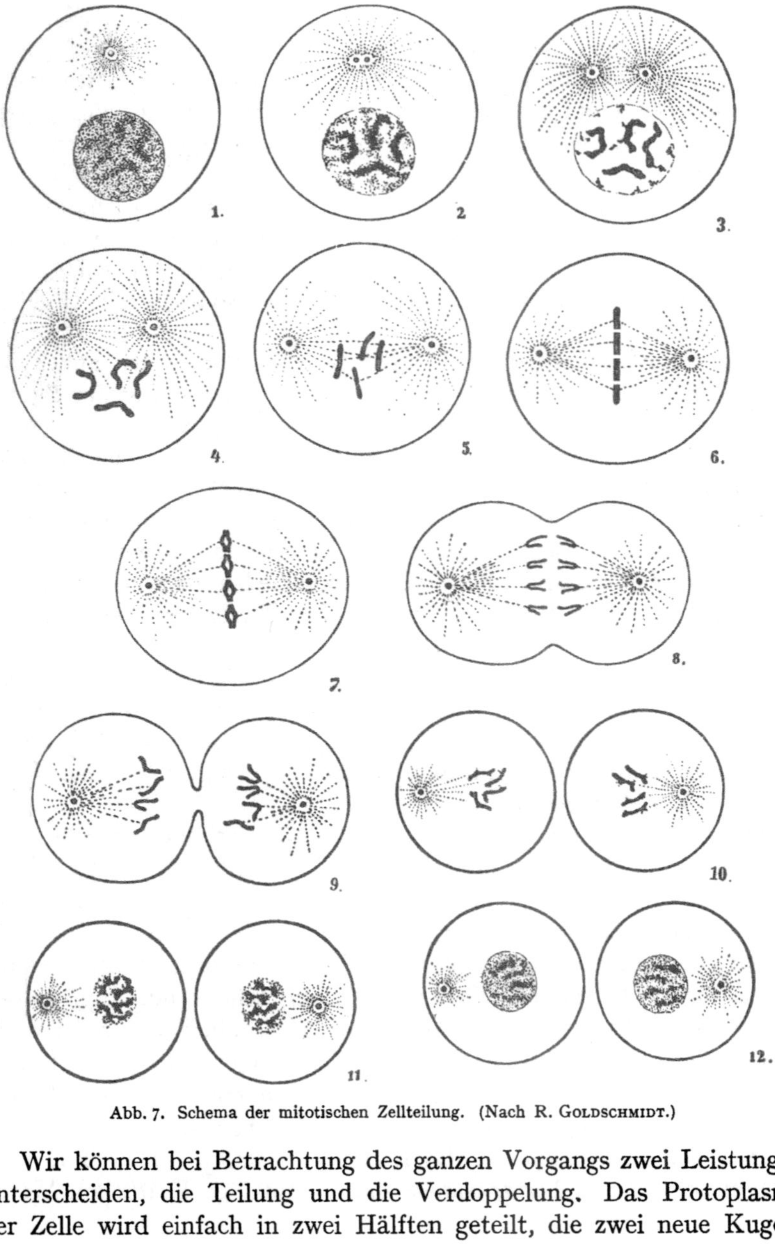

Abb. 7. Schema der mitotischen Zellteilung. (Nach R. GOLDSCHMIDT.)

Wir können bei Betrachtung des ganzen Vorgangs zwei Leistungen unterscheiden, die Teilung und die Verdoppelung. Das Protoplasma der Zelle wird einfach in zwei Hälften geteilt, die zwei neue Kugeln bilden. Da das Maschenwerk des Protoplasmas überall aus den gleichen Elementen besteht, und die Menge des Protoplasmas eine nebensächliche Rolle spielt, genügt die Teilung, ohne daß eine wirkliche Verdoppelung eintritt. Das ist mit dem Chromatin nicht der Fall. Das Chromatin ist der Träger der Fermente, und um die Fermente in der gleichen Verteilung auf die beiden Tochterzellen zu bringen, müssen sie sich erst in Reihen anordnen, worauf den Fermenten sich die Gelegenheit bietet, sich durch Verdoppelung paarweise aufzustellen. Dann entfällt bei der Teilung auf jede Hälfte die gleiche Zahl aller Arten von Fermenten, die in der Urzelle vorhanden waren.

Bei jeder Teilung tritt eine wirkliche Verdoppelung ein, die der Verdoppelung der Zentrosome entspricht. Auch bei den Zentrosomen kann man nicht von einer einfachen Teilung reden, weil jedes der beiden neu entstandenen Zentrosome mit dem Urzentrosoma in allen Punkten übereinstimmt.

Der ganze Vorgang wird dadurch verwickelt, daß sich außer dem Teilungsvorgang des Protoplasmas und der Verdoppelung der Zentrosome und Chromosome zwei weitere Bewegungsprozesse einschieben, die nacheinander formbildend eingreifen. Der eine betrifft die Umwandlung des schwammigen Chromatins in vier deutlich getrennte Chromosome, der andere betrifft die Ausbildung der Teilungsspindel, deren Protoplasmafäden dazu dienen, die verdoppelte Chromosome voneinander zu trennen und sie an ihre Zentrosome heranzuziehen. Schließlich greift noch die Rückbildung und Neubildung der Kernmembran planmäßig in das Getriebe ein.

Das sind lauter selbständige Vorgänge, die durch eine Regel miteinander verbunden sind. Diese Regel läßt sich aber auf kein Geheimgefüge zurückführen, weil das hypothetische Geheimgefüge sich gleichfalls teilen und verdoppeln müßte. Ein Vorgang, der ebensowenig mechanisch lösbar wäre.

Man kann den ganzen Bildungsvorgang des Teilungsapparates eine Pseudopodienbildung nach innen nennen. Auf jede Pseudopodienbildung, mag sie sich nach außen oder nach innen auswirken, läßt sich ein drastischer Vergleich anwenden, der ihre Bedeutung in helles Licht stellt. Gesetzt, wir hätten einen Teller mit Suppe vor uns und es bildeten sich in ihr bei längerem Stehen nicht Salzkristalle, sondern ein Löffel, um sie auszuschöpfen, so würden wir nicht von einer bloßen Kristallisation reden dürfen. Denn was hier entsteht, ist nicht eine bloße „Raumform“, die den Kristall auszeichnet, sondern eine „Leistungsform“, die in der ganzen anorganischen Natur undenkbar ist.

Hier heißt es wirklich: „Hic Rhodus, hic salta.“ Hier muß man auch entscheiden und anerkennen, daß planmäßige Kräfte am Werke sind.

Alle planmäßigen Formen, die wir kennen, sind immer Erzeugnisse anderer planmäßiger Formen. Diese sind hier nicht vorhanden, und wir werden Zeugen des ergreifenden Schauspiels, wie ein Naturplan als Formbildner unverhüllt hervortritt.

Die Impulse in den Handlungen.

Mit dem Begriff des Planes verbinden wir nach dem gewöhnlichen Sprachgebrauch keinerlei Aktivität. Der Plan ist in diesem Sinne etwas untätiges und unwirksames. Die Pläne, von denen die Lebewesen beherrscht werden, sind hingegen ihrem Wesen nach tätig und wirksam. Das drückt sich im Wort Organisator aus, das SPEMANN für den die Sprossung beherrschenden Plan und in dem Wort Mechanisator aus, das ich für die aktive Funktionsregel gewählt habe, die gleichbedeutend ist mit funktionsfähigem Bauplan. Bei Maschinen würde der Organisator dem Bauleiter und der Mechanisator dem Betriebsleiter entsprechen. Beide handeln nach Plänen, während wir es bei den Lebewesen mit handelnden Plänen zu tun haben. Von der Art, wie die Pläne als immaterialle Faktoren auf die Materie wirken, wissen wir nichts, wir können nur ganz allgemein sagen, daß sie Impulse erteilen, die in der Materie weiter wirken. In diesem Sinne können wir den aktiven Plan als ein planmäßiges Impulssystem definieren.

Es ist niemals ein gewöhnlicher Stoff oder Stoffgemisch, worauf ein Impuls zu wirken vermag, sondern ausschließlich die lebende Zelle, d. h. ein im Stoffwechsel begriffenes Gebilde, das selbst eine Leistungsform besitzt, deren Leistung eben im Stoffwechsel besteht. Da die Leistungsform der Zelle einem aktiven Plan, dem Mechanisator unterstellt ist, ist sie als Autonom anzusprechen.

Die Zellautonome geben das Material für alle höheren Autonomien ab. Solche Autonomien sind die Funktionskreise, aus denen sich die Handlung zusammensetzt. Je nachdem die Funktionskreise bereits vorgebildetes Gewebe vorfinden, oder es erst neu schaffen müssen, indem sie die Zellautonome durch Impulse zur Neubildung anregen, unterscheiden wir die verschiedenen Arten der bekannten Handlungen.

Da auch die einfachste und zwangläufige Handlung — der Reflex von Autonomen getragen wird, die den Impulsen ihres Mechanisators unterstehen, schreibe ich den im Tierkörper ablaufenden Teil des Funktionskreises nicht R—MO—WO—E (Rezeptor—Merkorgan—Wirkorgan—Effektor) sondern $\underset{I}{R} - \underset{I}{MO} - \underset{I}{WO} - \underset{I}{E}$, um damit die Abhängigkeit aller Organe von den Impulsen des Funktionskreises anzudeuten.

Nun ist die Reflexhandlung keineswegs die einzige Handlung, deren die Tiere fähig sind, nur sind bei der Reflexhandlung von Anfang an alle Gefügeteile fertig vorhanden, und darum gibt nur bei den Reflexen die Betriebsregel die Handlung vollkommen wieder. Bei allen anderen Handlungen tritt eine Gefügebildung auf und macht damit das Eingreifen des übermechanischen Faktors der Betriebsleitung notwendig. In diesem Falle muß daher das I in die Hauptformel mit aufgenommen werden. Je nach den Stellen, an denen das I eingreift, läßt sich eine Einteilung der Handlungen vornehmen, die mit der allgemein üblichen Einteilung der Handlungen der Hauptsache nach übereinstimmt.

Ich lasse der Übersicht halber die später zu besprechenden Formeln für die verschiedenen Handlungsarten folgen.

Die Reflexhandlung $= \underset{\mathrm{I}}{\mathrm{R}} - \underset{\mathrm{I}}{\mathrm{MO}} - \underset{\mathrm{I}}{\mathrm{WO}} - \underset{\mathrm{I}}{\mathrm{E}}$

Die Formhandlung $= \underset{\mathrm{I}}{\mathrm{R}} - \underset{\mathrm{I}}{\mathrm{MO}} - \underset{\mathrm{I}}{\mathrm{WO}} - \mathrm{EI}$

Die Instinkthandlung $= \underset{\mathrm{I}}{\mathrm{R}} - \underset{\mathrm{I}}{\mathrm{MO}} - \mathrm{WOI} - \underset{\mathrm{I}}{\mathrm{E}}$

Die plastische Handlung $= \underset{\mathrm{I}}{\mathrm{R}} - \mathrm{MOI} - \underset{\mathrm{I}}{\mathrm{WO}} - \underset{\mathrm{I}}{\mathrm{E}}$

Die Erfahrungshandlung $= \underset{\mathrm{I}}{\mathrm{R}} = \mathrm{MOI} - \mathrm{WOI} = \underset{\mathrm{I}}{\mathrm{E}}$.

Die Reflexhandlung.

Die Reflexhandlung $= \underset{\mathrm{I}}{\mathrm{R}} - \underset{\mathrm{I}}{\mathrm{MO}} - \underset{\mathrm{I}}{\mathrm{WO}} - \underset{\mathrm{I}}{\mathrm{E}}$ ist bisher ohne weitere Beachtung der auch bei ihr dauernd vorhandenen Betriebsleitung als rein maschineller Vorgang behandelt worden. Ferner hat man immer wieder versucht, alle übrigen Handlungen als Reflexhandlungen aufzufassen. Das ist auch insofern berechtigt, als der Erregungsablauf in einem Tier während jeder Handlung einen lückenlosen Steuermechanismus voraussetzt, da die Erregungsübertragung sowie ihre Umschaltung rein mechanische Probleme sind. Ich habe dies im Abschnitt über den Mechanismus der Wirkwerke näher ausgeführt.

Trotz all dieser sehr fein ausgebildeten Einzelheiten im Steuermechanismus der Tiere ist die Körpermaschine ebenso wie jede andere Maschine, auch wenn ihre Betriebsregel auf das sorgfältigste durchgearbeitet ist, niemals imstande, ohne eine Betriebsleitung auf die Dauer weiter zu arbeiten. Deshalb ist das Bild, das man sich von der Körpermaschine macht, notwendigerweise unvollständig, wenn man die Autonome und die in ihnen waltenden Impulse, denen die Betriebsleitung obliegt, vernachlässigt.

Die Formhandlung.

Die Formhandlung $= \underset{\mathrm{I}}{\mathrm{R}} - \underset{\mathrm{I}}{\mathrm{MO}} - \underset{\mathrm{I}}{\mathrm{WO}} - \mathrm{EI}$, die wir bei den Einzelligen beobachten, ist dadurch so bemerkenswert, weil hier die Effektoren vor unseren Augen, jedesmal neu gebildet werden, bevor die eigentliche Handlung beginnt. Hier greift — mag es sich nun um die Pseudopodienbildung der Amöben oder um die Bildung des Verdauungsapparats bei den Infusorien handeln — die Gefügebildung augenscheinlich in die Handlung mit ein. Die Betriebsleitung offenbart sich dabei als ein selbständiger Vorgang, der seinen eigenen Rhythmus besitzt. Dieser Rhythmus tritt besonders bei den zeitlich aufeinanderfolgenden Bildungen von Mund, Speiseröhre, Magen usw. der Infusorien zutage. Der Rhythmus wird durch die Erregung, die von den Rezeptoren ausgeht, wohl beeinflußt, aber nicht geschaffen. Die Impulse, die die Gefügebildung veranlassen, müssen durch eine eigene Regel zu einem einheitlichen Imperativ verbunden sein.

$$\textbf{Die Instinkthandlung} = \underset{\mathrm{I}}{\mathrm{R}} - \underset{\mathrm{I}}{\mathrm{MO}} - \mathrm{WOI} - \underset{\mathrm{I}}{\mathrm{E}}\,.$$

Die Formhandlung der Einzelligen, die sich durch Änderung der äußeren oder inneren Form des Tieres charakterisierte, ist dadurch ausgezeichnet, daß die Auslösung der Handlung reflektorisch verläuft, die Ausführung dagegen einer eigenen Gesetzmäßigkeit folgt, die durch den Erregungsvorgang wohl beeinflußt, aber nicht geschaffen wird. Die Ausführung der Handlung ist daher nicht zwangläufig, sondern plastisch. Plastisch kann die Ausführung einer Handlung auch bleiben, wenn die Effektoren eine feste Gestalt besitzen und nur die Regel ihrer Anwendung von außen her mittels der Erregung beeinflußt wird; es kann in diesem Fall das Gefüge im Wirkorgan nicht maschinell festgelegt sein, sondern folgt bei seiner Bildung dem rhythmischen Gesetz der Impulse.

Dies ist typisch für den Ablauf der als Instinkthandlungen bezeichneten Vorgänge im Steuermechanismus der Tiere. Schon der außerordentliche Reichtum an planmäßig ineinander greifenden Einzelbewegungen im Verlauf einer Instinkthandlung macht es sehr schwierig, ein fertiges Gefüge im Steuermechanismus anzunehmen, das diesen Ansprüchen gewachsen wäre. Die Plastik in der Ausführung der Instinkthandlungen macht eine solche Annahme unmöglich.

Mag man nun die Handlungen des Trichterwicklers oder der Schlupfwespen beobachten, immer wieder wird man feststellen können, daß diese Handlungen durch eine Anzahl äußerer Merkmale beeinflußt werden und trotzdem nach einer eigenen Gesetzlichkeit ablaufen. Dabei ist die Zahl und die Art der Merkmale durchaus unabänderlich, nur brauchen sie nicht alle bei jeder Handlung wirksam zu werden. Weil das Tier gänzlich unfähig ist, neue Merkmale aufzunehmen, bleibt die Merkmalsaufnahme streng reflektorisch und ganz unplastisch. Die Plastik der ausgeführten Handlungen kommt nur dadurch zustande, daß dem Tier eine größere Zahl von Merkmalen zur Verfügung steht, die es ihm ermöglicht, in einem breiten Rahmen den Veränderungen der sich ihm bietenden äußeren Umstände dadurch Rechnung zu tragen, daß es den Rhythmus seiner Handlungsfolge entsprechend der Verschiedenheit der Merkmale ändert.

Wieder sehen wir zwei Regeln am Werk, um den Handlungen ihr Gepräge zu geben: die passive Betriebsregel, die den mechanischen Ablauf der Prozesse im Steuermechanismus beherrscht, und die aktive Betriebsleitungsregel, die durch Gestaltung des Betriebes die Plastik in die sonst zwangläufig ablaufenden Vorgänge hineinbringt. Auch unsere menschlichen Handlungen nennen wir dann instinktiv, wenn wir eine Reihe planmäßiger Bewegungen nach einer ihnen eigenen Gesetzmäßigkeit ausführen, die sich in ihrem Rhythmus den äußeren Umständen anpaßt, ohne selbst zwangläufig zu sein.

Die plastische Handlung $= \underset{I}{R} - MOI - \underset{I}{WO} - \underset{I}{E}$.

Die plastische Handlung im engeren Sinne bezieht sich nur auf die Plastizität der Merkorgane, während der Ablauf der Vorgänge im Wirkorgan reflektorisch ist. Ich erinnere an die Hunde, denen PAWLOW es beibrachte, ihre Speichelsekretion an neue Merkmale optischer oder akustischer Art zu binden. Auch in diesem Fall ist das Auftreten eines neuen Gefüges ganz zweifellos. Zwar ist Voraussetzung, daß die Merkmale, die neu herangezogen werden, überhaupt schon vorhanden sind. Es tritt aber eine Art von Bindung dieser Merkmale an bisher von ihnen nicht beeinflußte effektorische Vorgänge ein.

Die Plastik beruht in diesem Falle nicht in einer bloßen Beeinflussung des Rhythmus einer gegebenen Impulsreihe, sondern in der Einführung bisher unbenutzter Impulse in diese Gesetzmäßigkeit. Es wird die passive Betriebsregel nicht bloß durch eine aktive Betriebsleitungsregel beherrscht, sondern es tritt eine neue Betriebsleitungsregel auf. Diese kann sich in diesem Fall nach Bildung des neuen Gefüges im Merkorgan vollkommen zurückziehen; dann hinterläßt sie nur eine neue Reflexhandlung als Beweis einer einst vorhandenen Plastik.

Die Erfahrungshandlung $= \underset{I}{R} - MOI - WOI - \underset{I}{E}$.

Wenn ein Knabe seinen Dompfaff durch Vorpfeifen dazu bringt, selbständig eine neue Melodie zu pfeifen, so ist das eine Erfahrungshandlung des Dompfaffen. Sie kennzeichnet sich dadurch, daß nicht allein eine neue Zusammenstellung von Merkmalen im Merkorgan entsteht, sondern auch eine neue Regel im Handlungsorgan die Muskelbewegungen des Kehlkopfes beherrscht. Es ist demnach sowohl im Merkorgan wie im Wirkorgan eine neue Gefügebildung eingetreten, mithin ein Eingreifen von Impulsen anzunehmen.

Die Plastik der Erfahrungshandlung bezieht sich auf die Betriebsleitung selbst und nicht bloß auf die von ihr geänderte passive Betriebsregel, wie bei der Instinkthandlung, die einer unveränderlichen Betriebsleitung unterliegt. Infolgedessen erscheint die Instinkthandlung vom ersten Einsetzen an bereits vollkommen fertig zu sein, während die Erfahrungshandlung erst allmählich gelernt werden muß. Einfache Erfahrungshandlungen können, wenn sie oft wiederholt werden, zu Reflexen werden. In der Instinkthandlung ändert sich bloß die Mechanik, in der Erfahrungshandlung ändern sich die Mechanisatoren.

Die kontrollierte Handlung $= \frac{R}{I} - \mathrm{MOI} \rightleftarrows \mathrm{WOI} - \frac{E}{I}$.

Der Dompfaff, der eine neue Melodie pfeifen gelernt hat, verlernt sie wieder, wenn er daran verhindert wird, sein eigenes Pfeifen zu hören. Es stellt sich dabei die Notwendigkeit heraus, die Tätigkeit der eigenen Effektoren durch die eigenen Rezeptoren zu kontrollieren. Die kontrollierte Handlung ist eine Erfahrungshandlung, die nicht zum Reflex wird und dann zwangläufig abläuft. Im Gegenteil bedarf die neue Betriebsleitungsregel im Wirkorgan eine dauernde Kontrolle ihres Betriebes durch das Merkorgan, und die Betriebsleitungsregel, die sich im Merkorgan neu gebildet hat, bedarf der dauernden Einwirkung der Betriebsregel im Handlungsorgan, um sich immer fester auszubilden. Es ist zweckmäßig, um diese verwickelten Zusammenhänge zu übersehen, das vollständige graphische Schema des Steuermechanismus einer einfachen kontrollierten Handlung zu entwerfen. 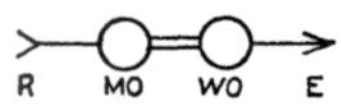

ist das Schema des Steuermechanismus, wie ich es bei Besprechung der Funktionskreise gegeben habe. 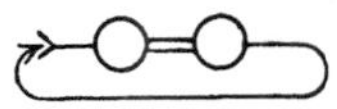 ist nun das Schema für den Steuermechanismus, wenn eine kontrollierte Handlung vorliegt, bei der die Einwirkung der Effektoren auf die Rezeptoren außerhalb des Körpers stattfindet, wie das beim Anhören des eigenen Gesanges der Fall ist.

Viel häufiger findet die Kontrolle innerhalb des Körpers statt. Hier sind zwei Fälle zu unterscheiden: entweder wird die Bewegung der Effektorenmuskeln durch besondere sensible Nerven rezipiert, wie das beifolgende Schema zeigt. 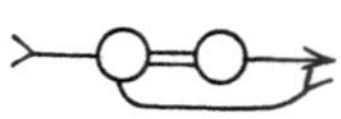. Oder es wird die den effekttorischen Nerven übertragene Erregung durch besondere zentrale Rezeptoren zum Teil aufgefangen und dem Merkorgan zugeführt. 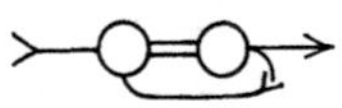

Beim Menschen kommen alle drei Arten der rezeptorischen Kontrolle vor; so hat der Mensch die Fähigkeit, seine eigenen Bewegungen erstens durch das Auge oder das Tastorgan, zweitens durch Muskelempfindungen und drittens durch Richtungszeichen zu kontrollieren.

Die Unkenntnis der Verhältnisse der zentralen Rezeptoren verhindert mich, auf ihre Beziehungen zu dem Raumrichtungsorgan in den halbzirkelförmigen Kanälen einzugehen.

Alle kontrollierten Handlungen fasse ich unter der allgemeinen Formel $\underset{I}{R} - MOI \rightleftarrows WOI - \underset{I}{E}$ zusammen.

Die rezeptorische Handlung.

Wenn ich einem Zeichner eine ihm unbekannte Arabeske vorlege und er imstande ist, dieselbe nach Entfernung der Vorlage nachzuzeichnen, so ist das eine Erfahrungshandlung, die sich prinzipiell von dem Nachpfeifen des Dompfaffs, der eine neue Melodie gehört hat, nicht unterscheidet.

Nur muß der Zeichner bei der Rezeption eine Bewegung ausführen, die seine Leistung erschwert. Beim Anhören eines Musikstückes braucht der Hörer keine Bewegung auszuführen, während der mit dem Auge beobachtende Zeichner mit seinen Augenmuskeln das Auge hin und her bewegt, damit sein Blick der Linienführung der Arabeske entlanggleitet, und diese Blickführung ist es, die von ihm wie eine Melodie neu geformt werden muß, wenn er imstande sein soll, die Arabeske nun seinerseits auf das Papier zu bringen. Wie die Melodie in einzelne Töne zerfällt, so zerfällt die Linie in einzelne Richtungsschritte. Genau wie die Töne sich zu einer Melodie verbinden, so verbinden sich die Richtungsschritte zu einer Linie. Genau so objektiv wie die Töne sind, die einer im Raum gelegenen Tonquelle entstammen, genau so objektiv sind die Richtungsschritte, die die Linie einer Arabeske oder den Umriß irgendeines Objekts bilden.

Die rezeptorische Handlung, die nur die Einleitung zu einer Erfahrungshandlung oder einer kontrollierten Handlung bildet, besteht darin, Melodien von Richtungsschritten im Merkorgan zu liefern, die ihrerseits das Wirkorgan beeinflussen. Die Bildung der Melodie der Richtungsschritte ist darum so interessant, weil sie meistens mit der Erregung vergesellschaftet ist, die von einem Rezeptor stammt, der durch das Subjekt hin und her bewegt wird wie beim Tasten mit dem Auge oder mit dem Finger. So finden sich hier subjektive und objektive Merkmale zu einer Einheit gebunden.

Hier scheint ein Widerspruch vorzuliegen. Ich habe erst hervorgehoben, daß die Richtungsschritte, aus denen sich die Linie zusammensetzt, ebenso objektive Merkmale sind wie die Töne, aus denen sich die Melodie zusammensetzt. Ebenso ist zweifellos der optische Reiz, der von der schwarzen Farbe der Arabeske ausgeht, gleichfalls ein objektives Merkmal, und nun scheint die Linienführung doch ein subjektives Merkmal zu sein, weil sie erst durch die Bewegung der Augenmuskeln des Subjekts entsteht.

Wäre das Auge mit der Arabeske mechanisch verbunden und geschähe die Augenbewegung zwangläufig der Arabeske entlang, so würde jeder Schritt, den das Auge auf der Linie vorwärts tut, sobald er sich durch einen entsprechenden Effektor in Erregung verwandelte, zweifellos ein objektives Merkmal sein. Nun folgt aber das Auge durch seine eigene Muskelbewegung der Linie der Arabeske. Dabei geht es gleichfalls Schritt für Schritt vorwärts, und jeder selbstgetane Schritt wird von ihm als Merkmal aufgenommen.

Da aber die selbstgetanen Schritte einer äußerlich gegebenen Richtschnur folgen, so wirken sie als objektives Merkmal und können sich mit den optischen Merkmalen restlos zu einem objektiven Merkmal vereinigen.

Das Schema für den Steuermechanismus einer rezeptorischen Handlung würde sich folgendermaßen ausnehmen: 

Am Anfange sehen wir den Rezeptor, der durch den rezeptorischen Effektor bewegt wird. Der Rezeptor sendet seine Erregung dem Merkorgan zu, während der rezeptorische Effektor seine Erregungen vom Wirkorgan empfängt. Diese Erregungen werden zum Teil von einem zentralen Rezeptor abgeblendet und dem Merkorgan zugesandt, wo sie in Gemeinschaft mit den Erregungswellen, die vom Rezeptor ausgehen, eintreffen.

In der allgemeinen Formel für die Erfahrungshandlung kommt die rezeptorische Handlung nicht zum Ausdruck, weil diese alle rezeptorischen Wirkungen in gleicher Weise behandelt.

Der Impuls im Nervensystem.

Über das Eingreifen der Impulse im Keim sind wir unterrichtet und wissen, daß sie an den Chromosomen wirksam werden, die im Kern der befruchteten Eizelle ungesondert beieinander liegen. Wo aber greifen die Impulse beim fertigen Tiere ein, wenn dieses eine Handlung ausführt? Auch wenn wir dieses Eingreifen gleichfalls auf Chromosome in bestimmten Zellen beschränken, so fragt es sich doch, wo diese Zellen zu suchen sind. Die Formeln für die meisten Handlungen verweisen uns auf die beiden Zentralstellen, das Merkorgan und das Wirkorgan. Hier werden wir demnach die fraglichen Zellen zu suchen haber.

Um diese Zellen festzustellen, muß ich darauf zurückgreifen, was ich im Abschnitt, der die Theorie der Merkmale behandelt, über die Bauprinzipien des Nervensystems bei den Tieren gesagt habe. Jeder Reiz, der ein Tier trifft, wirkt in gleicher Weise auf das Tier ein — es entsteht eine Erregungswelle in einem Nerven. Alle Erregungswellen sind sich qualitativ gleich und gestatten daher nicht, eine Unterscheidung der Reize vorzunehmen.

Dagegen sind alle Nervenfasern des Tieres voneinander isoliert. Jede rezeptorische Nervenfaser endet in einem rezeptorischen Zentrum. Die isolierte Nervenfaser mit ihrem Zentrum kann als eine autonome

Nervenperson bezeichnet werden. Diese Anlage ermöglicht es, so viel Reize voneinander zu unterscheiden, als es Nervenpersonen gibt. Von der anderen Seite gesehen, ist auch jeder Muskel und jede Drüse mit einer Nervenperson verbunden. Überblickt man diese Gesamtlage, so sieht man, daß einerseits die Möglichkeit gegeben ist, jede beliebige Reizkombination zusammenzufassen, indem man bestimmte rezeptorische Nervenpersonen aussondert — andererseits besteht die Möglichkeit, jede nervöse Kombination der Muskeln und Drüsengebilde zu schaffen, deren Tätigkeit dann eine einheitliche Antwort ergibt.

Das Zusammenfassen der Nervenpersonen geschieht durch netzförmige nervöse Verbindungsbahnen. Die Nervenpersonen selbst sindnichts anderes als Repräsentanten und vertreten im Körper einerseits die Reize, die der Körper erleidet, andererseits die Wirkungen, die der Körper ausübt.

Im Merkorgan sind die rezeptorischen Repräsentanten in der für jedes Tier charakteristischen Kombination, im Wirkorgan die effektorischen Repräsentanten in der für jedes Tier charakteristischen Kombination vereinigt.

Nirgends ist das Entstehen neuer Nervenpersonen nachweisbar — was aber unstreitig eintritt, ist die Bildung neuer Erregungsbahnen zwischen den schon vorhandenen Nervenpersonen. Die Nervenpersonen müssen daher die Fähigkeit besitzen, nervöse Pseudopodien auszusenden, die als dauernde oder vergängliche Brücken zur Überleitung der Erregung dienen.

Dadurch ist das Problem, das uns hier beschäftigt, außerordentlich vereinfacht worden; wir brauchen uns nur die jeweils in Frage kommenden Nervenpersonen als kleine Amöben vorzustellen, die mittels eines dauernden Nerven, sei es mit einem Rezeptor, sei es mit einem Effektor, verbunden sind, andererseits aber die Fähigkeit besitzen, feine Pseudopodien auszusenden, die mit den Pseudopodien anderer Amöben verschmelzen und mit ihnen Brücken und Netze bilden, die der Erregung den Übergang ermöglichen.

Die Aussendung eines Pseudopodiums ist auf das Aktivwerden eines Planes zurückzuführen. Die Aktivierung eines Planes kann nur erfolgen durch das Einsetzen eines Impulses. Aber die Möglichkeit der Aktivierung hängt auch von äußeren Umständen ab — es kann z. B. eine materielle chemische Hemmung vorhanden sein, die der neuen Gefügebildung im Wege steht, und die erst von der eintreffenden Erregung aus dem Wege geräumt wird. Auf diese Weise ist es, wie wir annehmen dürfen, den freilebenden Amöben, deren Rhythmus bei der Pseudopodienbildung von einem Rhythmus der Impulswirkung abhängt, möglich, sich auf die von außen wirkenden Reize einzustellen.

Will man sich eine ungefähre Vorstellung davon machen, wie eine Neubildung des Gefüges vonstatten geht, so stelle man sich eine Reihe von Amöben vor, die einen dauernden Ausläufer besitzen. Jeder dieser Ausläufer ist mit einem Resonator verbunden. Die Resonatoren antworten auf die Töne einer Oktave und dienen als Rezeptoren, indem sie bei ihrem Ansprechen den mit ihnen verbundenen nervösen Ausläufer der Amöbe in Erregung versetzen. Nun spielt man auf einem beliebigen Instrument eine einfache Melodie, deren Töne innerhalb der Oktave liegen. Sobald eine Luftwelle von der entsprechenden Schwingungszahl den passenden Resonator trifft, läuft eine Erregung zur Amöbe, die daraufhin ihre Hemmung verliert und den rhythmisch einsetzenden Impulsen zugänglich wird, die die Pseudopodienbildung anregen. Die Pseudopodien der gemeinsam oder nacheinander ansprechenden Amöben vereinigen sich zu nervösen Brücken. Auf diese Weise kann der völlig automatisch einsetzende Rhythmus der Impulse durch äußere Eingriffe angeregt werden. Ist der Rhythmus der Impulsmelodie von vornherein festgelegt, so genügt das erste Eintreffen der Erregung, um die Impulse der Amöben automatisch zum Ansprechen zu bringen, wobei die immer weiter hin- und hergeleitete Erregung überall die Hemmungen aufhebt und das Eingreifen der Impulse in der gegebenen Reihenfolge ermöglicht.

Hält man mit Hilfe des Kinematographen die so entstehende Brükkenbildung fest, so erhält man das Bild eines wechselvollen Gewebes, dessen Muster sich bei jeder Wiederholung gleichbleibt. Ein geübter Musiker könnte dann aus dem Muster die außen gespielte Melodie ablesen.

Wie sich auch der wirkliche Vorgang dem Auge des Beobachters, der die Feinheiten der Gehirnvorgänge zu durchschauen vermag, dereinst darstellen wird — eins ist sicher, er wird sich in den uns geläufigen Formen von Gestaltsänderung und Erregungsübertragung bei nervösen Gebilden abspielen. Der Spielraum der zu erwartenden Erscheinungen ist bereits so eingeschränkt, daß man keinerlei sensationelle Überraschungen erwarten darf. Alles wird rein mechanisch vorzugehen scheinen, die übermechanischen Eingriffe werden niemals zur sinnlichen Deutlichkeit gelangen. Das einzige, was man wird feststellen können, ist das Eingreifen eines automatischen Rhythmus in der Brückenbildung — einer Art selbsttätiger „Bahnung", um mich des Exnerschen Ausdrucks zu bedienen.

Es ist festzuhalten, daß die Impulsmelodie ein völlig autonomer Vorgang ist, der nur dem Subjekt angehört und durch äußere Umstände wohl angeregt, aber nicht gebildet werden kann. Die Fähigkeit, bald mit einer, bald mit der anderen Impulsmelodie zu antworten, ist für jedes Subjekt eine beschränkte. Einem Unmusikalischen kann man beliebig oft eine bestimmte Tonfolge vorspielen, er wird doch nicht imstande sein, daraus eine Melodie zu bilden. Das gleiche gilt für die optischen Fähigkeiten. Nur wenige Menschen sind so weit malerisch begabt, daß in ihnen andere als ganz primitive Melodien von Richtungszeichen erklingen, die gerade ausreichen, um die notwendigen Gegenstände wieder zu erkennen.

Daraus ergibt sich die Folgerung, daß die Bildungsfähigkeit neuer Impulsfolgen beim sogenannten Lernen eine beschränkte ist. Jedem Wesen ist eine gewisse (individuell sehr verschiedene) Breite seiner Lernfähigkeit von vornherein zugemessen. Es hängt von ihm ab, ob er sie voll auszunutzen versteht.

Die Regeneration.

Die Regeneration bei den niederen Tieren verschafft uns die ersehnte Klarheit über das Wesen der aktiven Pläne.

Gehen wir vom bereits hervorgehobenen Unterschied in der Betriebsleitung bei Maschinen und Lebewesen aus, wonach die Maschinen von einem fremden und passiven Plan abhängig sind, während die Tiere einen eigenen und aktiven Plan besitzen, so können wir uns die Frage vorlegen: welche Eigenschaften würde ein ganz einfacher Gebrauchsgegenstand, etwa ein Stuhl, offenbaren, wenn er statt eines fremden und passiven Bauplanes, der ihn völlig vom Tischler abhängig macht, einen eigenen und aktiven Bauplan besäße, wenn er nicht ein Heteronom, sondern ein Autonom wäre?

Um diese Frage recht zu verstehen, müssen wir uns klarmachen, daß der immaterielle Plan in der materiellen Gestalt des Stuhles mitenthalten ist, aber durch irgendwelche Verletzungen der Materie nicht mit betroffen wird. Schneiden wir dem Stuhl ein Bein ab, so ist dadurch der Plan des Stuhles nicht geändert und es wird dem Tischler ein Kleines sein, das Bein planmäßig zu ersetzen.

Nun nehmen wir an, der Stuhl besäße einen eigenen aktiven Bauplan, so wird dieser durch den Verlust ebenfalls nicht geschädigt. Er hat nur an einer Stelle seine Materie eingebüßt, und muß, wenn ihm das nötige Baumaterial zur Verfügung steht, das fehlende Bein ersetzen. Der Erfolg wäre der gleiche, ob der Tischler das Bein ersetzt oder der aktive Bauplan. Darauf schneiden wir den Stuhl der Länge nach mitten durch, so daß zwei halbe Stühle entstehen. Jede Hälfte bleibt aber Trägerin des ganzen Planes, da dieser sich zwar beliebig wiederholen. aber niemals teilen kann. Jede der beiden Stuhlhälften wird sowohl vom Tischler wie vom aktiven Bauplan zu einem ganzen Stuhl ergänzt werden, so daß wir am Erfolg nicht beurteilen könnten, wer von beiden am Werk gewesen ist.

Um dies zu entscheiden, schneiden wir den Stuhl nicht ganz durch, sondern spalten bloß den Sitz, daß er auseinander klafft. Was wird der Tischler machen? Er wird in voller Kenntnis der Gesamtlage die beiden

Hälften des Sitzes durch Leisten miteinander verbinden, um eine brauchbare Sitzgelegenheit zu schaffen. Ganz anders der aktive Plan. Jede der beiden Sitzhälften wird sich plangemäß regenerieren. Der Erfolg wird ein Monstrum von Stuhl sein, mit einer Lehne, zwei Sitzen und acht Beinen. Die Ursache dieses Unterschiedes ist leicht einzusehen: der Tischler übersieht die Gesamtlage, der aktive Bauplan aber ist blind.

Die Regeneration des Stuhles ist genau den Regenerationen der Plattwürmer nachgebildet, um diese dem Verständnis näherzuführen. Eine Planarie kann man sowohl längs wie quer teilen. Immer wird jede Hälfte die ihr fehlende Hälfte regenerieren. Ja, selbst wenn man sie in Querstreifen teilt, wird jeder Streif sowohl das vordere wie das hintere fehlende Ende regenerieren. Daraus schloß man auf eine einsichtsvolle Leitung, die das Tier wiederherzustellen unternahm. Als man aber die Erfahrung machte, daß eine Planarie, die man nur bis zur Mitte gespalten hatte, sich zu einem Monstrum mit zwei Köpfen und einem Schwanz auswuchs, da war es mit dem Glauben an eine weise Leitung vorbei. Die Lebenskraft, in der man den einsichtigen Bauherrn vermutete, erwies sich als höchst töricht. Damit war das Schicksal des Vitalismus besiegelt. VULPIAN, der um die Mitte des vergangenen Jahrhunderts den entscheidenden Angriff gegen den Vitalismus führte, konnte noch nicht in die Tiefe des vorliegenden Problemes eindringen, für ihn gab es entweder einen weisen Tischler oder den physikalischen Zufall.

Heute, nachdem wir die Versuche SPEMANNS über die induzierte Sprossung kennengelernt haben, die sich ebenfalls völlig blind gegenüber der Gesamtsituation benimmt, sind wir imstande, den Begriff eines reinen „Wirkplanes" zu formulieren, der zwar in sich vollkommen ist, aber nicht auf Reize reagiert, sondern ausschließlich durch Induktion auf den Plan gerufen wird. Wirkpläne sind auch in der Leistungsform verborgen. Solange die Leistungsform voll vorhanden ist, haben die Wirkpläne sich ausgewirkt und bleiben latent. In diesem Sinne darf man sagen, daß Gefüge die Gefügebildung hemmt. Im Augenblick, da der Körper des Tieres eine Einbuße an Gefüge erleidet, tritt der immer bereite aktive Plan in Tätigkeit. Der Wirkplan ist aber nur für das Wirken da und nicht für das Merken. Selbst wenn er ein Auge baut oder regeneriert, ist er völlig unzugänglich für den Lichtreiz.

Die Mechanisatoren sind ebenso blind, wie die Organisatoren. Dies ist die neue Einsicht, aus der sich alle bekannten Pseudomorphosen und Hetromorphosen der Regeneration ableiten lassen.

Ich denke in erster Linie an den berühmten Versuch von HERBST, dem es gelang, bei einem Krebs zu zeigen, daß ein fehlendes Auge nur so lange regeneriert wird, als das Augenganglion noch vorhanden ist. Wird dieses auch entfernt, so regeneriert nicht ein Auge, sondern ein

Fühler. Dieser Versuch beweist, daß es nicht nur einen Wirkplan für den gesamten Körper gibt, sondern Teilpläne für die einzelnen Organe. Wenn der Schnitt bis in den Wirkungsbereich des Fühlerplanes geführt wurde, so regeneriert eben ein Fühler. So könnte man sich denken, daß bei zu radikaler Entfernung der Lehne eines Stuhles nicht die Lehne, sondern die hinteren Beine regenerieren.

Daß trotzdem die planmäßig zusammenhängenden Wirkpläne als ein Ganzes zu wirken vermögen, erkennt man aus Versuchen an Krebsen, die eine große und eine kleine Scheere besitzen. Wird die große Scheere entfernt, wächst die kleine Scheere zur großen aus, und an Stelle der großen regeneriert eine kleine.

Sehr lehrreich ist folgender Versuch. Man schneide einem Regenwurm erst das Vorderende ab, und darauf ein Viertel des übrigen Körpers. Dieses heile man dem Rumpf in verkehrter Richtung an, so daß nun eine Wundfläche nach vorne schaut, die normalerweise ein Hinterende regenerieren müßte. Und was ist der Erfolg? Es wird das dem Rumpf fehlende Vorderende regeneriert. Hier hat offenbar der Wirkplan des Ganzen die Oberhand über den Plan des Teiles gewonnen.

Bei den Säugetieren sind die Regenerationen nicht mehr so umfangreich wie bei den niederen Tieren, aber sie verlaufen nach den gleichen Grundsätzen. Damit sind wir mitten in das Heilproblem der Medizin gelangt, um dessen biologischer Auswertung Hans Much einen heroischen Kampf führt.

Wenn es gelingen sollte, durch Induktion die Wirkpläne, die für Reize blind und taub sind, auch im menschlichen Körper mobil zu machen, so wäre ein ungeheuerer Schritt vorwärts getan. Daß dies kein unmögliches Unterfangen ist, beweisen die bereits erwähnten Versuche Wesselys an Kaninchen, deren wachsende Linse das Wachstum der Orbita induziert.

Die Einpassung.

Ein unvorsichtig gewähltes Wort kann in der Wissenschaft unberechenbaren Schaden anstiften, wenn es eine Analogie enthält, die über den wirklich erkannten Tatbestand hinausgeht und dadurch der Forschung eine falsche Richtung weist. Ein solches Wort ist die „Anpassung". Ursprünglich sollte mit Anpassung nur die unumstößliche Tatsache ausgedrückt werden, daß alle Tiere zu ihrer Umgebung passen.

Das Wort enthält aber eine Analogie zu der menschlichen Tätigkeit des Aneinander-Passendmachens zweier Gegenstände A und B. Damit waren zweierlei Prinzipien mit in das Wort hineingebracht worden, die nicht aus der Beobachtung der Natur stammten. Erstens ist damit ausgesagt, daß A und B von vornherein nicht zueinander passen, und zweitens, daß das Passendwerden eine gewisse Zeit erfordert.

Durch die allgemeine Einbürgerung des Wortes Anpassung wurden die Forscher dahin gedrängt, auch in dem in der Natur beobachteten „Zueinanderpassen“ der Lebewesen und ihrer Umgebung einen Vorgang zu erblicken, der sich allmählich vollzieht, und die Behauptung aufzustellen, es gäbe mehr oder weniger gut angepaßte Beziehungen zwischen Lebewesen und Umgebung.

Diese Annahme widersprach zwar direkt der tatsächlichen Beobachtung, für die man den Ausdruck „Anpassung“ gewählt hatte. Aber sobald man sich das Wort angeeignet hatte, übersah man den Widerspruch und machte sich daran, nach den Faktoren zu suchen, die eine allmähliche Anpassung herbeigeführt haben sollten.

So hat das Wort „Anpassung“ lange Jahrzehnte hindurch als ein falscher Wegweiser gedient, der die Forschung völlig vom richtigen Weg abgebracht hat. Es ist daher an der Zeit, ein Wort zu wählen, das keinerlei falsche Theorien in sich birgt, sondern die nackte Tatsache allein wiedergibt. Ein solches Wort scheint mir die „Einpassung“ zu sein, da es nichts anderes besagt, als die unbestrittene Tatsache, daß Lebewesen und Umgebung ineinander passen. Dabei bleibt die Frage offen: ob die Einpassung von vornherein gegeben ist, oder ob sie allmählich erworben wurde. Im zweiten Fall müßten sich mehr oder weniger gut eingepaßte Beziehungen auffinden lassen.

Wie wir wissen, ist diese Frage bereits entschieden worden: Es gibt kein Mehr oder Weniger bei der Einpassung. Die Einpassung ist immer vollkommen, soweit die dem Tier zur Verfügung stehenden Mittel reichen. Wenn alle Lebewesen vollkommen in ihre Umwelt eingepaßt sind, so gibt es keine allmähliche Vervollkommnung, sondern die Vollkommenheit der Einpassung ist überall von vornherein vorhanden.

Damit fällt die recht kleinliche Analogie mit der menschlichen Handlungsweise in nichts zusammen, und wir stehen einem wirklichen Naturgesetz unmittelbar gegenüber, das so ausnahmslos ist wie das Gesetz der Schwere.

Ein jedes Lebewesen ist, solange es seine sämtlichen mechanischen und chemischen Eigenschaften besitzt, in seine Umwelt mit vollkommener Planmäßigkeit eingefügt. Damit ist zunächst die Lehre, die die Planmäßigkeit in der Natur leugnet, erledigt. Zugleich — und das ist weniger augenscheinlich — fällt die Lehre von der Zweckmäßigkeit in der Natur. Ein Zweck, d. h. eine in die Zukunft verlegte Vorstellung trägt keineswegs die Gewähr für die vollkommene Ausnützung aller vorhandenen Mittel in sich, sondern diese wird stets mehr oder weniger vollkommen erreicht werden.

Karl Ernst von Baer, der seinerzeit diese Probleme sehr gründlich erörtert hat, ist gleichfalls zum Schluß gelangt, die Zweckmäßigkeit in der Natur rundweg abzulehnen. Er hat statt des Zweckes das „Ziel“ für ausschlaggebend in der Natur erklärt. Wir werden uns den Gedanken BAERS durch ein von ihm gewähltes Beispiel deutlich machen können: Wenn eine Kugel aus dem Lauf fliegt und das Ziel trifft, so ist das Ziel derjenige Faktor, der der Kugel die Bahn vorschreibt. Denkt man sich den Schützen fort, so muß man der Kugel selbst die Eigenschaft zuschreiben, sich vom Ziel direkt in ihrer Bewegungsrichtung beeinflussen zu lassen. Die Kugel besitzt dann, wie BAER sich ausdrückt, „Zielstrebigkeit“.

Dementsprechend erklärte BAER den Keim, aus dem das erwachsene Lebewesen hervorgeht, für „zielstrebig“. Diese Darstellung des Sachverhaltes war der damaligen Zeit entsprechend vollkommen richtig. Sie leidet aber an dem Umstande, daß das Ziel zu nahe gesteckt war. Faßt man nicht den erwachsenen Körper, sondern seine Einpassung in die Umwelt ins Auge, so wird die Umwelt zum Ziel, in das der Körper mit all seinen Rezeptoren und Effektoren hineinwachsen soll. Von der Umwelt, namentlich dem anorganischen Medium, kann aber gar keine Wirkung ausgehen, die den Keim veranlassen würde, einen bestimmten Weg während seiner Ausbildung einzuschlagen. Eine direkte Wechselwirkung, wie sie die Lehre von der Zielstrebigkeit voraussetzt, kann zwischen Keim und Umwelt nicht angenommen werden. Die Hauptschwierigkeit, nämlich die Einpassung zwischen Lebewesen und Umwelt, wird durch die Zielstrebigkeit nicht gelöst.

Wenn wir der Umgebung alle Eigenschaften in unbegrenzter Fülle zuschreiben dürften, so wäre die Lösung einfach. Dann würde eine jede Gestalt, die das Tier annimmt, ohne weiteres in die Außenwelt hineinpassen. So liegen die Dinge aber nicht; wenn ein Tier in eine fremde Umgebung gerät, so ist es meist nicht imstande, sich die ihm passende Umwelt zu schaffen und geht aus Mangel an Einpassung zugrunde. Zwar besitzt die Außenwelt stets weit mehr Eigenschaften, als ein Tier zum Aufbau seiner Umwelt bedarf, aber keineswegs genug, um alle Tiere zu befriedigen. Es bleibt daher die wunderbare Tatsache bestehen, daß jeweilig in der Außenwelt bestimmte Eigenschaften in begrenzter Zahl vorhanden sind, für die das Tier, wenn es gedeihen soll, bestimmte Gegeneigenschaften in seinem Körperbau ausbilden muß, die wie Fugen und Zapfen in die Eigenschaften der Außenwelt hineinpassen müssen.

Die Außenwelt bietet den Lebewesen eine bestimmte Anzahl räumlich und zeitlich getrennter Eigenschaften zur Auswahl dar und gewährt dadurch den Tieren die Möglichkeit, sich aus ihnen eine ärmere oder reichere Umwelt zu schaffen. Sie selbst ist aber völlig unbeteiligt an der Wahl, die vom Lebewesen ohne fremde Beihilfe getroffen werden muß.

Mit dieser Tatsache haben wir uns abzufinden: auf der einen Seite die Eigenschaften der Außenwelt, die keinen richtunggebenden Einfluß ausüben, und auf der anderen der lebendige Keim, der keine Organe besitzt, die ihm die Kenntnis dieser Eigenschaften vermitteln könnten. Und doch sehen wir, wie der Keim mit vollkommener Sicherheit bestimmte Gegeneigenschaften hervorbringt, die in eine Gruppe bestimmter Eigenschaften der Außenwelt eingepaßt sind.

Lassen wir dieses Problem als vorläufig unlösbar beiseite und begnügen wir uns mit der Betrachtung der vollendeten Einpassung des ausgebildeten Subjektes in die Objekte seiner Umwelt.

Wir beginnen mit den uns am besten bekannten Objekten, nämlich unseren menschlichen Gebrauchsgegenständen, die stets durch einen Funktionskreis mit uns verbunden sind. Eine Leiter z. B. ist nicht ein bloßes Wirkding, das wir zum Klettern benutzen, sondern auch ein Merkding, das wir sehen und fühlen. Sie ist durch ihre optischen und taktilen Eigenschaften ein Merkmalträger und durch die Anordnung ihrer Sprossen ein Wirkmalträger des Menschen. Die Leiter ist wie alle unseren Gebrauchsgegenstände und Maschinen ausschließlich auf Fremddienlichkeit gebaut. Ohne den Funktionskreis, in den wir sie einbeziehen, würden sie gar nicht existieren.

Im Gegensatz zu ihnen haben unsere Haustiere ihre Selbstdienlichkeit bewahrt, die wir jedoch auf ein Mindestmaß einzuschränken bestrebt sind. Das Ideal eines Huhnes ist nach unseren Standpunkt die Eierlegmaschine und das Ideal einer Kuh die Milcherzeugungsmaschine. Das moderne Mastschwein ist dem Ideal der Fetterzeugungsmaschine sehr nahe gerückt.

Es gibt aber in der Tierwelt Beispiele der Fremddienlichkeit, die noch weitergehen. Die Schneckenschale, die dem Einsiedlerkrebs als Panzerhaus dient, kann, was restlose Fremddienlichkeit betrifft, auf die gleiche Stufe mit unseren Gebrauchsgegenständen gestellt werden. Und doch wird sie nicht von den Krebsen, sondern von einer Schnecke hergestellt, und war bis in alle Einzelheiten als Teil der Schnecke selbstdienlich.

Man kann sagen, daß grundsätzlich alle Lebewesen zugleich selbstdienlich und fremddienlich sind. Nur der Grad der Fremddienlichkeit ist in sofern verschieden, als die Menge der Eigenschaften, die nicht zu Merkmalträgern oder Wirkmalträgern geworden sind, und die das unbenutzte Gegengefüge bilden, verschieden groß sein kann.

Eine Erbse, die aus Selbstdienlichkeit anfangs klein ist und weiches Gewebe besitzt, später aber groß und hart ist, wird restlos der Larve des Erbsenkäfers fremddienlich, indem diese sie anfangs als leicht verdauliches und immer zunehmendes Nahrungsdepot, später aber als festes Haus benutzt. Bekanntlich bohrt sich die Käferlarve im weichen Erbsengewebe einen Gang zur Oberfläche, um als umgewandelter Käfer den Weg aus der hartgewordenen Erbse ins Freie finden zu können. Dadurch wird die Käferlarve einer kleinen Schlupfwespe fremddienlich, die mit ihrem langen Legestachel die von der Käferlarve geschaffene Öffnung in die Erbse benutzt, um ihr Ei in die wehrlose Larve zu legen. Diese dient dann ihrerseits der heranwachsenden Wespenlarve als unverderbliches Nahrungsdepot. Die junge Schlupfwespe benutzt dann den fremden Weg in die Freiheit.

In diesem Falle ist es besonders augenscheinlich, wie Handlungen, die für die Selbstdienlichkeit des einen Subjektes notwendig sind, zugleich die Fremddienlichkeit für ein anderes Subjekt verbürgen.

Die Spinne zieht die Fäden ihres Netzes, das zum Fliegenfang dient, so fein, daß sie für das Fliegenauge mit seinen großen Orten unsichtbar bleiben. Dabei ist das Fliegenauge durchaus selbstdienlich gebaut, mit den für das Fliegenleben passenden Orten.

Wo die gleiche Handlung für zwei Lebewesen selbstdienlich ist, wie die Blütenbestäubung der Insekten, drückt sich das in einer beiderseitigen Einpassung aus. Man denke nur die Hummel und die Blüte des Löwenmaul.

Den rätselvollsten Fall der Fremddienlichkeit, für den BECHER diesen Begriff geprägt hat, stellen die Gallenbildungen der Pflanzen dar, die den Larven der Gallmücken oder Gallwespen Nahrung und Schutz bieten. Hier dürfen wir annehmen, daß das Insekt durch seinen Stich einen eigenen Organisator in das fremde Protoplasma versenkt, und dieses zum Bau eines fremddienlichen Gebildes veranlaßt.

Wie sehr wir Menschen selbst fremddienlich für unsere Parasiten gebaut sind, zeigt die doppelte Fremddienlichkeit unserer Haut, in die sowohl die Mücke wie der Malariaparasit eingepaßt sind.

Wenn man die Lebewesen als bloße Erzeugnisse des Selbstdienlichkeit behandelt und sich selbst auf den Standpunkt des jeweiligen Subjektes stellt, so gewinnt man den Eindruck einer vollkommenen Umwelt, in der die Funktionskreise sämtliche Objekte auf das eine Subjekt als Weltmittelpunkt beziehen, und sie dabei umgestalten wie weiches Wachs. Die Objekte scheinen dann keinen anderen Lebensberuf zu haben als dem Subjekt als Merkmalträger und Wirkmalträger zu dienen. Alle Objekte sind in den kleinen subjektiven Raum eingeschlossen, dessen fernste Ebene sie wie eine Schale umgibt.

Zeichnet man die Umwelt von Moment zu Moment in eine zweidimensionale Ebene ein, so gewinnt man die Möglichkeit auch die subjektive Zeit in Betracht zu ziehen, wie wir das mit den übereinander geschichteten Filmbildern getan haben. Auf diese Weise entsteht das, was ich einen „Umwelttunnel“ nennen möchte, der das Subjekt von der Geburt bis zum Tode dauernd umschließt, und in dem sich das ganze Leben des Subjektes abspielt. Im Umwelttunnel sind alle Objekte zu

Umweltdingen geworden. Aber wie sehen sie aus? Das zu ergründen ist die Augfabe der Biologie. Eines wissen wir von vorne herein, daß es im Hundetunnel nur Hundedinge gibt, wie im Mückentunnel nur Mückendinge u. s. f. Versuchen wir es, zwei solcher Tunnel miteinander zu vergleichen, so stellt sich heraus, daß Orte, Momente und Dinge, grundsätzlich voneinander verschieden sind.

Soweit bietet die Betrachtung der Umwelten keine erheblichen Schwierigkeiten. Verwirrend wird die Betrachtung erst, wenn man den Körper des Subjektes auf seine Fremddienlichkeit zu untersuchen beginnt und feststellt, daß er nicht nur seiner Welt als Subjekt, sondern auch so und so vielen anderen Welten als Objekt angehört. Dabei muß er von Umwelt zu Umwelt seine Gestalt ändern, um sich den neuen Welten als Umweltding einzupassen. Da das Gleiche auch für die Körper der anderen Subjekte gilt, so ergibt sich daraus eine unübersehbare Fülle sich überschneidender und sich widersprechender Welten.

Der einzige unwandelbare Faktor, der dies wirre Weltgewebe trägt und formt, ist der Funktionskreis. Alle Funktionskreise sind nach dem gleichen Prinzip gebaut. In ihnen sehe ich die aktiven Naturpläne, die als Elementarfaktoren des Universums zu gelten haben. Das gesamte Universum, das aus lauter Umwelten besteht, wird durch die Funktionskreise zusammengehalten und nach einem Gesamtplan zu einer Einheit verbunden, die wir Natur nennen.

Versuch und Irrtum.

Wir haben jetzt unseren Standpunkt so weit ausgebaut, daß es uns leicht fallen wird, ein kritisches Verständnis für die beiden wichtigsten Lebenstheorien unserer Tage zu gewinnen und ihre Widersprüche aufzuklären.

Bekanntlich hat JENNINGS seine die gesamten Lebensäußerungen umfassende Lehre vom „Versuch und Irrtum" auf ein Beispiel aufgebaut, das für sämtliche Lebensäußerungen typisch sein soll. Ein Hund, der sonst durch die Lücke eines Zaunes leicht hindurchsprang, versuchte es auch, als er den Stock des Herrn quer im Maul trug. Das mißlang, weil die Lücke zu eng war. Da faßte er den Stock an verschiedenen Stellen, bis ihm der Sprung gelang, als er die Krücke gefaßt hatte, weil nun der Stock kein Hindernis mehr bildete.

Es ist gewiß ein vortreffliches Aushilfsmittel der Biologie, typische Beispiele aufzusuchen, weil nur durch diese die Anschauung gefördert wird. Nur muß man den typischen Fall auch sorgfältig bis auf seine letzten Elemente analysieren, wenn er zur Aufklärung für andere Fälle dienen soll.

Beim JENNINGschen Fall ist es klar, daß der Hund anders handelt, als eine Maschine gehandelt hätte. Ein führerloses Auto z. B. würde den Stock zerbrochen haben oder wäre vor der Zaunlücke stehen geblieben. Man kann daher in gewissem Sinne sagen, daß hier ein typisches Beispiel für eine Lebenshandlung vorliegt, gegenüber einer maschinellen Handlung.

Ebensogut hätte man auch das Beispiel einer Fliege nehmen können, die an eine Fensterscheibe fliegt, einige Male mit dem Kopf anstößt, dann aber die Scheibe nicht mehr wie Luft behandelt, sondern auf ihr wie auf festem Boden spazieren geht.

In beiden Fällen wird nämlich durch Einspringen eines neuen Merkmals eine Umschaltung der Handlung vorgenommen.

Weiter besagt der JENNINGsche Versuch nichts. Er weist, richtig verstanden, darauf hin, daß alle Funktionshandlungen der Tiere durch Merkmale bestimmt sind, die Handlungen der Maschinen aber nicht. Insoweit ist er typisch. Ihn aber auch für die Entstehungshandlungen auswerten zu wollen, dafür liegt nicht der mindeste Grund vor. Ebensowenig kann er als Beweis für die Anpassung dienen, denn sowohl das alte wie das neue Merkmal waren in der Organisation des Hundes wie der Fliege bereits vorgesehen, und die neue Handlung lag ebenfalls innerhalb der normalen, durch die Organisation bedingten Handlungen. Auch der nervöse Steuerapparat, der die Umschaltung vornahm, war in beiden Fällen bereits vorhanden.

Inzwischen hat sich JENNINGS selbst davon überzeugt, daß der Vergleich mit der Handlungsweise des Hundes für die Entstehung der Lebewesen nicht zulässig ist. Denn er selbst hat durch jahrelang durchgeführte Versuche nachgewiesen, daß der Plan, nach dem ein Paramaezium entsteht, durch viele Tausende von Generationen fest bleibt und nicht durch ein Herumprobieren der Natur ersetzt werden kann.

Obgleich die Lehre vom „Versuch und Irrtum" für die Entstehung der Lebewesen völlig versagt hat, können JENNINGS und seine Schüler sich doch nicht dazu entschließen, den offenbaren Unterschied zwischen den organischen und anorganischen Handlungen durch Anerkennung eines spezifisch biologischen Naturfaktors klar zu legen, sondern suchen sich durch Anlehnung an die menschliche Psychologie ein Verständnis für die Tierhandlungen vorzutäuschen. Sie wechseln dabei, wie alle vergleichenden Psychologen, ohne es selbst zu bemerken, ihren Standpunkt und denken sich selbst in den stocktragenden Hund hinein. Sie müßten sich konsequenterweise auch in die ans Fenster fliegende Fliege hineindenken und ihr menschliche Vorstellungen unterschieben.

Der draußen stehende Beobachter bleibt dabei völlig unbefriedigt. Er will einen objektiven Grund für das Verfahren des Hundes und der Fliege wissen und bedankt sich für Vermutungen, die er nicht kontrollieren kann. Er forscht daher nach den Reizen der Außenwelt, die dem Hund und der Fliege als Merkmal dienen können. Und die Kenntnisse dieser Merkmale lösen das Problem für die Funktionshandlungen vollkommen. Dabei bleibt er sich bewußt, daß die Merkmale seiner eigenen Erscheinungswelt entnommen sind und forscht nicht nach den Merkzeichen, die vielleicht im Gemüt des Hundes und der Fliege schlummern.

Die Tropismen.

Der leider verstorbene J. Loeb, der Begründer der Tropismenlehre, stammte aus einer viel zu exakten physikalischen Schule, um jemals mit Hilfe von psychologischen Hypothesen die beobachteten Lebensvorgänge deuten zu wollen. Was sich in Raum und Zeit in voller Körperlichkeit abspielt, dafür suchte er niemals eine Gemütserklärung. Er hätte ebensowenig die Handlung eines Tieres aus der Tierseele erklären wollen, wie er auch nicht nach der Seele einer Dampfmaschine gefragt hat.

Dennoch steht er der Biologie näher als die übrigen Physiker. Für ihn besteht die Welt nicht aus einem planlosen Atomtanz, sondern ist erfüllt von exakt ineinander passenden Mechanismen und Maschinen. Loeb war viel zu sehr Fachmann in mechanischen Problemen, um jemals die Anpassungslehre anerkennen zu können. Daß durch planloses Herumprobieren jemals aus einem Fahrrad ein Automobil entstehen könnte, davon hätte ihn niemand überzeugen können.

Er erkannte offen die Einpassung der Lebewesen ineinander und in ihr Medium an, ohne sich auf die Hypothesen unkontrollierbarer Ahnenreihen einzulassen, und war daher ein ausgesprochener *Antidarwinist* und Gegner von Jennings.

Die mechanische Seite des Lebensproblems besitzt in ihm ihren konsequentesten und erfolgreichsten Vertreter. Dabei versuchte er seinen Gedankengang bis in das Extrem zu verfolgen, was ihn leicht in Gegensatz zu offenkundigen biologischen Tatsachen bringt.

Als Fachmann ist es Loeb von Anfang an klar gewesen, daß, um die Bewegungen der Tiermaschinen richtig zu verstehen, eine genaue Kenntnis der Steuerung Voraussetzung ist. Nun bestehen unsere Maschinen, die selbsttätig Bewegungen ausführen, ausnahmslos aus einem bloß effektorischen Apparat, der eine Ortsbewegung in bestimmter Richtung nur dann auszuführen vermag, wenn äußere Kräfte ihm die richtige Steuerung erteilen. Loeb suchte, da er die Tiermaschinen nach den gleichen Gesichtspunkten beurteilte, nach den Faktoren der Außenwelt, die geeignet sind, den Tiermaschinen die richtunggebende Steuerung zu erteilen. Er fand diese in den gerichteten Kräften der Außenwelt, vor allem im Licht und in der Schwere und versuchte dementsprechend die gerichteten Bewegungen der Tiere aus zwei Faktoren zu erklären, 1. aus dem Bewegungsapparat des Tieres, und 2. aus dem richtunggebenden Agens der Außenwelt.

Es gelang ihm auf diese Weise, eine Menge von Bewegungsarten der Tiere als „Tropismen“ (d. h. als von außen her gerichteten Bewegungen) zu deuten. Heliotropismus, Phototropismus, Geotropismus, Rheotropismus usw. sind zu brauchbaren Schlagworten geworden, um eine große Anzahl gleichartiger Bewegungen aus den verschiedensten Tierkreisen zusammenzustellen.

Dennoch hat sich die Lehre Loebs keine allgemeine Anerkennung erwerben können, weil sie wesentliche Teile des tierischen Organismus unberücksichtigt läßt. Ein Lebewesen, selbst wenn wir es als bloße Maschine ansehen wollen, besteht nicht bloß aus einem effektorischen Teil wie unsere Maschinen, sondern auch aus einem rezeptorischen Teil, der die Wirkungen der Außenwelt ohne Ausnahme erst in ein Merkmal verwandelt, das seinerseits den Steuerapparat handhabt. Und es ist ganz unzulässig, diesen wichtigen Teil der Lebensorganisation einfach beiseite zu schieben, wie es Loeb getan. Auch wenn äußerlich gerichtete Kräfte vorhanden sind, müssen sich diese im Tier in ein Merkmal umsetzen, das dann entsprechend diesen äußeren Reizen dem Tier seine eigene Richtung vorschreibt.

Will man die Maschinen mit den Tieren vergleichen, so muß man sie erst entsprechend dem Tierkörper aufbauen. Es genügt nicht, daß man ihnen eigene Spannkräfte zuweist, die durch ausgewählte äußere Kräfte ausgelöst werden und die Handlung ausführen. Das kommt auch im effektorischen Teil des Tierorganismus vor. Es muß der die Auswahl treffende Teil vor dem Steuerapparat angebracht werden, wenn der äußere Reiz als richtunggebendes Merkmal wirken soll. Auch in diesem Fall würde die Ähnlichkeit eine rein äußerliche bleiben, weil jedes Lebewesen aus Zellen besteht, die alle sowohl rezeptorisch wie effektorisch tätig sind.

Dabei bleiben zu alledem die übermaschinellen Fähigkeiten der Lebewesen unberücksichtigt.

Von diesen Unzulänglichkeiten abgesehen, bleibt die Lehre Loebs ein anerkennenswerter Versuch, ohne alles dilettantische Beiwerk auszukommen. Sie steht fest auf mechanisch-physikalischer Grundlage, die sie in bemerkenswerter Weise erweitert hat, und verschmäht es, sowohl bei der Psychologie wie bei der Anpassungslehre unsichere Stützen zu borgen.

Leider verleugnet Loeb den Fachmann, sobald er auf die Seele des Menschen zu sprechen kommt, deren Tätigkeit er durch chemische Prozesse des Gehirns zu deuten unternimmt. Wenn er die Übergriffe der Psychologen bei der Deutung der Körpermechanik abweist, so haben die Psychologen das gleiche Recht, seine mechanischen Deutungen des Gemütslebens als dilettantisch zurückzuweisen. Es gibt keine Seelen- oder Gemütsmechanik, wenn wir auch im Gemütsleben Gesetze und

Ordnungen anerkennen und daher von einer Organisation der Seele sprechen. Der Versuch LOEBS, das Auftreten einer Idee im menschlichen Geist als Ansäuerung des Gehirns anzusprechen, ist geradezu grotesk, obgleich er freilich nicht unsachlicher ist als die Behauptung, das Krümmen eines getretenen Regenwurms sei durch seinen Schmerz verursacht.

Ist der Staat ein Organismus?

Die Gleichsetzung des menschlichen Staates mit den Tierstaaten führt zu Mißverständnissen. Die Tierstaaten sind niemals in unserem Sinne Staaten, sondern nur Gesellschaften, da ihnen die geographische Ausdehnung fehlt. Wenn die Bienen eines Staates sich auf einer Wiese tummeln, so gehört doch die Wiese nicht zum Bienenstaat. Dagegen ist eine menschliche Gesellschaft nur dann ein Staat zu nennen, wenn sie ein gewisses Territorium ihr eigen nennt.

Auch der Begriff des Volkes ist auf die typischen Fälle der Bienen-, Ameisen- und Termitenvölker nur mit Vorsicht anwendbar, weil sie keine Familien bilden, die das Grundelement der menschlichen Völker darstellt.

Dagegen zeigen die Tiervölker eine angeborene Trennung ihrer Teilnehmer in Berufe, die sich oft im Körperbau äußert, da bei ihnen das zur Ausübung notwendige Handwerkzeug mit dem Körper verwachsen ist. Die Hauptaufgabe der Tiervölker nämlich die Beschaffung von Nahrung und Wohnung für die Gemeinschaft wird zwangläufig durchgeführt und gleicht der erzwungenen Arbeitsteilung der Körperzellen nach Geweben und Organen.

Ein Tiervolk ist immer ein Organismus, weil es sich immer wieder in der nächsten Generation in den gleichen Formen neu erzeugt. Daher kennen die Tiervölker keine Geschichte, die im Leben der Menschenvölker eine so bedeutende Rolle spielt.

Die Menschen kennen nur zwei angeborene Berufe — Mannsein und Weibsein. Auf ihnen beruht die Familie, die zur Erzeugung und Aufzucht der Nachkommen dient. Alle anderen Berufe sind keine natürlichen, sondern historische Erzeugnisse. Daher ist auch der menschliche Staat kein selbständiger Organismus, ja nicht einmal ein natürliches Organisationserzeugnis, wie die Schneckenschale, sondern bloß ein historisches das dauernd weiter gepflegt werden muß, da es die jahrhundertelange Arbeit vieler Generationen braucht, um wieder aufgebaut zu werden.

Hat der Staat eine feste Gliederung im Laufe der Zeiten angenommen, so kann er trotzdem der Berufsgliederung des Volkes auf der er beruht, nicht entbehren, und jeder Versuch, ihm dieselbe zu entziehen, endet mit einer Katastrophe.

Die Beschaffung von Nahrung, Kleidung und Wohnung für die Gemeinschaft wird durch die Gliederung des Staates gewährleistet.

Sämtliche Staatserzeugnisse werden aus Naturerzeugnissen gewonnen. Um das zu leisten, muß der Staat aus ebensovielen Staatsorganen bestehen als es Staatserzeugnisse gibt.

Da jedes Naturerzeugnis an bestimmter Stelle des Erdbodens gewonnen, und an bestimmten Stellen bearbeitet und verbraucht wird, besitzt jedes Staatsorgan eine ausgesprochene Raumgestalt, die auf der Karte eingezeichnet werden kann. Am leichtesten überzeugt man sich hiervon, wenn man ein Broterzeugungsorgan auf dem Lande in Augenschein nimmt. Von bestimmten Äckern wandern die Ähren auf bestimmten Wegen nach einem bestimmten Hof, wo die Dreschmaschine steht. Das dort gewonnene Korn wandert erst in die Mühle, dann als Mehl zum Bäcker, und wird als Brot in die Häuser geliefert. All diese Etappen lassen sich auf der Karte festlegen. Dann erhalten wir das Bild eines flach am Boden liegenden Gebildes mit zahlreichen Wurzeln und Ästen aber einfachen Stamm, das als Typus für alle Erzeugungsorgane dienen kann.

Die Raumgestalt der Organe gibt die Bahnen an, in denen sich der vom Organ verarbeitete Stoff fortbewegt. Jn den Bahnen fließt der Stoff allen jenen Orten zu, an denen sich seine Umwandlung vollzieht. Den ganzen Vorgang kann man als Stoffwechsel bezeichnen. Er ist wie jeder Stoffwechsel an bestimmte Naturgesetze gebunden, und dadurch der menschlichen Willkür entzogen. An diese Gesetze sind die Menschenhände gebunden, die den Stoff umwandeln und weitergeben. Nur mit Hilfe einer Menschenkette kommt der Stoffwechsel zustande.

Jedem Glied der Menschenkette ist eine besondere Aufgabe zugeschrieben. Ja man kann sagen, daß jeder Mensch, sobald er sich in die Kette eingliedert, in eine besondere Berufsumwelt eintritt, in der ihm sowohl die Merkmale wie die von ihm auszuübenden Wirkungen vorgeschrieben sind, damit er an seiner Stelle den Stoff richtig behandele.

Spielte sich der ganze Vorgang in einer Tierkette ab, so würde der Einzelne völlig in seiner Berufsumwelt aufgehen, und weiter keine Ansprüche an das Leben stellen. Die Menschen aber, die nur einen Teil ihres Daseins in ihrem Beruf verbringen, besitzen noch eine zweite Umwelt, in der sich ihr übriges Leben abspielt, und die ihnen ungleich wichtiger ist.

Wenn man die einzelne Berufsumwelt als eine Zelle betrachtet, die zeitweilig ein menschliches Subjekt beherbergt, so kann man in aller Strenge die Kette der Berufsumwelten, die den Stoffwechsel beherrschen, als ein aus Zellen bestehendes Organ ansprechen.

Bereits ein flüchtiger Überblick über das Broterzeugungsorgan wird uns davon überzeugen, daß Berufsumwelt des Bauern ganz andere Ansprüche an ihre Insassen stellt als die eines Müllergesellen oder

Bäckerburschen. Danach sind denn auch die Leistungen des einzelnen für die Gesamtarbeit zu bewerten.

Die stets erneute Besetzung der Berufszellen, also der Menschenwechsel, geschieht ebenfalls im Interesse des Stoffwechsels, den nur ein intaktes Organ bewältigen kann.

Betrachtet man eine größere Anzahl von Erzeugungsorganen des Staates mit all ihren zahlreichen sich überschneidenden Zellreihen, so gewinnt man den Eindruck eines gewaltigen Wabenwerkes, das durch die Arbeit der abertausend lebender Insassen der Zellen in dauernder Stoffbearbeitung begriffen ist. Kein Wunder, daß die Staatsfanatiker am liebsten jeden einzelnen Zellinsassen dauernd an seine Berufszelle fesseln möchten, damit er nach Opferung seiner für das Staatsganze unwesentlichen individuellen Persönlichkeit mit der großen Staatsmaschine verwachse.

Dagegen suchen die Sozialfanatiker den Einzelnen möglichst von der Knechtschaft seiner Berufsarbeit zu befreien, die ihn in seiner Berufszelle wie in einem Gefängnis gefesselt hält. Denn nicht das Interesse des Staates, sondern das Glück des Einzelnen ist ihre Parole. Es gehört schon eine sehr überlegene Sach- und Menschenkenntnis dazu, um von Fall zu Fall den Ausgleich zwischen diesen beiden Extremen zu finden.

Das schwierigste Problem, das ein geordnetes Staatsleben lösen muß, aber liegt in folgendem. Da alle Menschen, die einer Organkette angehören, ernährt werden müssen, müssen ihnen dauernd Nahrungsstoffe zugeführt werden, wie den Zellen, die einem Körperorgan angehören. Das geschieht nun nicht direkt durch eine Ernährungsflüssigkeit wie das Blut, sondern durch ein Tauschmittel — das Geld.

Wie das Blut durch ein besonderes Organ, das Gefäßsystem im Körper kreist, so kreist das Geld durch ein vielverzweigtes Tauschmittelorgan im Staatskörper. Aber während jede Zelle aus dem Blut nur soviel Nahrungsstoff entnimmt, als sie zu ihrer Ernährung bedarf, hat jedes Glied der Menschenkette das Bestreben, einen möglichst großen Anteil des Geldstromes in sich aufzunehmen. Da jedem Erzeugungsorgan nur soviel vom allgemeinen Geldstrom zufließt, als dem Marktwert seiner Erzeugnisse entspricht, so bedeutet immer die übermäßige Bereicherung Einzelner oder einzelner Gruppen eine Verarmung der übrigen Mitglieder des Organs.

Die Regelung dieses stets von neuem auftretenden Mißverhältnisses ist eine Sachfrage, die nur durch Sachkundige planmäßig gelöst werden kann. Heutzutage wird sie aber als Machtfrage behandelt. Machtfragen kann man wohl durch Befragung von Majoritäten lösen, Sachfragen aber nicht. Dies würde jede Planmäßigkeit, auf der alle Organismen beruhen, illusorisch machen, und einen Kampf der Organe untereinander, entfesseln, der zum Untergang des Organismus führen müßte. Nur die Planmäßigkeit unterscheidet den Organismus von einem gährenden Stoffhaufen. Damit entscheidet sich auch die Frage, ob wir den Menschenstaat als einen Organismus ansprechen dürfen.

Welt und Umwelt.

Die meisten Menschen werden sich niemals dessen bewußt, daß sie in zwei Welten leben, die sich in vielen Punkten widersprechen. Das Haus meines Nachbars ist, wenn ich vor meiner Haustüre stehe, klein, während mein eigenes groß ist. Gehe ich aber zum Nachbar hinüber, so ist sein Haus groß und meins klein. Die sichtbare Größe eines Gegenstandes ist also abhängig von meinem subjektiven Standpunkt. Dies ist entscheidend für den Anblick aller Gegenstände, die mich umgeben. Wenn ich aber die Gegenstände untereinander vergleiche, so ist ihre Größe ein beständiger Faktor, und durch einen objektiven Maßstab meßbar. Die subjektive Wirklichkeit der Gegenstände deckt sich nicht mit ihrer objektiven Wirklichkeit.

Bezeichne ich nun sämtliche mich umgebenden objektiven Wirklichkeiten als Welt und sämtliche mich umgebenden subjektiven Wirklichkeiten als Umwelt, so wird sich Schritt für Schritt zeigen lassen, worin diese beiden Welten sich widersprechen.

Wenn ich auf der Landstraße immer weiter gehe, so weicht der Horizont, d. h. die Grenzlinie zwischen Erde und Himmel immer weiter zurück, während sie hinter mir nachfolgt. Das Himmelsgewölbe, das als fernste Ebene alle fernen Gegenstände in sich aufnimmt, beteiligt sich gleichfalls an meiner Wanderung, so daß ich sagen kann, mein gesamter subjektiver Raum (Merkraum wie Wirkraum) wandert mit mir.

Meine Umwelt wechselt wohl ihren Inhalt, ihrer Form nach bildet sie stets den Umkreis um meine Person als Weltmittelpunkt. Von ihm sind die Gegenstände in ihrer Größe und ihren Einzelheiten abhängig.

Sobald ich aber mir die Welt, ohne Rücksicht auf meine Person, in Gedanken vorstelle, so sind nicht bloß alle Gegenstände in ihrer Größe und all ihren Einzelheiten unverändert vorhanden, sondern auch Himmel und Horizont sind nicht mehr in einer mäßigen Entfernung von meiner Person gelegen, die sie begleiten müssen. Statt dessen liegen sie an den Grenzen eines riesigen Raumes, der unbeweglich ruht, während ich mich in ihm bewege.

Über die Ausdehnung dieses Raumes, der durchaus als objektive Größe behandelt wurde, wie das ihn umgebende Himmelsgewölbe, haben die Weltanschauungen verschiedener Zeitalter sehr verschieden geurteilt. Im klassischen Altertum überdeckte das Himmelsgewölbe als große undurchsichtige Glasglocke den flachen Teller der Erde. Als die Kugelgestalt der Erde aufkam, umschloß sie der Himmel als eine riesige Hohlkugel. Zwar war jetzt nicht mehr der Mensch der Mittelpunkt der Welt, aber doch noch die von ihm bewohnte Erde. Die Weltanschauung war nicht mehr anthropozentrisch aber noch geozentrisch. Durch KOPERNIKUS wurde die Sonne in den Mittelpunkt der Welt gerückt, er begründete die heliozentrische Weltanschauung. Der Himmelsbogen wurde immer weiter gespannt, bis er von GIORDANO BRUNO gesprengt wurde. Nun konnte sich der seiner Grenzen beraubte Raum nach allen Seiten ins Unermeßliche ausdehnen.

Der Kampf um die objektive Existenz des Himmelsgewölbes hat zu den schwersten Erschütterungen im Leben der Völker geführt, weil das Himmelsgewölbe den Wohnsitz der Götter vor den Blicken der Menschen verbarg. Aus dem Prunksaal der Götter wurde jetzt eine Raumwüste, in der spärlich gesähte Gestirne umeinander kreisten.

In den Umwelten der einzelnen Menschen hatte sich zwar nichts geändert, der Himmel umgrenzte immer noch den Raum, und die Sonne wanderte getreulich am Himmel entlang über der feststehenden Erde. Aber das galt als täuschender Schein der Sinne, in Wirklichkeit raste die Erde als winziges Staubkorn in der Wüste des Weltäthers dahin.

Noch hatten jedoch die Gegenstände, die dem Einzelnen sichtbar waren, ihre Eigenschaften nicht geändert. Sie blieben farbig, waren voll Wärme, tönten und dufteten. Im vergangenen Jahrhundert ging die Wissenschaft auch ihnen energisch zu Leibe. Es galt, den subjektiven Schein, der sie umgab, zu zerstören, um ihre objektiven Eigenschaften hervorzuholen. Die Töne wurden zu Luftschwingungen, Licht und Wärme zu Ätherschwingungen. Alle Naturkräfte wandelten sich in Bewegungen von Massenteilchen um, und schließlich gab es nur noch Atome von fast unvorstellbarer Kleinheit, um die noch kleinere Elektrone in rasender Fahrt kreisten.

So war es gelungen, sämtliche Qualitäten, die uns die Umwelt immer noch darbietet, denn diese hat sich nicht geändert, aus der Welt zu verbannen, und an ihre Stelle reine Quantitäten zu setzen, die meßbar waren und zahlenmäßig wiedergegeben werden konnten. Dahingegen bleiben alle Qualitäten grundsätzlich unvergleichbar, so ist es unmöglich, Blau, Rot, Gelb oder Grün auf den gleichen Nenner zu bringen, während die ihnen entsprechenden Ätherschwingungen einer rechnerischen Behandlung zugänglich sind und auf eine Formel gebracht werden können.

Der der Anschauung gelassene Spielraum wurde immer enger gezogen, dafür gewann man aber anstelle der mit subjektiven Qualitäten erfüllten Umwelt eine aus rechnerisch brauchbaren Quantitäten zusammengesetzte Welt.

In der Umwelt spielen die planmäßigen Zusammenhänge des Lebens eine für das ganze Weltbild ausschlaggebende Rolle. Organismen sind ihrem Wesen nach planmäßig. Nimmt man ihnen Bau- und Funktionsplan, so zerfallen sie in ihre anorganischen Bestandteile und sind nicht mehr lebendig. In der Welt reiner Quantitäten hatten Pläne als subjektive und rechnerisch unbrauchbare Faktoren keinen Platz. Damit fiel auch das Leben aus der objektiven Welt heraus. Da man seine Existenz aber nicht zu leugnen wagte, behalf man sich damit, es als ein System von Quantitäten anzusprechen. Der immer wiederholte Versuch, es in Formeln einzufangen, zeitigte nur klägliche Erfolge.

Immerhin war die Welt voll objektiver Quantitäten, die in rein kausaler Wechselwirkung standen, mit ihrem endlosen Raum und ihrer ewigen Zeit noch vorstellbar, so lange man die zeitliche Folge der Vorgänge in der Welt als einheitlich festgelegt ansah, und man aussagen konnte die und die Ereignisse verlaufen gleichzeitig. Nur solange die gleiche Weltsekunde den Rhythmus des Weltgeschehen regelte, war eine zusammenfassende Vorstellung der Welt möglich.

Und nun kam EINSTEIN und verwarf den Begriff der Weltzeit als eine dem einzelnen Subjekt angehörige Vorstellung. Objektiv gibt es nach ihm keine Möglichkeit die Gleichzeitigkeit zweier Vorgänge zu bestimmen. Wenn zwei Blitze rechts und links von mir einschlagen, so kann ich wohl ihre Gleichzeitigkeit für meine Person behaupten. Aber für eine Person, die sich seitlich weitab von mir befindet, wird der eine Blitz früher einschlagen als der andere. Eine objektive Entscheidung, welche Behauptung die richtige ist, gibt es nicht, da die Blitze selbst keine Uhr bei sich tragen.

Mit dem Verlust der Gleichzeitigkeit geht auch die Vorstellbarkeit der Welt verloren, weil — und dies ist der springende Punkt — weil die Vorstellung selbst immer an die Formen von Raum und Zeit des einen Subjektes gebunden ist. Daher muß jede konsequent durchgeführte Objektivierung der Welt notwendigerweise schließlich an den Punkt gelangen, wo sie nach Ausschaltung des Subjektes zur Unmöglichkeit wird.

In der Tat ist heutzutage, nachdem die gesamte Anschauung und die aus dieser abgeleiteten Vorstellungen ausgeschaltet worden sind, von der ganzen objektiven Welt nur noch eine Formel übrig geblieben, die die Beziehungen ihrer Teile in Raum und Zeit ausdrückt.

Inzwischen aber hatte die Sinnesphysiologie, die sich auf die Umwelt der Subjekte stützt, nachgewiesen, daß auch die sogenannten objektiven Quantitäten der Welt, nämlich Ort, Richtung und Moment subjektive Qualitäten sind. Sie haben vor den übrigen Sinnesempfindungen nur das eine voraus daß sie in ihrer Intensität nicht wechseln und sich als unveränderliche Nenner rechnerisch verwerten lassen. Sie dienen, wie ich ausführlich dargelegt habe, als Weltordner der Umwelt.

Wenn man die Weltordner von den mit ihnen normalerweise verbundenen Inhaltsempfindungen trennt, und sie isoliert in der Vorstellung, hinausverlegt, so erhält man eine Welt, die, so objektiv sie sich auch gebärden mag, doch nur ein verdünnter Abguß der Umwelt bleibt. Die von ihren Bindungen befreiten Ordnungsempfindungen gestatten es sehr wohl, eine ewige und endlose Welt zu gestalten, so lange man die Beziehungen, mit denen sie unter sich verbunden sind, nicht antastet. So umfaßt jeder Moment immer sämtliche Weltorte, die von Moment zu Moment neu entstehen. Das bedeutet, daß diese Vorstellungswelt nur so lange vorstellbar bleibt, als der Raum in die Zeit verlegt wird und nicht die Zeit in den Raum. In diesem muß sie restlos zerflattern, ohne die von ihr abhängige Ordnung aufrecht erhalten zu können.

Die modernen Physiker sind selbst zweifelhaft geworden gegenüber der objektiven Gültigkeit jener Faktoren, mit denen die klassische Physik ihre objektive Welt erbaute. So schreibt RUSSEL in seinem ABC der Atome, wobei er EDDINGTON zitiert: „Die Relativitätstheorie hat gezeigt, daß der größte Teil der überlieferten Mechanik nicht, wie man geglaubt hat, naturwissenschaftliche Gesetze enthält, sondern nur Übereinkünfte über die Messungen darstellt und eigentlich ganz genau dem ‚großen Gesetz' entspricht, daß 1 Meter 100 Zentimeter hat. Im einzelnen gilt das auch für die Erhaltung der Energie. Die Vermutung liegt hiernach nahe, daß alles, was uns ein Naturgestz zu sein scheint, gerade, wenn es sich verstandesmäßig deuten läßt, in der Tat gar kein Gesetz der Natur ist, sondern eine geheime Übereinkunft, deren Stempel wir der Natur aufdrücken ..." Diese geheime Übereinkunft ist aber nichts anderes als der übereinstimmende Bau des menschlichen Gemütes, der uns die gleichen Sinneszeichen verliehen hat, mit denen wir wie mit feststehenden Einheiten zu rechnen gelernt haben.

Der Versuch eine von allen subjektiven Zutaten befreite absolute objektive Welt in der Vorstellung zu erbauen, hat sich totgelaufen. Trotzdem wird man jene scheinbar objektive Vorstellungswelt, die als Korrektur für die jeweils in unserer momentanen Anschauung gegebenen Umwelt dient, nicht einfach beiseite schieben, sondern sie mit Vorsicht zum Ausbau der Umwelt benutzen.

Die Betrachtung der objektiven Welt darf uns aber nie mehr den Blick ablenken von der Aufgabe, das Universum aus den Umwelten neu aufzubauen. Das Universum besteht aus Subjekten mit ihren Umwelten, die durch Funktionskreise zu einem planvollen Ganzen verbunden sind. Hier liegen die wirklichen Naturfaktoren, die aufzusuchen die Zukunftsaufgabe der Biologie bildet.

Noch liegt das Universum vor uns als eine unentwirrte vielfach schillernde Pracht von abertausend sich überschneidenden Gärten, von denen ein jeder seine Blüten und seine Bäume trägt.

Den Weg, um uns in dieser Wirrnis zurecht zu finden, habe ich zu zeigen versucht. Am besten wird man immer von einem einzelnen Gegenstand ausgehen und ihn in den verschiedenen Umwelten aufsuchen, um einen Eindruck zu gewinnen, wie er sich in hunderterlei Farben und Formen kleidet und bald zu diesem bald zu jenem Umweltding wird. Nehmen wir als Beispiel eine bestimmte Eiche und fragen wir uns, welches Umweltding wird sie in der Umwelt einer Eule, die in ihrem hohlen Stamm horstet — in der Umwelt eines Singvogels, der in ihren Ästen nistet — eines Fuchses, der unter ihren Wurzeln seinen Bau hat — eines Spechtes, der auf Jagd nach die Holzwürmer in ihrer Rinde macht — in der Umwelt eines solchen Holzwurmes selbst — in der Umwelt einer Ameise, die ihrem Stamm entlang läuft u. s. f. Schließlich fragen wir uns nach dem Schicksal der Eiche in der Umwelt eines Jägers, eines schwärmerischen jungen Mädchens, und eines nüchternen Holzhändlers.

Die Eiche, eine in sich geschlossene Planmäßigkeit wird auf den zahlreichen Umweltbühnen in immer neue Pläne miteingewoben, die aufzusuchen echte Naturforschung ist.

Die dritte Mannigfaltigkeit und Schluß.

Unseren Schatz an Sinnesempfindungen wird erst durch die Auseinanderbreitung im Raum die Möglichkeit geboten, sich zu entfalten. Dies ist die erste, die räumliche Mannigfaltigkeit. Die Zeit bietet ihnen, indem sie von Moment zu Moment den Raum neu aufbaut, eine weitere Entfaltungsmöglichkeit. Dies ist die zweite, die zeitliche Mannigfaltigkeit.

Mit diesen beiden Mannigfaltigkeiten haben sich die bisherigen Weltanschauungen begnügt. Sie waren nur bestrebt, die im Raum und in der Zeit gebotene Mannigfaltigkeit nach Möglichkeit auszunutzen, indem sie dieselben bis ins Grenzenlose steigerten. Damit glaubte man, die letzte Möglichkeit erschöpft zu haben, und übersah die Existenz einer dritten Mannigfaltigkeit, die den Rahmen des Universums noch viel weiter hinausschiebt, und ihm eine ganz neue Seite abgewinnt.

Jetzt wissen wir, daß es nicht bloß einen Raum und eine Zeit gibt, sondern ebenso viele Räume und Zeiten wie es Subjekte gibt, da jedes Subjekt von seiner eigenen Umwelt umschlossen ist, die ihren Raum und ihre Zeit besitzt. Jede dieser abertausend Umwelten bietet den Sinnesempfindungen eine neue Möglichkeit sich zu entfalten. Dies ist dritte Mannigfaltigkeit — die Mannigfaltigkeit der Umwelten.

Wenn wir annehmen wollten, daß wir Menschen den gesamten Reichtum an Sinnesempfindungen, den es überhaupt gibt, beherbergen, so könnten wir sogar behaupten, daß wir die fremden Umwelten mit den richtigen Farben auszumalen imstande wären. Dies ist aber durchaus nicht der Fall, und wir werden, wenn wir eine fremde Umwelt in unserer Empfindungssprache beschreiben, uns stets bewußt bleiben, daß dies immer nur ein Notbehelf sein kann.

Doch ist dies nur eine der geringeren Sorgen der Biologie. Dagegen verlangt die neuentdeckte Tatsache, daß es ebensoviele Umwelten als Subjekte gibt, und daß diese Umwelten sich gegenseitig überschneiden und beeinflussen, eine ganz neue Einstellung gegenüber der Natur.

Wir können nicht mehr mit den uns geläufigen Naturfaktoren auskommen, wenn wir nicht mehr von der einen Sonne reden dürfen, die am Himmel strahlt, sondern von abertausend Sonnen, die von all den fernsten Ebenen der fremden Subjekte herabscheinen. Diese Sonnen wirken nicht unmittelbar aufeinander, sondern mittelbar durch ein fremdes Subjekt auf unsere Umwelt. Die Sonne, die einen Mückenschwarm tanzen läßt, ist nicht die unsere, sondern eine Mückensonne, die ihr Dasein dem Mückenauge verdankt. Wir können von der Mückensonne aber nichts aussagen, bevor wir die Planmäßigkeit der Mückenwelt durchschaut haben.

Damit stoßen wir auf den neuen Naturfaktor — den Plan, dessen Erforschung zur Hauptaufgabe der Biologie geworden ist. Noch stecken wir in den ersten Anfängen, und können keine ausreichende Beschreibung dieses Faktors geben. Soviel wird aber dank der in diesem Buch niedergelegten Erfahrungen zu sagen sein, daß es aktive Pläne gibt und zwar Wirkpläne wie Merkpläne.

Die Wirkpläne sind blind, sie treten immer in Tätigkeit, wenn ihnen die Gelegenheit hierzu geboten wird, ganz unabhängig vom Erfolg. Die Gelegenheit ist ihnen nur dort geboten, wo Autonome vorhanden sind, die mit Hilfe von Impulsen das ihnen unterstellte Protoplasma beherrschen. Es gibt Baupläne (Organisatoren), Pläne der Leistungsform (Mechanisatoren) und Handlungspläne in Gestalt von Funktionskreisen.

Neben den Wirkplänen gibt es noch Merkpläne, die ins Gebiet des Psychoids fallen. Auch das Psychoid wird von Impulsen beeinflußt, die uns als Sinneszeichen bewußt werden. Die vom Psychoid hinausverlegten Sinneszeichen werden zu Merkmalen und gliedern sich in die Funktionskreise ein.

Alle Pläne gehören einer überwältigend großen Planmäßigkeit an, die man bisher abzuleugnen bestrebt war. Das war sehr bequem, ist aber heute nicht mehr zulässig.

Namen- und Sachverzeichnis[1].

Wichtigste Hinweise sind durch Kursivdruck hervorgehoben.

[1] Zusammengestellt durch Dr. Fr. BROCK.

GPSR Compliance

The European Union's (EU) General Product Safety Regulation (GPSR) is a set of rules that requires consumer products to be safe and our obligations to ensure this.

If you have any concerns about our products, you can contact us on ProductSafety@springernature.com

In case Publisher is established outside the EU, the EU authorized representative is:

Springer Nature Customer Service Center GmbH
Europaplatz 3
69115 Heidelberg, Germany

Batch number: 10704713

Printed by Printforce, the Netherlands